linear algebra

# 線形代数学

西田吾郎【著】

京都大学学術出版会

# はじめに

線形代数学（Linear algebra）はいくつかの変数の一次式に関わることがらを調べる数学の分野である．線形代数学が扱う最も具体的な対象は行列や行列式を用いた連立一次方程式の処理や解法である．これは線形代数学の応用に関わる側面といえるだろう．一方では，数学のさまざまな分野のみならず，自然現象や社会現象にも多変数の一次式によって記述されることが数多く見出される．このようなことが可能になるのは，そのような現象の背景に線型性とよばれる共通の構造が潜んでいるからである．ここでいう線型[*1]とは，線のようなカタチ（形）という意味ではなく，もっと広いある種のカタ（型），あるいはパターンのことなのである．このような構造を抽象化して得られたものがベクトル空間の概念なのである．線形代数学のもう一つの側面は，このベクトル空間の理論的解明である．

線型代数学の学び方として，次のことを強調しておきたい．例えば行列というのは，突き詰めていえばいくつかの数が縦横に並んだものにすぎない．行列の背後にどのような意味があり，どのような仕組みで応用されるのかを理解しないまま単なる計算処理の技術を学んでも，学び終わって1年もすれば忘れてしまいかねない．線形代数学を学ぶ上で大切なことは，上に述べたような二つの側面，つまり理論と計算技術のダイナミックな関わりをよく理解することである．また，応用力を身に付けるためにもこのような理解が不可欠なのである．

本書は七つの章と付録からなっている．1章から5章までは，理系の学生諸君が主に大学の1年次に学ぶ内容からなっている．ここでの目標は，固有値問

---

[*1] このような事柄の漢字表記としては，ここで述べているように「線型」が適切なのであるが，近年の多くの類書や，『岩波数学辞典 第3版』などでは「線形」が主として用いられている．読者の混乱を避けるため，本書でも「線形」という表記を用いる．

題や計量ベクトル空間の理解であるが，これらは理学，工学あるいは経済学などにおいてすべからく習得すべき重要な基礎知識である．6章，7章は代数学や幾何学のような分野をこれから学ぼうとする人のために，線型代数学の範囲内でそのような専門的分野（幾何学で云えば例えば微分形式の理論）への足掛かりを得るために設けられている．ここで扱われている内容，例えばテンソル積などは，大学の通常の講義科目では扱われないことが多いが，5章までの内容をよく理解していれば，2年次から専門課程に進むまでに十分自修できるものであると考える．

本書を読むのに高校で学ぶ数学以上の予備知識は必要がないよう心がけたが，高校における複素数および多項式の取り扱いは不十分であるので，そのような内容をまとめて付録とした．付録は最後に置かれているが，実際は本論のための準備が主たるものである．内容も多く中にはやや高度なところもあるので，証明の細部まで理解できなくてもよいが，本論に取り掛かる前に出来るだけ眼を通しておいてほしい．

例や例題は本文より小さい書体で印刷されているが，重要さは本文の内容と変わらない．また，本文の各項目ごとに適宜関連する問題と，各章末にまとまった形の問題がある．アステリスク $*$ を付した問題はやや難度の高いものであるが，がんばって挑戦してほしい．

2009年1月

著者

# 目次

# 記　号　表


| 記号 | 意味 | ページ |
|---|---|---|
| $\boldsymbol{N}$ | （自然数） | 198 |
| $\boldsymbol{Z}$ | （整数） | 198 |
| $\boldsymbol{Q}$ | （有理数） | 198 |
| $\boldsymbol{R}$ | （実数） | 198 |
| $\boldsymbol{C}$ | （複素数） | 198 |
| $\boldsymbol{H}$ | （4 元数） | 142 |
| $\boldsymbol{R}^n$ | | 3 |
| $\boldsymbol{C}^n$ | | 5 |
| $K^n$ | | 5 |
| $O$ | （0 行列） | 7, 30 |
| $\boldsymbol{o}$ | （0 ベクトル） | 6 |
| $\boldsymbol{e}_i$ | （基本ベクトル） | 14 |
| $\in$ | （含む） | 196 |
| $\notin$ | （含まない） | 196 |
| $\cap$ | （共通部分） | 8,196 |
| $\cup$ | （合併） | 196 |
| $\subset$ | （部分集合） | 196 |
| $\overset{\mathrm{def}}{\Leftrightarrow}$ | （定義） | 196 |
| $\Rightarrow$ | （$\cdots$ ならば $\cdots$） | 196 |
| $\Leftrightarrow$ | （同値） | 196 |
| $\forall$ | （任意の） | 197 |
| $\exists$ | （存在する） | 197 |
| $+$ | （ベクトル空間の和） | 8 |
| $\cdot$ | （内積） | 73 |
| $\oplus$ | （ベクトル空間の直和） | 9 |
| $\times$ | （直積） | 73 |
| $\otimes$ | （テンソル積） | 179 |
| $\wedge$ | （外積） | 184 |
| $\cong$ | （同型） | 19 |
| $\sim$ | （同値） | 200 |
| $<\ \ >$ | （生成） | 9 |
| $\|\ \ \|$ | （長さ，ノルム） | 120 |
| $\|\ \ \|_2$ | （2-ノルム） | 161 |
| $\delta_{i,j}$ | （Kronecker のデルタ） | 122 |
| $\overline{z}$ | （共役複素数） | 211 |
| $1_X$ | （恒等写像） | 199 |
| dim | （次元） | 15 |
| det | （行列式） | 65 |
| tr | （トレース） | 97 |
| rank | （階数） | 23, 44 |
| exp | （指数関数） | 164 |
| sgn | （符号数） | 64, 153, 226 |
| Ad | （随伴写像） | 131 |
| Ker | （核） | 21 |
| Im | （像） | 21 |
| Im | （虚部） | 211 |
| Re | （実部） | 211 |
| $(\ \ )^{-1}$ | （逆写像） | 19 |
| ${}^t(\ \ )$ | （転置行列） | 34 |
| $(\ \ )^{\perp}$ | （直交補空間） | 127 |
| $(\ \ )^*$ | （随伴行列） | 133 |
| $M_{m,n}$ | （行列集合） | 30 |
| $E_{i,j}$ | （行列単位） | 30 |
| $E_n$, $E$ | （単位行列） | 31 |
| $A_{ij}$ | （余因子） | 70 |
| $\tilde{A}$ | （余因子行列） | 71 |
| $f\|_W$ | （写像の制限） | 90 |
| $W_\lambda$ | （固有ベクトル空間） | 93 |
| $\Lambda^k$ | （外積ベクトル空間） | 183 |
| $K[x]$ | （多項式環） | 214 |
| $\Sigma_n$ | （対称群） | 223 |
| $\Delta$ | （差積） | 226 |
| $D_1$ | （判別式） | 228 |

# 第1章 ベクトル空間

この章では最初にベクトル空間の公理的定義から議論を始めよう．この定義は，例えば平面ベクトルのような具体的なベクトルの幾何的イメージを忘れ，ベクトルの本質的な特徴である線形性，つまり二つのベクトルの和（重ね合わせ）と実数倍ができるという性質だけに注目するのである．定義は抽象的であるが，その分，数ベクトルをはじめさまざまな対象を，ベクトル空間として統一的に扱うことが可能になるのである．2節以降では，ベクトル空間の公理からベクトルの線形独立性，基底あるいは次元の概念を導入する．また線形写像や同型の概念を用いて，どのような（有限次元）ベクトル空間も同じ次元の数ベクトル空間と本質的に同じであることが示される．

## 1.1 ベクトル空間の定義

ベクトルという言葉は高校では幾何ベクトル，つまり平面上（あるいは空間内）の向きの付いた線分のこととして学んできた．始点が同じ二つのベクトルの和は平行四辺形の対角線で表わされ，ベクトルの実数倍は同じ方向で長さの実数倍として定義される．このような幾何ベクトルは，力学において力を表わしたり，力の合成を記述するのに用いられ，また当然ながら，ユークリッド幾何の命題の記述や証明にも用いられる．さらに，平面に座標を導入することにより，ベクトルはその $(x, y)$ 成分で表わされ，ベクトルや図形の問題を方程式の問題に完全に帰着させることができる（解析幾何学）．ベクトルの $(x, y)$ 成分は，その幾何学的イメージを忘れてしまえば単なる実数の対であり，空間ベクトルであれば $(x, y, z)$ の三つ，さらに四次元空間でも四つの実数の組で同様に表わすことができる．一般次元の幾何ベクトルは眼でみることはできないが，$n$ 個の実数の組で代用が可能である．これを数ベクトルと呼ぶのである．このような数の組は，空間の点を表わすだけでなく，一般にいくつかの変量をまとめて同時に表わすことができる．また連立一次方程式を解く際にも自然に現われ，連立一次方程式をベクトルや行列の言葉で記述することが可能になる．

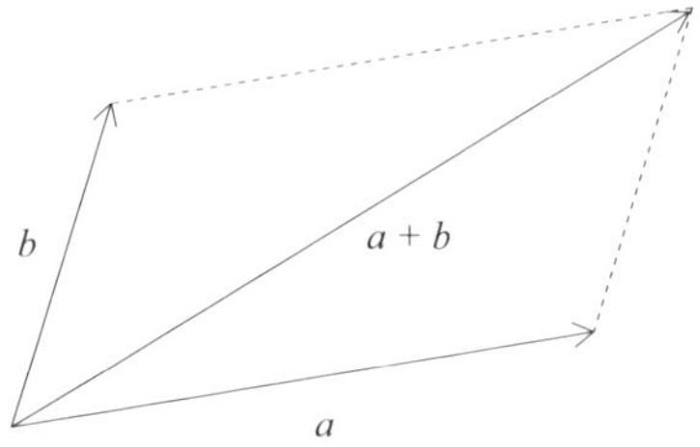


一方，幾何ベクトルや数ベクトルの持つ線形あるいは線形性という考え方は，数学のいろいろな場面に現れる．例えば微分可能な関数を考えよう．微分に関し次の二つの基本的な事実がある．

(1)　$f(x), g(x)$ が微分可能であれば，関数の和 $f(x) + g(x)$，あるいは実数 $c$ に対し関数の実数倍 $cf(x)$ は微分可能である．

(2)　$f(x), g(x)$ が微分可能であれば，導関数について

$$(f(x) + g(x))' = f'(x) + g'(x) \quad \text{および} \quad (cf(x))' = cf'(x)$$

が成り立つ．

これらの事実を微分の線形性というのである．別の例を挙げる．実数の数列 $\{a_n\} = a_1, a_2, \ldots$ を考える．このとき

(1)　数列 $\{a_n\}, \{b_n\}$ が収束するとき，数列 $\{a_n + b_n\}$ あるいは実数 $c$ に対し $\{ca_n\}$ も収束する．

(2) 数列 $\{a_n\}, \{b_n\}$ が収束するとき,

$$\lim_{n\to\infty}\{a_n+b_n\} = \lim_{n\to\infty}\{a_n\} + \lim_{n\to\infty}\{b_n\} \quad \text{および} \quad \lim_{n\to\infty}\{ca_n\} = c\lim_{n\to\infty}\{a_n\}$$

が成り立つ.

これは数列の収束性や極限の線形性ということができる.このような線形性をみたす対象(微分可能関数や収束数列たち)は,上のような幾何学的なベクトルとはまったく異なっているが,やはりある種のベクトルであると考えるのである.また,(2) の性質は微分する,あるいは極限をとるという演算の線形性である.これを一般化したのが,後の節で述べる線形写像の概念である.以下に述べる諸例に見られるように,さまざまな特徴や属性を持つものをひっくるめてベクトルと呼ぶわけであるが,そのような属性はベクトルの本質を理解するのに邪魔になることもある.そこでベクトルを学ぶ上で最も基本的かつ個性の少ないものとして,数ベクトルの定義から始めよう.

**定義 1.1.1** 実数を縦に $n$ 個並べたもの

$$\begin{pmatrix} a_1 \\ \vdots \\ a_n \end{pmatrix} \qquad (a_i \in \boldsymbol{R})$$

を $n$ 次元**数ベクトル**とよぶ.次元を明示しなくても誤解が生じないときは単に数ベクトルという.各 $i$ に対し,実数 $a_i$ をこの数ベクトルの第 $i$ **成分**という.$n$ 次元数ベクトルの和と実数倍を

$$\begin{pmatrix} a_1 \\ \vdots \\ a_n \end{pmatrix} + \begin{pmatrix} b_1 \\ \vdots \\ b_n \end{pmatrix} = \begin{pmatrix} a_1+b_1 \\ \vdots \\ a_n+b_n \end{pmatrix}, \quad r\begin{pmatrix} a_1 \\ \vdots \\ a_n \end{pmatrix} = \begin{pmatrix} ra_1 \\ \vdots \\ ra_n \end{pmatrix} \qquad (r \in \boldsymbol{R})$$

と定義する.$n$ 次元数ベクトルたちの集合を $\boldsymbol{R}^n$ と表わし,$n$ 次元**数ベクトル空間**という.$n=1$ のとき,$\boldsymbol{R}^1$ は実数の集合 $\boldsymbol{R}$ と同一視できる.本書では数ベクトルは $\boldsymbol{v}$ あるいは $\boldsymbol{x}$ のような小文字の太字で表わす.

また,実数を横に $n$ 個並べたもの

$$(a_1, \ldots, a_n) \qquad (a_i \in \boldsymbol{R})$$

についても,それらの和や実数倍を同様に定義できる.実数を縦に並べたものと,横に並べたものはいずれも $n$ 個の実数の組を順序を付けて考えている点

で違いはない．しかしベクトルとしてこれらを区別しておくことが必要でもあり，便利なので，区別する場合は縦に並べたものを**列ベクトル**，横に並べたものを**行ベクトル**と呼ぶことにする．縦のものを横，逆に横のものを縦に書き直すことを**転置**といい，左肩に $^t$ を付けて表わす．つまり $^t(a_1, \ldots, a_n) = \begin{pmatrix} a_1 \\ \vdots \\ a_n \end{pmatrix}$ である．$n$ 次元行ベクトルたちの集合は $(\boldsymbol{R}^n)^*$ と表わされる．

**命題 1.1.2**　$n$ 次元数ベクトルの和と実数倍はそれぞれ次の性質をみたす．

V1.（推移性）任意の数ベクトル $\boldsymbol{u}$, $\boldsymbol{v}$, $\boldsymbol{w}$ に対し，次式が成り立つ．

$$(\boldsymbol{u}+\boldsymbol{v})+\boldsymbol{w} = \boldsymbol{u}+(\boldsymbol{v}+\boldsymbol{w})$$

V2.（可換性）任意の数ベクトル $\boldsymbol{u}$, $\boldsymbol{v}$ に対し，次式が成り立つ．

$$\boldsymbol{u}+\boldsymbol{v} = \boldsymbol{v}+\boldsymbol{u}$$

V3.（0 ベクトルの存在）次の条件をみたす数ベクトル $\boldsymbol{o}$ が存在する．

$$\boldsymbol{v}+\boldsymbol{o} = \boldsymbol{o}+\boldsymbol{v} = \boldsymbol{v}, \quad \forall \boldsymbol{v} \in \boldsymbol{R}^n$$

V4.（逆ベクトルの存在）任意の数ベクトル $\boldsymbol{v}$ に対し，次の条件をみたすベクトル $\bar{\boldsymbol{v}}$ が存在する．

$$\boldsymbol{v}+\bar{\boldsymbol{v}} = \bar{\boldsymbol{v}}+\boldsymbol{v} = \boldsymbol{o}$$

V5. 任意の数ベクトル $\boldsymbol{v}$, $\boldsymbol{w} \in \boldsymbol{R}^n$ と 任意の実数 $a$, $b \in \boldsymbol{R}$ に対し，次式が成り立つ．

$$1\boldsymbol{v} = \boldsymbol{v},\ (ab)\boldsymbol{v} = a(b\boldsymbol{v}),\ (a+b)\boldsymbol{v} = a\boldsymbol{v}+b\boldsymbol{v},\ a(\boldsymbol{v}+\boldsymbol{w}) = a\boldsymbol{v}+a\boldsymbol{w}$$

**証明**　V3 の 0 ベクトルとしては各成分がすべて 0 となるものを取ればよい．またベクトル $\boldsymbol{v}$ の各成分の符号を変えれば逆ベクトルが得られる．残りの性質は定義から明らかである．□

上の命題の V1 から V5 までの性質は行ベクトルの和や実数倍についても同様に成り立つ．さらに一般に $K$ を有理数体や複素数体のような体（付録 A.3 参照）として，体 $K$ の元を縦に $n$ 個並べたもの

$$\begin{pmatrix} a_1 \\ \vdots \\ a_n \end{pmatrix} \qquad (a_i \in K)$$

を $K$ 上の $n$ 次元数ベクトルと呼ぼう．このような数ベクトルについても，数ベクトルの和や，体 $K$ の元を掛けること（スカラー倍と呼ぶ）ができる．さらにそれらがやはり V1 から V5 と同じ性質をみたすことも明らかである．このような数ベクトルたちの集合を $K^n$ と表わし，体 $K$ 上の数ベクトル空間と呼ぶ．例えば $K$ が複素数体 $\boldsymbol{C}$ のとき，$\boldsymbol{C}^n$ は $n$ 次元複素数ベクトル空間と呼ぶのである．

他の例として実数上で定義された連続関数を考えよう．二つの連続関数 $y = f(x), y = g(x)$ に対してその和の関数 $y = f(x) + g(x)$ も連続である．また実数 $r$ に対し連続関数の実数倍 $y = rf(x)$ も連続である．この和と実数倍がやはり V1 から V5 をみたすことは明らかである．例えば 0 ベクトルに当たるのは $y = 0$ の定値関数である．連続関数には他にいろいろな性質があるが， V1 から V5 の性質に注目するならば，一つのベクトルのように考えてもよいのである．

V1 から V5 と同じ性質をみたす対象は以下の例にもあるように様々である．従ってベクトルとは何かを定義するのに一々列挙することはせず，抽象的に V1 から V5 をみたすものとして定義する．また，スカラー倍として考える体も，四則演算ができることだけが必要であって，特に実数である必要はない．ただし，逆にいえば，$K$ を実数体であると考えて読み進んでも本質的には困ることは（4 章以後は別として）ない．

**定義 1.1.3**　ベクトル空間の定義

$K$ を体とする．集合 $V$ は次の条件をみたすとき，体 $K$ 上の**ベクトル空間**であるという．

(1)　$V$ の任意の元（以後ベクトルと呼ぶ）$\boldsymbol{u}$，$\boldsymbol{v}$ に対し，それらの和

$$\boldsymbol{u} + \boldsymbol{v} \in V$$

が定義されている．

(2)　$V$ の任意の元 $\boldsymbol{v}$ と任意の元 $a \in K$ に対し，スカラー倍

$$a\boldsymbol{v} \in V$$

が定義されている．

(3)　和とスカラー倍は命題 1.1.2 の V1 から V5 と同じ性質をみたす．

**補題 1.1.4**　体 $K$ 上のベクトル空間 $V$ において

(1)　0 ベクトルは一意的に定まる．

(2)　ベクトル $\boldsymbol{v} \in V$ の逆ベクトルは $\boldsymbol{v}$ から一意的に定まる．

(3)　$0\boldsymbol{v} = \boldsymbol{o}$，$(-1)\boldsymbol{v} = -\boldsymbol{v}$ が成立つ．また，自然数 $n$ に対し，

$$n\boldsymbol{v} = \boldsymbol{v} + \cdots + \boldsymbol{v} \qquad (n \text{ 個の和})$$

**証明**　(1)　V3 の性質をみたすベクトルが二つ（$\boldsymbol{o}, \boldsymbol{o}'$ と書こう）あるとする．このとき，$\boldsymbol{o} + \boldsymbol{o}' = \boldsymbol{o}$，かつ $\boldsymbol{o} + \boldsymbol{o}' = \boldsymbol{o}'$ である．従って $\boldsymbol{o}' = \boldsymbol{o}$．

(2)　$\bar{\boldsymbol{v}}, \bar{\boldsymbol{v}}'$ が共に $\boldsymbol{v}$ の逆ベクトルであるとする．このとき V1，V2 より

$$(\boldsymbol{v} + \bar{\boldsymbol{v}}) + \bar{\boldsymbol{v}}' = (\boldsymbol{v} + \bar{\boldsymbol{v}}') + \bar{\boldsymbol{v}}$$

であるが，逆ベクトル，0 ベクトルの定義より，上式の左辺，右辺はそれぞれ，$\bar{\boldsymbol{v}}'$，$\bar{\boldsymbol{v}}$ である．

(3)　最初の等式のみ示す．V5 より $\boldsymbol{v} + 0\boldsymbol{v} = (1+0)\boldsymbol{v} = \boldsymbol{v}$．この両辺に $\bar{\boldsymbol{v}}$ を加えると $0\boldsymbol{v} = \boldsymbol{o}$ を得る．□

**問 1.1**　上の補題の (3) の残りの主張を証明せよ．

以後，ベクトル空間の 0 ベクトルは常に $\boldsymbol{o}$ と表わす．またベクトル $\boldsymbol{v}$ の逆ベクトルは $-\boldsymbol{v}$ と表わす．上の命題はベクトルの算法が実数と同様に行えることをいっている．例えばベクトルの引き算を $\boldsymbol{u} - \boldsymbol{v} = \boldsymbol{u} + (-\boldsymbol{v})$ によって定義することができる．このとき $\boldsymbol{u} - \boldsymbol{v} = \boldsymbol{w}$ は $\boldsymbol{u} = \boldsymbol{v} + \boldsymbol{w}$ と同値である．

さて，実数上のベクトル空間の例をいくつか挙げよう．

**例 1.1**　実数上の連続関数の集合，あるいは微分可能な関数の集合．このような関数たちの和や，実数倍がベクトル空間の公理をみたすことは容易に確かめられる．

**例 1.2**　閉区間 $[0,1]$ 上で定義された連続関数 $f(x)$ で $f(0) = f(1) = 0$ をみたすものの集合．これは弦の振動たちの集合と考えることができる．二つの関数の和は，弦の振動たちの重ね合わせに他ならない．

**例 1.3**　実数係数の多項式の集合，あるいは高々 $n$ 次の多項式の集合（この集合は以後例としてよく用いるので $P_n$ と表わす）．

**例 1.4**　実数の数列 $\{x_n\}_{n=0,1,\ldots}$ たちの集合，および収束する数列たちの集合．

**例 1.5** 複素数の集合 $\boldsymbol{C}$ を考えよう．これは複素数体 $\boldsymbol{C}$ 上の一次元数ベクトル空間である．しかし，スカラー倍を実数に限って考えれば，集合 $\boldsymbol{C}$ を実数体 $\boldsymbol{R}$ 上のベクトル空間と考えることができる．

**例 1.6** $2 \times 2$ 行列たちの集合．和と実数倍は次のように定義する

$$\begin{pmatrix} a & b \\ c & d \end{pmatrix} + \begin{pmatrix} a' & b' \\ c' & d' \end{pmatrix} = \begin{pmatrix} a+a' & b+b' \\ c+c' & d+d' \end{pmatrix}, \quad k\begin{pmatrix} a & b \\ c & d \end{pmatrix} = \begin{pmatrix} ka & kb \\ kc & kd \end{pmatrix}$$

**例 1.7** 平面上に原点を通り $y$ 軸とは異なる直線 $l_0$ を固定する．$l_0$ と平行な直線たちを元とする集合を考えよう．このような直線はその $y$ 切片で定まる．直線 $l$ と $l'$ の $y$ 切片をそれぞれ $b$, $b'$ とするとき，直線 $l$ と $l'$ の「和」とは，$y$ 切片が $b+b'$ である直線であると定義する．また，実数倍も同様に $y$ 切片を実数倍して得られる直線と定める．このとき，このような直線たちの集合はベクトル空間となる．

上の定義における V1 から V5 までの性質はベクトル空間の公理と呼ばれる．V1 から V4 までの公理は体の公理（付録 A.3 参照）の A1 から A4 までと同一の公理である．この四つの公理は加群（加法群，あるいはアーベル群ともいう）の公理といい，これらの公理をみたす集合を加群と呼ぶ．（例えば整数の集合 $\boldsymbol{Z}$，しかしこれは実数倍が必ずしもその中に入らないから実ベクトル空間ではない） 従って体やベクトル空間は加群であってさらにスカラー倍に関する公理が成り立つものと考えることができる．

すべてのベクトル空間は少なくとも一つの元（0 ベクトル）を含む．一方，唯一つの元からなる集合はその元を 0 ベクトルと定めることにより，ベクトル空間となることは明かである．このベクトル空間を 0 ベクトル空間といい，$O$ と表わす．

**命題 1.1.5** $V$ はベクトル空間，$W$ は $V$ の空でない部分集合とする．$W$ が $V$ の和とスカラー倍について閉じた集合，つまり「$\forall\, \boldsymbol{v}$, $\boldsymbol{v}' \in W$ と $\forall a \in \boldsymbol{R}$ に対し，$\boldsymbol{v}+\boldsymbol{v}' \in W$, $a\boldsymbol{v} \in W$」をみたせば，$W$ はそれ自身ベクトル空間である．

**証明** V1 から V5 が成り立っていることを確かめよう．V1，V2，V5 はベクトル空間 $V$ において成り立っているから明らかである．$W$ は空ではないから，何らかのベクトル $\boldsymbol{w}$ が存在する．このとき仮定より $0\boldsymbol{w} \in W$ である．

$0\boldsymbol{w} = \boldsymbol{o}$ はベクトル空間 $V$ の $0$ ベクトルであるが，これが $W$ における $0$ ベクトルであることは明らかである．逆ベクトルの存在も同様に示される． □

**定義 1.1.6** 上のようなベクトル空間 $W$ を $V$ の**部分ベクトル空間**と呼ぶ．

**問 1.2** $\boldsymbol{R}^3$ のなかで一次方程式 $ax_1 + bx_2 + cx_3 = 0$ をみたすベクトル $\begin{pmatrix} x_1 \\ x_2 \\ x_3 \end{pmatrix}$ の全体は，$\boldsymbol{R}^3$ の部分ベクトル空間になることを示せ．また，$ax_1 + bx_2 + cx_3 = 1$ をみたすベクトルの全体は，$\boldsymbol{R}^3$ の部分ベクトル空間になるか？

**例 1.8** 二次元数ベクトル空間 $\boldsymbol{R}^2$ を $(x, y)$ 平面と同一視する．$\boldsymbol{R}^2$ の部分ベクトル空間は $\boldsymbol{R}^2$ 全体，原点を通る直線上の点の集合，および原点だけからなる $0$ ベクトル空間である．

**例 1.9** $n$ 次以下の実係数多項式たちのなすベクトル空間 $P_n$ において，以下の部分集合は部分ベクトル空間である．

(1) $m\ (\leq n)$ 次以下の多項式たちの集合．
(2) $p(x)$ を $k$ 次多項式とするとき $p(x)$ で割り切れる多項式たちの集合．
(3) $a$ を実数とするとき $f(a) = 0$ となる多項式たちの集合．
(4) $\int_0^1 f(x)dx = 0$ となる多項式たちの集合．

**例 1.10** 実数上で定義された（無限回）微分可能な関数たちのなすベクトル空間のなかで，次の定数係数の斉次線形微分方程式

$$\frac{d^k y}{dx^k} + a_{k-1}\frac{d^{k-1} y}{dx^{k-1}} + \cdots + a_1\frac{dy}{dx} + a_0 y = 0$$

の解たちのなす集合は部分ベクトル空間である．

**例 1.11** 実数の数列 $\{x_n\}_{n=0,1,\ldots}$ たちのベクトル空間（例 1.4）のなかで，次の $k+1$ 項線形漸化式

$$x_{n+k} + a_{k-1}x_{n+k-1} + \cdots + a_1 x_{n+1} + a_0 x_n = 0$$

をみたす数列たちのなす集合は部分ベクトル空間である．

$V$ はベクトル空間，$W_1$，$W_2$ は $V$ の部分ベクトル空間とする．このとき $W_1 \cap W_2$ を $W_1$ と $W_2$ の**共通部分**という．また，次の部分集合

$$W_1 + W_2 = \{\boldsymbol{w}_1 + \boldsymbol{w}_2;\ \boldsymbol{w}_1 \in W_1,\ \boldsymbol{w}_2 \in W_2\}$$

を部分ベクトル空間 $W_1$ と $W_2$ の**和**と呼ぶ．

**補題 1.1.7** $W_1$, $W_2$ はベクトル空間 $V$ の部分ベクトル空間とする．このとき $W_1 \cap W_2, W_1 + W_2$ は共に $V$ の部分ベクトル空間である．

**問 1.3** 上の補題を証明せよ．

**注 1.1** ベクトル空間としての和 $W_1+W_2$ と，集合としての和（合併）$W_1 \cup W_2$ を混同しないこと．$W_1, W_2$ を平面内の相異なる一次元部分ベクトル空間の場合 $W_1+W_2$ は全平面であるが，$W_1 \cup W_2$ は原点を通る異なる 2 直線である．

$V, W$ は体 $K$ 上のベクトル空間とする．$V$ の元と $W$ の元の対たちの集合（直積集合）

$$V \times W = \{(\boldsymbol{v}, \boldsymbol{w}) : \boldsymbol{v} \in V,\ \boldsymbol{w} \in W\}$$

を考えよう．この直積集合の二つの元の和とスカラー倍を

$$(\boldsymbol{v}, \boldsymbol{w}) + (\boldsymbol{v}', \boldsymbol{w}') = (\boldsymbol{v} + \boldsymbol{v}', \boldsymbol{w} + \boldsymbol{w}'), \quad a(\boldsymbol{v}, \boldsymbol{w}) = (a\boldsymbol{v}, a\boldsymbol{w})$$

と定義する．このときこれがベクトル空間であることは容易に確かめられる．これをベクトル空間 $V$ と $W$ の**直和**といい，特に $V \oplus W$ という記号を用いる．$n$ 個のベクトル空間 $V_1, \ldots, V_n$ についてもそれらの直和 $V_1 \oplus \cdots \oplus V_n$ が同様に定義される．数ベクトル空間については $K^n$ は一次元数ベクトル空間 $K^1 = K$ の $n$ 個の直和 $K \oplus \cdots \oplus K$ に同一視できる．

## 1.2 ベクトル空間の基底

以下，$V$ はある体 $K$ 上のベクトル空間とする．ただし，この節の議論はどのような体 $K$ についても成り立つので，一般の体に慣れていなければ $K$ は実数体 $\boldsymbol{R}$ であると思って読み進んでもかまわない．

**定義 1.2.1**

(1) $\boldsymbol{v}_1, \ldots, \boldsymbol{v}_n$ は $V$ のベクトルとする．このとき，

$$a_1\boldsymbol{v}_1 + \cdots + a_n\boldsymbol{v}_n \qquad (a_i \in K)$$

の形のベクトルを $\boldsymbol{v}_1, \ldots, \boldsymbol{v}_n$ の**線形結合**という．

(2) 与えられたベクトル $\boldsymbol{v}_1, \ldots, \boldsymbol{v}_n$ のすべての線形結合のベクトルの集合を

$$< \boldsymbol{v}_1, \ldots, \boldsymbol{v}_n > = \{a_1\boldsymbol{v}_1 + \cdots + a_n\boldsymbol{v}_n,\ a_i \in K\}$$

と表わす．

(3) より一般に $V$ の有限個とは限らない部分集合 $S = \{\boldsymbol{v}_\lambda\}_{\lambda \in \Lambda}$ について，$S$ の有限個のベクトルの線形結合で表わされるベクトルを $S$ の元の線形結合と呼ぶ．$S$ の元のすべての線形結合ベクトルたちの集合を $< S >$ と表わす．このとき次の補題は定義から容易に示される．

**補題 1.2.2**

(1) $< S >$ は $V$ の部分ベクトル空間である．

(2) $S \subset S'$ なら，$< S >$ は $< S' >$ の部分ベクトル空間である．

(3) $< S \cup T > = < S > + < T >$

$V$ の部分ベクトル空間 $< S >$ は $S$ で**生成**される部分ベクトル空間であるという．また，$V = < S >$ のとき，「ベクトル空間 $V$ は部分集合 $S$ で生成される」，あるいは「$S$ は $V$ の**生成元の集合**である」という．

どのようなベクトル空間も，集合 $S$ として $V$ そのものをとれば明らかに $V = < V >$ だから，$V$ の生成元の集合は常に存在する．

**問 1.4** 次のベクトル $\boldsymbol{x}$ をベクトル $\boldsymbol{a}, \boldsymbol{b}$ または $\boldsymbol{a}, \boldsymbol{b}, \boldsymbol{c}$ の線形結合で表わせ．

(1) $\boldsymbol{x} = \begin{pmatrix} 1 \\ 0 \end{pmatrix}$, $\boldsymbol{a} = \begin{pmatrix} 1 \\ -1 \end{pmatrix}$, $\boldsymbol{b} = \begin{pmatrix} 1 \\ 1 \end{pmatrix}$

(2) $\boldsymbol{x} = \begin{pmatrix} 1 \\ 1 \\ 1 \end{pmatrix}$, $\boldsymbol{a} = \begin{pmatrix} 0 \\ 1 \\ -1 \end{pmatrix}$, $\boldsymbol{b} = \begin{pmatrix} 1 \\ 1 \\ 0 \end{pmatrix}$, $\boldsymbol{c} = \begin{pmatrix} 1 \\ 0 \\ 2 \end{pmatrix}$

**例 1.12** $n$ 次以下の実係数多項式たちのなす実ベクトル空間の場合は，例えば $n+1$ 個の集合 $x^0 = 1, x, \ldots, x^n$ が生成元になっている．しかし，すべての実係数多項式たちのなす実ベクトル空間は，有限個のベクトルで生成されない．実際，有限個のベクトル，つまり多項式たちの次数の最大値を $d$ とすれば，これらの多項式たちの線形結合の次数も高々 $d$ である．

**問 1.5** 実数上のすべての連続関数たちのベクトル空間は有限個のベクトルで生成されないことを示せ．

上の例のように，一般のベクトル空間は有限個のベクトルで生成されるとは限らない．しかし，本書では有限生成，つまり有限個のベクトルで生成されるベクトル空間のみを取り扱う．従って以後は，**単にベクトル空間といえば有限生成と仮定する．**

ベクトル空間 $V$ のベクトル $\boldsymbol{v}_1, \ldots, \boldsymbol{v}_n$ とスカラー $a_1, \ldots, a_n \in K$ が

$$a_1\boldsymbol{v}_1 + \cdots + a_n\boldsymbol{v}_n = \boldsymbol{o}$$

をみたすとき，この式をベクトル $\boldsymbol{v}_1, \ldots, \boldsymbol{v}_n$ の間の**線形関係式**という．どんなベクトル $\boldsymbol{v}_1, \ldots, \boldsymbol{v}_n$ に対しても，

$$0\,\boldsymbol{v}_1 + \cdots + 0\,\boldsymbol{v}_n = \boldsymbol{o}$$

は常に成立する．これを自明な線形関係式という．逆に自明でない線形関係式とは，$a_i$ の内，少なくとも一つ 0 でないものが存在するものである．

ベクトル $\boldsymbol{v}_1, \ldots, \boldsymbol{v}_n$ は，自明でない線形関係式が存在するとき**線形従属**であるといい，自明でない線形関係式が存在しないときは**線形独立**であるという．条件「自明でない線形関係式は存在しない」は，その対偶「線形関係式があるとすれば自明なものに限る」の形で考えることが多い．

**注 1.2** ここで用語について触れておこう．線形結合，線形独立，あるいは線型写像などは，一次結合，一次独立，一次写像などとも呼ばれる．「一次」と「線形」という言葉はいろいろな教科書で使い分けられているが，数学的な定義としては同じであり，どちらを用いてもかまわない．英語ではこのような区別はなく，ほとんどの場合 linear という言葉で表わされる．ただし，ニュアンスとしては次のような違いはあるかもしれない．幾何ベクトルを数ベクトルで表わしたり，線形写像とその行列表現（2 章 2 節参照）を見ると，行列を掛けるという写像は正に一次式の形をしており，一次写像というのがふさわしい．しかし，例えば微分するという写像には一次写像のイメージはなく，線形写像（「はじめ」にも述べたように本来ならば「線型」）というのが妥当であることも多いのである．

**例 1.13** 一つのベクトル $\boldsymbol{v}$ が線形従属とは $\boldsymbol{v} = \boldsymbol{o}$ であることに他ならない．また，$\boldsymbol{v}_1, \ldots, \boldsymbol{v}_n$ のどれかが $\boldsymbol{o}$ なら，$\boldsymbol{v}_1, \ldots, \boldsymbol{v}_n$ は線形従属である．

**問 1.6** $\boldsymbol{R}^3$ の三つのベクトル $\begin{pmatrix} 1 \\ 1 \\ 0 \end{pmatrix}, \begin{pmatrix} 1 \\ 2 \\ 3 \end{pmatrix}, \begin{pmatrix} 0 \\ -1 \\ a \end{pmatrix}$ が線形従属となるよう実数 $a$ を定めよ．

**問 1.7** $\boldsymbol{a}, \boldsymbol{b}$ は $\boldsymbol{R}^n$ の線形独立なベクトルとする．このときベクトル $p\boldsymbol{a}+q\boldsymbol{b}, r\boldsymbol{a}+s\boldsymbol{b}$ が線形独立となるための必要十分条件を求めよ．

**補題 1.2.3** 次の三つの条件は互いに同値である.

(1) ベクトル $\boldsymbol{v}_1, \ldots, \boldsymbol{v}_n$ が線形従属である.

(2) 適当な $i$ があって, $\boldsymbol{v}_i$ は残りのベクトルの線形結合の形で表わせる. つまり

$$\boldsymbol{v}_i \in < \boldsymbol{v}_1, \ldots, \boldsymbol{v}_{i-1}, \boldsymbol{v}_{i+1}, \ldots \boldsymbol{v}_n >$$

(3) 適当な $i$ に対して

$$< \boldsymbol{v}_1, \ldots, \boldsymbol{v}_n > = < \boldsymbol{v}_1, \ldots, \boldsymbol{v}_{i-1}, \boldsymbol{v}_{i+1}, \ldots \boldsymbol{v}_n >$$

が成り立つ.

**証明** (1) を仮定しよう. 定義より自明でない線形関係式

$$a_1\boldsymbol{v}_1 + \cdots + a_n\boldsymbol{v}_n = \boldsymbol{o}$$

が存在する. このとき適当な $i$ に対し $a_i \neq 0$ だから

$$\boldsymbol{v}_i = -\frac{a_1}{a_i}\boldsymbol{v}_1 - \cdots - \frac{a_{i-1}}{a_i}\boldsymbol{v}_{i-1} - \frac{a_{i+1}}{a_i}\boldsymbol{v}_{i+1} - \cdots - \frac{a_n}{a_i}\boldsymbol{v}_n$$

が成り立つ. これは (2) を意味する. 逆に (2) を仮定すると,

$$\boldsymbol{v}_i = c_1\boldsymbol{v}_1 + \cdots + c_{i-1}\boldsymbol{v}_{i-1} + c_{i+1}\boldsymbol{v}_{i+1} + \cdots + c_n\boldsymbol{v}_n$$

と表わされるが, 左辺を移項すれば自明でない線形関係式が得られる. (2) と (3) が同値であることは明らかである. □

**補題 1.2.4** 次の二つの条件は同値である.

(1) ベクトル $\boldsymbol{v}_1, \ldots, \boldsymbol{v}_n$ が線形独立である.

(2) $< \boldsymbol{v}_1, \ldots, \boldsymbol{v}_n >$ のベクトルを $\boldsymbol{v}_1, \ldots, \boldsymbol{v}_n$ の線形結合で表わす方法は一意的である. つまり

$$a_1\boldsymbol{v}_1 + \cdots + a_n\boldsymbol{v}_n = b_1\boldsymbol{v}_1 + \cdots + b_n\boldsymbol{v}_n$$

ならば, $a_1 = b_1, \ldots, a_n = b_n$ が成り立つ.

証明は容易である.

**補題 1.2.5** ベクトル空間 $V$ の任意の $n$ 個のベクトル $\boldsymbol{v}_1, \ldots, \boldsymbol{v}_n$ に対し, 部分ベクトル空間 $< \boldsymbol{v}_1, \ldots, \boldsymbol{v}_n >$ の $n+1$ 個のベクトルは線形従属である.

**証明** $n$ に関する帰納法で証明する．$n=1$ のときは明らかだから，$n-1$ まで順次成立すると仮定する．さて，$\boldsymbol{v}_1,\ldots,\boldsymbol{v}_n$ の線形結合で表わされる $n+1$ 個のベクトル $\boldsymbol{x}_1,\ldots,\boldsymbol{x}_n,\boldsymbol{x}_{n+1}$ を考える．$\boldsymbol{x}_{n+1}=\boldsymbol{o}$ なら，$\boldsymbol{x}_i$ たちは線形従属である．従って $\boldsymbol{x}_{n+1}\neq\boldsymbol{o}$ と仮定しよう．このとき

$$\begin{aligned}\boldsymbol{x}_1 &= a_{11}\boldsymbol{v}_1+\cdots+a_{1n}\boldsymbol{v}_n\\ &\cdots\cdots\\ \boldsymbol{x}_n &= a_{n1}\boldsymbol{v}_1+\cdots+a_{nn}\boldsymbol{v}_n\\ \boldsymbol{x}_{n+1} &= b_1\boldsymbol{v}_1+\cdots+b_n\boldsymbol{v}_n\neq\boldsymbol{o}\end{aligned}$$

の形に表わせる．必要なら $\boldsymbol{v}_i$ の順序を変えて，$b_n\neq 0$ と仮定してよい．従って

$$\boldsymbol{v}_n=\frac{1}{b_n}\boldsymbol{x}_{n+1}-\frac{b_1}{b_n}\boldsymbol{v}_1-\cdots-\frac{b_{n-1}}{b_n}\boldsymbol{v}_{n-1}$$

と表わせるから，上式に代入して

$$\begin{aligned}\boldsymbol{x}_1 &= a'_{11}\boldsymbol{v}_1+\cdots+a'_{1n-1}\boldsymbol{v}_{n-1}+\frac{a_{1n}}{b_n}\boldsymbol{x}_{n+1}\\ &\cdots\cdots\\ \boldsymbol{x}_n &= a'_{n1}\boldsymbol{v}_1+\cdots+a'_{nn-1}\boldsymbol{v}_{n-1}+\frac{a_{nn}}{b_n}\boldsymbol{x}_{n+1}\end{aligned}$$

を得る．従って

$$\boldsymbol{x}_1-\frac{a_{1n}}{b_n}\boldsymbol{x}_{n+1},\ \ \ldots\ \ ,\boldsymbol{x}_n-\frac{a_{nn}}{b_n}\boldsymbol{x}_{n+1}\in<\boldsymbol{v}_1,\ldots,\boldsymbol{v}_{n-1}>$$

となるが，帰納法の仮定より上の $n$ 個のベクトルは線形従属である．従って自明でない線形関係式

$$c_1(\boldsymbol{x}_1-\frac{a_{1n}}{b_n}\boldsymbol{x}_{n+1})+\cdots+c_n(\boldsymbol{x}_n-\frac{a_{nn}}{b_n}\boldsymbol{x}_{n+1})=\boldsymbol{o}$$

が存在するが，明らかにこれは $\boldsymbol{x}_1,\ldots,\boldsymbol{x}_n,\boldsymbol{x}_{n+1}$ の自明でない線形関係式を与えている． □

**補題 1.2.6** ベクトル $\boldsymbol{v}_1,\ldots,\boldsymbol{v}_n$ は線形独立と仮定する．このとき

$$\boldsymbol{a}\notin<\boldsymbol{v}_1,\ldots,\boldsymbol{v}_n>\iff\boldsymbol{a},\boldsymbol{v}_1,\ldots,\boldsymbol{v}_n\ \text{は線形独立}$$

**証明** $\boldsymbol{a}\in<\boldsymbol{v}_1,\ldots,\boldsymbol{v}_n>$ と仮定すれば上の補題より $n+1$ 個のベクトル $\boldsymbol{a},\boldsymbol{v}_1,\ldots,\boldsymbol{v}_n$ は線形従属．逆も明らかだから，補題の対偶が示された． □

**定義 1.2.7** ベクトル空間 $V$ のすべてのベクトルが $\boldsymbol{v}_1, \ldots, \boldsymbol{v}_n$ の線形結合の形に**一意的に表わされる**とき，ベクトルの集まり $\{\boldsymbol{v}_1, \ldots, \boldsymbol{v}_n\}$ をベクトル空間 $V$ の一つの**基底**であるという．

**命題 1.2.8** $\{\boldsymbol{v}_1, \ldots, \boldsymbol{v}_n\}$ がベクトル空間 $V$ の基底であるための必要十分条件は，$\boldsymbol{v}_1, \ldots, \boldsymbol{v}_n$ たちが線形独立かつ $V$ を生成することである．

**問 1.8** この命題を証明せよ．

体 $K$ 上の数ベクトル空間 $K^n$ において第 $i$ 成分が 1，他はすべて 0 であるベクトル $\boldsymbol{e}_i = {}^t(0, \ldots, \overset{i}{1}, \ldots, 0)$ を（第 $i$ ）**基本ベクトル**という．基本ベクトルたちの集合 $\{\boldsymbol{e}_1, \ldots, \boldsymbol{e}_n\}$ は $K^n$ の基底である．これを $K^n$ の**標準基底**と呼ぶ．

**例 1.14** $n$ 次以下の多項式たちのなすベクトル空間 $P_n$ において，単項式 $1, x, \ldots, x^n$ たちは基底をなす．

**問 1.9** 上のベクトル空間において，$1,\ x-1,\ (x-1)^2, \ldots,\ (x-1)^n$ は基底であることを確かめよ．

**問 1.10** $\boldsymbol{R}^3$ の二つのベクトル ${}^t(1, 2, 1)$，${}^t(0, 0, 4)$ に合わせて基底となるようなベクトル $\boldsymbol{a}$ を一つ求めよ．

次の定理と系は以後の議論においてしばしば用いられる基本的な定理である．

**定理 1.2.9** （**基底の存在**）$\boldsymbol{v}_1, \ldots, \boldsymbol{v}_s$ をベクトル空間 $V$ の線形独立なベクトルとする（空集合でもよい）．このとき，ベクトル $\boldsymbol{v}_{s+1}, \ldots, \boldsymbol{v}_n$ を選んで $\{\boldsymbol{v}_1, \ldots, \boldsymbol{v}_s, \boldsymbol{v}_{s+1}, \ldots, \boldsymbol{v}_n\}$ が $V$ の基底となるようにできる．

**証明** $V$ は有限生成だから，補題 1.2.5 より線形独立なベクトルの個数は高々有限である．一般に $\boldsymbol{v}_1, \ldots, \boldsymbol{v}_k$ をベクトル空間 $V$ の線形独立なベクトルとする．もし，それらが $V$ を生成しないなら，部分ベクトル空間 $< \boldsymbol{v}_1, \ldots, \boldsymbol{v}_k >$ に含まれないベクトル $\boldsymbol{v}_{k+1}$ を取ると補題 1.2.6 より，$\boldsymbol{v}_1, \ldots, \boldsymbol{v}_k, \boldsymbol{v}_{k+1}$ は線形独立である．与えられたベクトル $\boldsymbol{v}_1, \ldots, \boldsymbol{v}_s$ からこのように線形独立なベ

クトルを選んでいけば，適当な $n$ があって $V=<\boldsymbol{v}_1,\ldots,\boldsymbol{v}_n>$ となる． □

**系 1.2.10** $W$ は $V$ の部分ベクトル空間とする．このとき $V$ の基底 $\{\boldsymbol{v}_1,\ldots,\boldsymbol{v}_n\}$ として最初の $m$ 個のベクトル $\boldsymbol{v}_1,\ldots,\boldsymbol{v}_m$ が $W$ の基底となるものが選べる．

**証明** まず部分ベクトル空間 $W$ をそれ自身ベクトル空間と考え，上の定理の証明のように線形独立なベクトル $\boldsymbol{v}_1,\boldsymbol{v}_2,\ldots$ を選んでいく．$W$ の線形独立なベクトルは，$V$ のベクトルとして線形独立であるから，高々有限個であることに注意すれば，定理の証明と同じように $W$ の基底 $\{\boldsymbol{v}_1,\ldots,\boldsymbol{v}_m\}$ を選ぶことができる．$\boldsymbol{v}_1,\ldots,\boldsymbol{v}_m$ たちは $V$ のベクトルとして線形独立だからもう一度上の定理を適用すればよい． □

**命題 1.2.11** ベクトル空間 $V$ の基底となるベクトルたちの個数は一定である．

**証明** $\{\boldsymbol{v}_1,\ldots,\boldsymbol{v}_n\}$, $\{\boldsymbol{w}_1,\ldots,\boldsymbol{w}_m\}$ をそれぞれ $V$ の基底とし，$m\geq n$ とする．定義よりすべての $\boldsymbol{w}_i$ は $\boldsymbol{v}_1,\ldots,\boldsymbol{v}_n$ たちの線形結合で表わせる．もし，$m>n$ なら補題 1.2.5 より，$\boldsymbol{w}_1,\ldots,\boldsymbol{w}_m$ は線形従属となり矛盾である． □

$K$ 上のベクトル空間 $V$ の基底となるベクトルたちの個数（上の命題より一定である）を $V$ の**次元** (dimension) といい，$\dim_K V$ と表わす．ただし，体 $K$ を明示しなくても誤解のない場合は単に $\dim V$ と表わすことが多い．0 ベクトル空間 $O$ には線形独立なベクトルは存在しない．従って基底という概念は意味がないが，空集合が基底であると考え，$\dim O=0$ と約束する．

**問 1.11** $\dim V$ は「$V$ の線形独立なベクトルたちの最大個数」であることを示せ．

**例題 1.1** $W$ は $V$ の部分ベクトル空間とする．このとき $V=W \iff \dim V=\dim W$ である．

**解答** $V=W$ であれば $\dim V=\dim W$ は明らかである．逆を示すには対偶を取って，$W\neq V$ であれば $\dim W<\dim V$ であることを示せばよい．$\boldsymbol{v}_1,\ldots,\boldsymbol{v}_m$ を $W$

の基底とする．仮定より $\boldsymbol{v} \notin W$ となるベクトル $\boldsymbol{v} \in V$ があるが，補題 1.2.6 より $\boldsymbol{v}_1, \ldots, \boldsymbol{v}_m, \boldsymbol{v}$ は線形独立である．これは $\dim W < \dim V$ を意味する．

ベクトル空間 $V$ の基底 $\{\boldsymbol{v}_1, \ldots, \boldsymbol{v}_n\}$ が一つ与えられているとする．このとき，$V$ のベクトル $\boldsymbol{v}$ は

$$\boldsymbol{v} = a_1\boldsymbol{v}_1 + \cdots + a_n\boldsymbol{v}_n$$

と一意的に表わされる．数ベクトル $\begin{pmatrix} a_1 \\ \vdots \\ a_n \end{pmatrix}$ をベクトル $\boldsymbol{v}$ の（基底 $\{\boldsymbol{v}_1, \ldots, \boldsymbol{v}_n\}$ に関する）**成分ベクトル**という．

**注 1.3** ベクトル $\boldsymbol{v}$ の成分ベクトルは基底を取り替えれば当然異なる．また本来基底はいくつかのベクトルの順序は考えない集まりであるが，成分ベクトルを考えようとすると，$\boldsymbol{v}_1, \ldots, \boldsymbol{v}_n$ の形に順序を付けなければ確定しない．従って以後ベクトル空間の基底を選ぶというときには，**順序付けられた**ものを意味する．

さて，この節で考えてきたことは，どのような体の上のベクトル空間についても成り立つ．しかし，ベクトル空間によっては**同時に異なる体の上のベクトル空間**と考えられるものもある．このようなときには，線形独立や次元というような概念はどの体の上で考えているかに注意をしなければならない．

例えば $\boldsymbol{R}^n$ は実数体 $\boldsymbol{R}$ 上のベクトル空間であるが，スカラー倍をあえて有理数に制限すれば有理数体 $\boldsymbol{Q}$ 上のベクトル空間とも考えられる．特に，$\boldsymbol{R}$ 自身は $\boldsymbol{R}$ 上のベクトル空間としては一次元であり，二つの元は常に線形従属である．しかし，$\boldsymbol{R}$ を $\boldsymbol{Q}$ 上のベクトル空間と考えれば，例えば $\sqrt{2}$ と $\sqrt{3}$ は有理数上線形独立である．これより $\boldsymbol{R}$ の $\boldsymbol{Q}$ ベクトル空間としての次元 $\dim_{\boldsymbol{Q}} \boldsymbol{R}$ は 2 以上であることがわかるが，さらに次の事実が成り立つ．

**命題 1.2.12** $\dim_{\boldsymbol{Q}} \boldsymbol{R} = \infty$

**証明** 円周率 $\pi$ は超越数であることが知られている．つまり $\pi$ は有理数を係数とするどんな代数方程式の解にもならない．さて，$\dim_{\boldsymbol{Q}} \boldsymbol{R}$ が有限，例えば $n$ とする．このとき，$1, \pi, \pi^2, \ldots, \pi^n$ は $\boldsymbol{Q}$ 上のベクトル空間 $\boldsymbol{R}$ の $n+1$ 個の元（ベクトル）だから補題 1.2.5 より線形従属である．これは $\pi$ が有理数を係数とするある $n$ 次方程式の解であることを意味し，超越数であることに矛

盾する．□

実数体 $\boldsymbol{R}$ は複素数体 $\boldsymbol{C}$ の部分体である．従って $V$ が $\boldsymbol{C}$ 上のベクトル空間，つまり複素ベクトル空間のとき，スカラー倍を実数に制限すれば $V$ は実ベクトル空間とも考えることができる．このとき次の命題がえられる．証明は容易である．

**命題 1.2.13**　$\{\boldsymbol{v}_1, \ldots, \boldsymbol{v}_n\}$ を $V$ の複素ベクトル空間としての基底とする．このとき $\{\boldsymbol{v}_1, i\boldsymbol{v}_1, \ldots, \boldsymbol{v}_n, i\boldsymbol{v}_n\}$ が $V$ の実ベクトル空間としての基底になる．従って $\dim_{\boldsymbol{R}} V = 2\dim_{\boldsymbol{C}} V$ である．ただし $i$ は虚数単位である．

**問 1.12**　複素数体 $\boldsymbol{C}$ を $\boldsymbol{R}$ 上のベクトル空間と考える．このとき，二つの複素数 $z$, $w$ が線形従属であるための必要十分条件は $z\bar{w}$ が実数になることであることを示せ．

## 1.3　線形写像

以後，体 $K$ は固定し，単にベクトル空間といえば体 $K$ 上のベクトル空間を意味するものとする．$V$, $W$ はベクトル空間とする．写像

$$f : V \to W$$

が**線形写像**であるとは，$V$ の任意のベクトル $\boldsymbol{v}$, $\boldsymbol{v}'$ と任意のスカラー $a \in K$ に対し，次の二つの等式が成り立つことである．

$$f(\boldsymbol{v} + \boldsymbol{v}') = f(\boldsymbol{v}) + f(\boldsymbol{v}'), \quad f(a\boldsymbol{v}) = af(\boldsymbol{v})$$

この条件は次のようにいい換えられる．$V$ の任意のベクトル $\boldsymbol{v}$, $\boldsymbol{v}'$ と任意のスカラー $a$, $a' \in K$ に対し次式

$$f(a\boldsymbol{v} + a'\boldsymbol{v}') = af(\boldsymbol{v}) + a'f(\boldsymbol{v}')$$

が成り立つことである．またベクトルの線形結合についていえば

$$f(a_1\boldsymbol{v}_1 + \cdots + a_n\boldsymbol{v}_n) = a_1 f(\boldsymbol{v}_1) + \cdots + a_n f(\boldsymbol{v}_n)$$

が成り立つことである．

線形写像は 0 ベクトルを 0 ベクトルに写すことに注意しよう．実際

$$f(\boldsymbol{o}) = f(0\boldsymbol{o}) = 0f(\boldsymbol{o}) = \boldsymbol{o}$$

である.

**例 1.15** 実数の集合からそれ自身への写像 $f: \boldsymbol{R} \to \boldsymbol{R}$ が線形写像であるための必要十分条件は $f(x) = ax$ の形であることである. 実際, この形であれば線形写像であることは明らかで, 逆に線形写像であれば $f(1) = a$ とすると $f(x) = f(x \cdot 1) = ax$ である.

**例題 1.2** $f: \boldsymbol{R} \to \boldsymbol{R}$ は実数上の連続写像ですべての $x, y \in \boldsymbol{R}$ に対し

$$f(x + y) = f(x) + f(y)$$

をみたすとする. このとき $f$ は線形写像である.

**解答** $f(1) = a$ とするとき $f(x) = ax$ を示そう. $f(0) = 0, f(-1) = -a$ であることは容易にわかる. $n$ が整数のとき, $f(n) = na$ であることも

$$f(n) = f(n - 1 + 1) = f(n - 1) + f(1)$$

から帰納的に示される. また $m$ が 0 でない整数のとき $f(1/m) = a/m$ も容易にわかる. 従って有理数 $q = n/m$ についても $f(q) = aq$ が成立つ. すべての実数は有理数の数列の極限として表わされるから, $f$ の連続性より求める結果を得る.

**例 1.16** 収束する数列たちのなすベクトル空間を $V$ とする. 数列 $\{a_n\}$ に対しその極限 $\lim_{n \to \infty} a_n$ を対応させる写像 $V \to \boldsymbol{R}$ は線型である.

**例 1.17** $n$ 次以下の実係数多項式たちのなすベクトル空間を $P_n$ と表わす. 次の写像はそれぞれ線形写像である.

(1) 微分 $d(f(x)) = f'(x)$ で定義される写像 $d: P_n \to P_{n-1}$

(2) $p(x)$ を $k$ 次多項式とするとき $m_p(f(x)) = p(x)f(x)$ で定義される写像 $m_p: P_{n-k} \to P_n$

(3) $a$ を実数とする. $s_a(f(x)) = f(a)$ で定義される写像 $s_a: P_n \to \boldsymbol{R}$

(4) $I(f(x)) = \int_0^1 f(x)dx$ で定義される写像 $I: P_n \to \boldsymbol{R}$

**例 1.18** 次の定数係数の斉次線形微分方程式

$$\frac{d^k y}{dx^k} + a_{k-1}\frac{d^{k-1} y}{dx^{k-1}} + \cdots + a_1 \frac{dy}{dx} + a_0 y = 0$$

の解空間 $V$ (例 1.10) において, 微分作用素

$$D: V \to V, \quad D(y) = \frac{dy}{dx}$$

は線形写像である.

**例 1.19** 次の $k+1$ 項線形漸化式

$$x_{n+k} + a_{k-1}x_{n+k-1} + \cdots + a_1x_{n+1} + a_0x_n = 0$$

をみたす数列のなすベクトル空間 $W$（例 1.11）において，番号を一つ上げる写像

$$T : W \to W, \quad T(x_0, x_1, \dots) = (x_1, x_2, \dots)$$

は線形写像である．

**例 1.20** 実数上で定義された連続関数の中で，$1$, $\cos kx$, $\sin kx$, $k = 1, 2, \dots, n$ たちの線形結合で表わされる関数たちのなすベクトル空間

$$V = \{\sum(a_k \cos kx + b_k \sin kx) + c_0\}$$

を考える．$d$ を定数とし，$f(x) \in V$ に対し $T(f)(x) = f(x+d)$ とおけば $T : V \to V$ は線形写像である．

**命題 1.3.1** $f : V \to W$ は線形写像とする．$f$ が全射かつ単射（全単射）写像であるための必要十分条件は，$g \circ f = 1_V$, $f \circ g = 1_W$ をみたすような線形写像 $g : W \to V$ が存在することである．ただし，$1_V$ などは $V$ からそれ自身への恒等写像を表わす．

**証明** $f$ が全射かつ単射（全単射）写像であれば，上の条件をみたす写像 $g$ が存在することは明らかである．$g$ が線形写像であることは，例えばベクトルの和については上の条件と $f$ の線形性より

$$f \circ g(\boldsymbol{w} + \boldsymbol{w}') = \boldsymbol{w} + \boldsymbol{w}' = f \circ g(\boldsymbol{w}) + f \circ g(\boldsymbol{w}') = f(g(\boldsymbol{w}) + g(\boldsymbol{w}'))$$

であるから，さらに $g$ を施せば

$$g(\boldsymbol{w} + \boldsymbol{w}') = g(\boldsymbol{w}) + g(\boldsymbol{w}')$$

を得る．スカラー倍についても同様である．逆の主張は明らかである． □

線形写像 $f : V \to W$ は 条件 $g \circ f = 1_V$, $f \circ g = 1_W$ をみたす線形写像 $g : W \to V$ が存在するとき**同型写像**であるという．このような線形写像 $g$ は存在すれば $f$ から一意的に定まるから $f^{-1}$ と表わし $f$ の**逆写像**であるという．同型写像は特に $f : V \xrightarrow{\cong} W$ という記号を用いて表わす．

また，$V$ から $W$ へのなんらかの同型写像が存在するとき，ベクトル空間 $V$, $W$ が**同型**であるといい，$V \cong W$ と表わす．ベクトル空間の同型という関

係は同値関係であることに注意しよう．例えば，同型写像 $f: V \to W$ が存在すれば逆向きの同型写像 $f^{-1}: W \to V$ が存在するから，$V \cong W$ ならば $W \cong V$ がいえるのである．また $f: V \to W$, $g: W \to U$ がそれぞれ同型写像であれば，その合成 $g \circ f: V \to U$ も同型写像であることは明らかである．従って $V \cong W$, $W \cong U$ なら $V \cong U$ である．

**注 1.4** $V$ から $W$ への同型写像はもしあれば一般に無数に存在する．ベクトル空間 $V$, $W$ が同型であるとは，同型写像が有るか無いかを問題にしているのであって，具体的な同型写像を考えることとは異なることである．

**命題 1.3.2** ベクトル空間の基底について次の三つの性質が成り立つ．
(1) $n$ 次元ベクトル空間 $V$ に基底を選んでおく．$V$ のベクトルに対し，その成分ベクトルを対応させる写像 $V \to K^n$ はベクトル空間の同型写像である．
(2) 逆に一つの同型写像 $\varphi: V \to K^n$ が与えられたとする．$\{\boldsymbol{e}_1, \ldots, \boldsymbol{e}_n\}$ を $K^n$ の標準基底とすると，

$$\{\varphi^{-1}(\boldsymbol{e}_1), \ldots, \varphi^{-1}(\boldsymbol{e}_n)\}$$

はベクトル空間 $V$ の基底である．
(3) 上の対応によって，$n$ 次元ベクトル空間 $V$ の基底たちと，$V$ から $K^n$ への同型写像たちは1対1に対応する．

**証明** (1) $\{\boldsymbol{v}_1, \ldots, \boldsymbol{v}_n\}$ を $V$ の基底とする．このとき数ベクトル ${}^t(a_1, \ldots, a_n)$ に対し $V$ のベクトル

$$a_1\boldsymbol{v}_1 + \cdots + a_n\boldsymbol{v}_n$$

を対応させる写像が逆写像である．(2), (3) も容易に示される． □

**系 1.3.3** ベクトル空間 $V$ と $W$ が同型であるための必要十分条件は次元が等しい

$$\dim V = \dim W$$

ことである．

**証明** $\dim V = n$, $\dim W = m$ としよう．上の命題から $V \cong K^n$, $W \cong K^m$ である．$V \cong W$ であれば同型の合成により $K^n \cong K^m$ である．これは

$\dim K^n = m$ を意味するが，次元の一意性より $n = m$ である．逆も明らかである． □

**例 1.21** $n$ 次以下の実係数多項式たちのなすベクトル空間 $P_n$ は $\boldsymbol{R}^{n+1}$ と同型である．

**定義 1.3.4** $f\colon V \to W$ はベクトル空間の線形写像とする．

(1) $\mathrm{Im}\, f \overset{\mathrm{def}}{=} \{f(\boldsymbol{v});\ \boldsymbol{v} \in V\} \subset W$ これを $f$ の**像** (image) と呼ぶ．

(2) $\mathrm{Ker}\, f \overset{\mathrm{def}}{=} \{\boldsymbol{v} \in V;\ f(\boldsymbol{v}) = \boldsymbol{o}\} \subset V$ これを $f$ の**核** (kernel) と呼ぶ．

**補題 1.3.5**

(1) $\mathrm{Im}\, f$, $\mathrm{Ker}\, f$ はそれぞれベクトル空間 $W, V$ の部分ベクトル空間である．

(2) $f$ が全射 $\iff$ $\mathrm{Im}\, f = W$

(3) $f$ が単射 $\iff$ $\mathrm{Ker}\, f = \{\boldsymbol{o}\}$

**証明** (1) $\mathrm{Im}\, f$ の二つのベクトル $f(\boldsymbol{v}), f(\boldsymbol{v}')$ に対し，

$$f(\boldsymbol{v}) + f(\boldsymbol{v}') = f(\boldsymbol{v} + \boldsymbol{v}')$$

はやはり $\mathrm{Im}\, f$ に属する．同様に，$\mathrm{Im}\, f$ のベクトルのスカラー倍もやはり $\mathrm{Im}\, f$ に属する．従って $\mathrm{Im}\, f$ は $W$ の部分ベクトル空間である．$\mathrm{Ker}\, f$ についても証明は同様である．(2) は定義から明らかであろう．(3) $f$ が単射なら $\mathrm{Ker}\, f = \{\boldsymbol{o}\}$ は明らかである．逆に $\mathrm{Ker}\, f = \{\boldsymbol{o}\}$ を仮定しよう．二つのベクトル $\boldsymbol{v}, \boldsymbol{v}' \in V$ が $f(\boldsymbol{v}) = f(\boldsymbol{v}')$ をみたせば，

$$\boldsymbol{o} = f(\boldsymbol{v}) - f(\boldsymbol{v}') = f(\boldsymbol{v} - \boldsymbol{v}')$$

だから仮定より $\boldsymbol{v} - \boldsymbol{v}' = \boldsymbol{o}$, つまり $\boldsymbol{v} = \boldsymbol{v}'$ だから $f$ は単射である． □

**例題 1.3** 実数上の連続関数のなすベクトル空間を $V$ とする．多項式 $f(x)$ に対し，$f(x)$ で表わされる関数を対応させる写像 $P_n \to V$ は単射な線形写像である．

**解答** 線形写像であることは明らかである．0 ではない $k$ 次の多項式 $f(x)$ で表わされる関数 $y = f(x)$ が関数として 0，つまり恒等的に 0 とする．このときすべての実数が方程式 $f(x) = 0$ の解であるから，因数定理（命題 A.5.2）より無限個の異なる根を持つことになり矛盾である．

**問 1.13** $f: U \to V,\ g: V \to W$ は線型写像とする．$g \circ f = 0 \iff \mathrm{Im}\, f \subset \mathrm{Ker}\, g$ を示せ．

**問 1.14** $W$ は $\boldsymbol{R}^3$ の二次元部分ベクトル空間とする．このとき $W = \mathrm{Ker}\, f$ となる線形写像 $f: \boldsymbol{R}^3 \to \boldsymbol{R}^1$ が存在することを示せ．

**例 1.22** 例 1.17 の線形写像と例 1.9 の部分ベクトル空間を考える．
(1) $m_p: P_{n-k} \to P_n$ の像 $\mathrm{Im}\, m_p$ は $p(x)$ で割り切れる多項式たちのなす部分ベクトル空間である．
(2) $s_a: P_n \to \boldsymbol{R}$ の核 $\mathrm{Ker}\, s_a$ は $f(a) = 0$ となる多項式たちのなす部分ベクトル空間である．
(3) $\mathrm{Ker}\, s_a = \mathrm{Im}\, m_{(x-a)}$ が成り立つ．

次の定理は，ベクトル空間や部分ベクトル空間の次元を求めるのに便利な公式を与えるものである．

**定理 1.3.6** **（次元公式）** $f: V \to W$ は線形写像とする．このとき次の等式が成り立つ．

$$\dim V = \dim(\mathrm{Im}\, f) + \dim(\mathrm{Ker}\, f)$$

**証明** $\dim V = n,\ \dim(\mathrm{Ker}\, f) = k$ とする．$\mathrm{Ker}\, f$ は $V$ の部分ベクトル空間だから，系 1.2.10 より $V$ の基底 $\{\boldsymbol{v}_1, \ldots, \boldsymbol{v}_n\}$ を最初の $k$ 個が $\mathrm{Ker}\, f$ の基底であるよう取れる．このとき，$\mathrm{Im}\, f$ の $n-k$ 個のベクトル $f(\boldsymbol{v}_{k+1}), \ldots, f(\boldsymbol{v}_n)$ が $\mathrm{Im}\, f$ の基底であることを示せばよい．
(1) $\mathrm{Im}\, f$ を生成すること． $\mathrm{Im}\, f$ の勝手なベクトルは $f(\boldsymbol{v}),\ \boldsymbol{v} \in V$ と書ける．$\boldsymbol{v} = a_1\boldsymbol{v}_1 + \cdots + a_n\boldsymbol{v}_n$ とすれば $f(\boldsymbol{v}_i) = \boldsymbol{o},\ 1 \leq i \leq k$, だから

$$f(\boldsymbol{v}) = a_{k+1}f(\boldsymbol{v}_{k+1}) + \cdots + a_n f(\boldsymbol{v}_n)$$

(2) 線形独立であること． $f(\boldsymbol{v}_{k+1}), \ldots, f(\boldsymbol{v}_n)$ の線形関係式

$$c_{k+1}f(\boldsymbol{v}_{k+1}) + \cdots + c_n f(\boldsymbol{v}_n) = \boldsymbol{o}$$

を考える．これは

$$c_{k+1}\boldsymbol{v}_{k+1} + \cdots + c_n\boldsymbol{v}_n \in \mathrm{Ker}\, f$$

を意味する．従って

$$c_{k+1}\boldsymbol{v}_{k+1} + \cdots + c_n\boldsymbol{v}_n = a_1\boldsymbol{v}_1 + \cdots + a_k\boldsymbol{v}_k$$

と表わせるが，$\boldsymbol{v}_1, \ldots, \boldsymbol{v}_n$ の線形独立性より

$$c_{k+1} = \cdots = c_n = 0$$

である． □

$V$, $W$ はベクトル空間，$f : V \to W$ は線形写像とする．$\dim(\mathrm{Im}\, f)$ を $f$ の**階数**といい，$\mathrm{rank}\, f$ と表わす．このとき次元公式は次のように表わすことができる．

$$\dim V = \mathrm{rank}\, f + \dim(\mathrm{Ker} f)$$

**命題 1.3.7** $\{\boldsymbol{v}_1, \ldots, \boldsymbol{v}_n\}$ を $V$ の基底とする．このとき，$\mathrm{rank}\, f$ は $n$ 個のベクトル $f(\boldsymbol{v}_1), \ldots, f(\boldsymbol{v}_n)$ の中で線形独立なベクトルの最大個数である．

証明は定義より明らかである．

**系 1.3.8** $f : V \to W$ は線形写像とする．このとき

(1) $\mathrm{rank}\, f \leq \mathrm{Min}\{\dim V, \dim W\}$

(2) $\mathrm{rank}\, f = \dim W \iff f$ は全射

(3) $\mathrm{rank}\, f = \dim V \iff f$ は単射

**問 1.15** 上の系を確かめよ

**系 1.3.9** $f : V \to W$ は線形写像とし，$\dim V = \dim W$ と仮定する．このとき三つの条件はすべて同値である．

(1) $f$ が全射である．

(2) $f$ が単射である．

(3) $f$ が同型である．

**証明** $f$ が全射であるとする．このとき $\dim(\mathrm{Im}\, f) = \dim\ W = \dim\ V$ である．従って次元公式から $\dim(\mathrm{Ker}\, f) = 0$，つまり $\mathrm{Ker}\, f = \{\boldsymbol{o}\}$ だから $f$ は単射である．逆に $f$ が単射であれば，次元公式を用いて同様に $f$ は全射である．(1) と (2) が同値であるから明らかに (3) とも同値である． □

**例 1.23** $n$ 次以下の実係数多項式たちのなすベクトル空間 $P_n$ を考えよう．$n+1$ 個の相異なる実数 $a_0, a_1, \ldots, a_n$ をとって線形写像 $\varphi : P_n \to \boldsymbol{R}^{n+1}$ を $\varphi(f(x)) = {}^t(f(a_0), \ldots, f(a_n))$ と定義しよう．このとき $\varphi$ は同型写像である．実際，因数定理より $\varphi$ は単射である．一方，上の二つのベクトル空間は次元が等しい．従って上の系よ

り同型である．このことから，任意の $n+1$ 個の実数 $c_0, \ldots, c_n$ に対し，$f(a_i) = c_i$ をみたす多項式 $f(x)$ が存在することが示される．

**問 1.16** $V \xrightarrow{f} W \xrightarrow{g} U$ は線形写像とし，$g \circ f$ は合成とする．次を示せ．

$$\mathrm{rank}\,(g \circ f) \leq \mathrm{Min}\{\mathrm{rank}\, f, \mathrm{rank}\, g\}$$

**問 1.17** 線形写像 $f,\ g : V \to W$ に対し，その和を

$$(f+g)(\boldsymbol{v}) = f(\boldsymbol{v}) + g(\boldsymbol{v}), \qquad \boldsymbol{v} \in V$$

と定義する．このとき次を示せ．

$$\mathrm{rank}\,(f+g) \leq \mathrm{rank}\, f + \mathrm{rank}\, g$$

**補題 1.3.10** $V,\ W$ はベクトル空間とし，$V \oplus W$ をベクトル空間の直和とする．$\{\boldsymbol{v}_1, \ldots, \boldsymbol{v}_n\}$, $\{\boldsymbol{w}_1, \ldots, \boldsymbol{w}_m\}$ をそれぞれ $V, W$ の基底とする．このとき，次のベクトルたち

$$\{(\boldsymbol{v}_1, \boldsymbol{o}), \ldots, (\boldsymbol{v}_n, \boldsymbol{o}),\ (\boldsymbol{o}, \boldsymbol{w}_1), \ldots, (\boldsymbol{o}, \boldsymbol{w}_m)\}$$

が $V \oplus W$ の基底となる．特に次元について次式が成り立つ．

$$\dim\,(V \oplus W) = \dim V + \dim W$$

証明は容易である．

次に，$V$ はベクトル空間とし，$W_1, W_2$ を $V$ の部分ベクトル空間とする．線型写像

$$g : W_1 \oplus W_2 \to W_1 + W_2$$

を $g(\boldsymbol{w}_1, \boldsymbol{w}_2) = \boldsymbol{w}_1 + \boldsymbol{w}_2$ と定義する．明らかに $g$ は全射であり，

$$\mathrm{Ker}\ g = \{(\boldsymbol{w}_1, \boldsymbol{w}_2) \mid \boldsymbol{w}_1 = -\boldsymbol{w}_2\}$$

従って $\mathrm{Ker}\ g \cong W_1 \cap W_2$ である．このとき上の補題と定理 1.3.6 より次の定理が示される．

**定理 1.3.11** 次の次元公式が成り立つ．

$$\dim\,(W_1 + W_2) = \dim W_1 + \dim W_2 - \dim\,(W_1 \cap W_2)$$

特に，$W_1 \cap W_2 = \{\boldsymbol{o}\}$ のときは次の自然な同型

$$W_1 \oplus W_2 \cong W_1 + W_2$$

が成り立つ．従ってこのとき，部分ベクトル空間の和 $W_1 + W_2$ を直和であるといい，$W_1 \oplus W_2$ と表わしても構わないのである．

三つ以上の部分ベクトル空間の場合も同様である．$W_1, \ldots, W_k$ を $V$ の部分ベクトル空間とする．これらを独立にベクトル空間と考え，直和を取ったものを $W_1 \oplus \cdots \oplus W_k$ とする（前節参照）．このとき上と同様に線形写像

$$g : W_1 \oplus \cdots \oplus W_k \to W_1 + \cdots + W_k$$

を $g(\boldsymbol{w}_1, \ldots, \boldsymbol{w}_k) = \boldsymbol{w}_1 + \cdots + \boldsymbol{w}_k$ と定義すると，明らかに $g$ は全射である．$g$ が同型になるとき，部分ベクトル空間の和 $W_1 + \cdots + W_k$ は直和であるといい，$W_1 \oplus \cdots \oplus W_k$ と表わす．

**命題 1.3.12** 部分ベクトル空間の和 $W_1 + \cdots + W_k$ が直和であるための必要十分条件は，ベクトル $\boldsymbol{w}_i \in W_i$ たちが $\boldsymbol{w}_1 + \cdots + \boldsymbol{w}_k = \boldsymbol{o}$ をみたせば，すべての $i$ に対し $\boldsymbol{w}_i = \boldsymbol{o}$ となることである．

**問 1.18** 上の命題を証明せよ

## 第 1 章の章末問題

**問 1.1**　$\boldsymbol{R}^3$ のベクトル $\begin{pmatrix} 1 \\ -1 \\ 0 \end{pmatrix}$, $\boldsymbol{c} = \begin{pmatrix} -1 \\ 1 \\ 1 \end{pmatrix}$ の線形結合で表わすことのできない $\boldsymbol{R}^3$ のベクトルを一つ求めよ．

**問 1.2**　次の，$\boldsymbol{R}^2$ または $\boldsymbol{R}^3$ のベクトルの組みは線形独立か．

$$(1)\quad \begin{pmatrix} 1 \\ 1 \end{pmatrix}, \begin{pmatrix} 1 \\ -1 \end{pmatrix} \qquad (2)\quad \begin{pmatrix} 1 \\ 0 \end{pmatrix}, \begin{pmatrix} 1 \\ -1 \end{pmatrix}, \begin{pmatrix} 0 \\ 1 \end{pmatrix}$$

$$(3)\quad \begin{pmatrix} 1 \\ 2 \\ 3 \end{pmatrix}, \begin{pmatrix} 3 \\ 2 \\ 1 \end{pmatrix} \qquad (4)\quad \begin{pmatrix} 1 \\ 0 \\ 0 \end{pmatrix}, \begin{pmatrix} 0 \\ 1 \\ 1 \end{pmatrix}, \begin{pmatrix} 1 \\ 1 \\ 1 \end{pmatrix}$$

**問 1.3**　$V$ をベクトル空間とし，$W_1, W_2, W_3$ をその部分ベクトル空間とするとき，以下の命題はいずれも正しくない．それを反例をもって示せ．

(1)　$W_1 \cap (W_2 + W_3) = (W_1 \cap W_2) + (W_1 \cap W_3)$.

(2)　$W_1 + W_2 = W_1 + W_3$ ならば $W_2 = W_3$.

(3)　$W_1 + W_2 \supset W_3$ ならば $W_1 \supset W_3$ または $W_2 \supset W_3$.

**問 1.4*** $V$ はベクトル空間，$W_1$, $W_2$ は $V$ の部分ベクトル空間とする．

(1)　$\boldsymbol{w}_1 \in W_1$,　$\boldsymbol{w}_2 \in W_2$ に対し，$\boldsymbol{w}_1 + \boldsymbol{w}_2 \in W_1 \cup W_2$ であれば，$\boldsymbol{w}_1$ または $\boldsymbol{w}_2$ のいずれかは $W_1 \cap W_2$ に属することを示せ．

(2)　$W_1$, $W_2$ は $V$ の真の部分ベクトル空間とすると，$W_1 \cup W_2 \neq V$ を示せ．

**問 1.5**　$\boldsymbol{R}^3$ の三つのベクトル $\boldsymbol{a} = \begin{pmatrix} a_1 \\ a_2 \\ a_3 \end{pmatrix}$, $\boldsymbol{b} = \begin{pmatrix} b_1 \\ b_2 \\ b_3 \end{pmatrix}$, $\boldsymbol{c} = \begin{pmatrix} c_1 \\ c_2 \\ c_3 \end{pmatrix}$ を考える．ベクトル $\boldsymbol{a}, \boldsymbol{b}, \boldsymbol{c}$ が線形独立であるための必要十分条件は空間上の 4 点 $(0,0,0)$, $(a_1,a_2,a_3)$, $(b_1,b_2,b_3)$, $(c_1,c_2,c_3)$ を通る平面が存在しないことであることを示せ．

**問 1.6**　$\boldsymbol{R}^n$ のベクトルについて次の命題はそれぞれ正しいか．理由を付けて判定せよ．

(1)　1 個のベクトルは常に線形独立である．

(2)　$\boldsymbol{v}_1, \ldots, \boldsymbol{v}_m$ が線形従属であればどんなベクトル $\boldsymbol{v}$ についても

$$\boldsymbol{v}_1, \ldots, \boldsymbol{v}_m, \boldsymbol{v}$$

は線形従属である.

**問 1.7** $\boldsymbol{v}_1, \ldots, \boldsymbol{v}_l$ は線形独立な $\boldsymbol{R}^n$ のベクトルとする.

(1) $\boldsymbol{v}_1, \boldsymbol{v}_1 + \boldsymbol{v}_2, \boldsymbol{v}_1 + \boldsymbol{v}_2 + \boldsymbol{v}_3, \ldots, \boldsymbol{v}_1 + \cdots + \boldsymbol{v}_l$ は線形独立であることを示せ.

(2) $\boldsymbol{v}_1 - \boldsymbol{v}_2, \boldsymbol{v}_2 - \boldsymbol{v}_3, \ldots, \boldsymbol{v}_{l-1} - \boldsymbol{v}_l, \boldsymbol{v}_l$ は線形独立であることを示せ.

**問 1.8** 実数を係数とする 三次以下の多項式全体のなすベクトル空間 $P_3$ において部分ベクトル空間 $V = \{f(x) ; f(1) = f(2) = 0\}$ を考える.

(1) $V$ の基底を 1 組与えよ.

(2) その基底に他のベクトルを付け加えて $P_3$ の基底を作れ.

**問 1.9** 実数の集合 $\boldsymbol{R}$ を有理数体 $\boldsymbol{Q}$ 上のベクトル空間と考える. $\sqrt{2}$ と $\sqrt[3]{2}$ はこのベクトル空間の元として線形独立であることを示せ.

**問 1.10*** $\omega$ は 1 の 3 乗根 ($\omega \neq 1$) とする. 有理数を係数とする $\omega$ の分数式で表わされる複素数の集合を $V$ と表わす. $V$ は $\boldsymbol{Q}$ 上のベクトル空間であることを確かめ, その次元を求めよ.

**問 1.11** 漸化式 $x_{n+2} = x_{n+1} + x_n$, $n \geq 1$ をみたす複素数列 $(x_1, x_2, \ldots)$ の全体からなる集合

$$\{(x_1, x_2, \ldots) \mid x_n \in \boldsymbol{C},\ x_{n+2} = x_{n+1} + x_n,\ n \geq 1\}$$

は成分ごとの演算により複素数体 $\boldsymbol{C}$ 上のベクトル空間になることを示し, その次元を求めよ.

**問 1.12** $V, W$ をベクトル空間, $f : V \to W$ を線形写像とする. このとき

(1) $f(\boldsymbol{v}_1), \cdots, f(\boldsymbol{v}_l)$ が線形独立なら, $\boldsymbol{v}_1, \cdots, \boldsymbol{v}_l$ も線形独立であることを示せ.

(2) $f : V \to W$ は単射であるとする. このとき, $\boldsymbol{v}_1, \cdots, \boldsymbol{v}_l$ が線形独立なら, $f(\boldsymbol{v}_1), \cdots, f(\boldsymbol{v}_l)$ も線形独立であることを示せ.

**問 1.13** 実数を係数とする $n$ 次以下の多項式全体のなすベクトル空間を $P_n$ と表わす. 整数 $k$, $0 \leq k \leq n$ に対し, $n$ 次式 $f_k(x) = \{x(x-1)\cdots(x-n)\}/(x-k)$ を考える. このとき

(1) $f_0(x), \cdots, f_n(x)$ は $P_n$ のベクトルとして線形独立であることを示せ.

(2) 任意の実数 $a_0, \cdots, a_n$ に対し, $f(k) = a_k$, $k = 0, 1, \cdots, n$, をみたす $n$ 次多項式 $f$ が存在することを示せ.

**問 1.14** $f : V \to V$ は線形写像とする. $f^2 = f$ なら, $V = \mathrm{Im}\, f \oplus \mathrm{Ker}\, f$ (直和) を示せ.

**問 1.15**　$f : V \to V$ は $n$ 次元ベクトル空間 $V$ の線型写像とする．$f \circ f = 0$ ならば $\mathrm{rank} f \leq n/2$ を示せ．

**問 1.16**　ベクトル空間 $V$ からそれ自身への二つの線形写像 $f,\ g : V \to V$ が，条件 $f + g = 1_V$ および $f \circ g = g \circ f = 0$ をみたすとする．ただし $1_V$ は $V$ の恒等写像，0 は 0-写像である．このとき $V = \mathrm{Im}\, f \oplus \mathrm{Im}\, g$ （直和）であることを示せ．

**問 1.17**$^*$ $f, g : V \to W$ はベクトル空間 $V$ から $W$ への 0 写像とは異なる二つの線形写像とする．このとき，$V$ のベクトル $\boldsymbol{v}$ であって $f(\boldsymbol{v}) \neq \boldsymbol{o}$ かつ $g(\boldsymbol{v}) \neq \boldsymbol{o}$ をみたすものが存在することを示せ．

**問 1.18**　$P,\ Q,\ R$ は平面の原点とは異なり，同一直線上にはない 3 点とする．平面の線形写像 $f : \boldsymbol{R}^2 \to \boldsymbol{R}^2$ が，

$$\{f(P),\ f(Q),\ f(R)\} = \{P,\ Q,\ R\}$$

をみたすとき，$f,\ f^2,\ f^3$ のいずれかは恒等写像であることを示せ．

**問 1.19**$^*$ $V$ はベクトル空間とする．$V$ の部分ベクトル空間 $W$ はすべて $V$ から $V$ へのある線形写像 $f$ により $W = \mathrm{Ker}\ f$ と表わされることを示せ．また $V$ の部分ベクトル空間 $U$ はすべて $V$ から $V$ へのある線形写像 $g$ により $U = \mathrm{Im}\ g$ と表わされることを示せ．

**問 1.20**　$f : \boldsymbol{R}^n \to \boldsymbol{R}^m$ は連続写像ですべてのベクトル $\boldsymbol{x}, \boldsymbol{y} \in \boldsymbol{R}^n$ に対し $f(\boldsymbol{x} + \boldsymbol{y}) = f(\boldsymbol{x}) + f(\boldsymbol{y})$ をみたすとする．このとき $f$ は線形写像であることを示せ．

**問 1.21**　$f$ はベクトル空間 $V$ からそれ自身への線形写像とし，自然数 $k$ に対し $f^k = f \circ \cdots \circ f$ は $f$ の $k$ 回の合成とする．次を示せ．

(1)　ある $k$ につき $\mathrm{Im}(f^{k-1}) = \mathrm{Im}(f^k)$ が成り立つ．

(2)　$\mathrm{Im}(f^{k-1}) = \mathrm{Im}(f^k)$ であるための必要十分条件は $\mathrm{Ker}(f^{k-1}) = \mathrm{Ker}(f^k)$.

(3)　ある $k$ につき $\mathrm{Im}(f^{k-1}) = \mathrm{Im}(f^k)$ が成り立てば $\mathrm{Im}(f^k) = \mathrm{Im}(f^{k+1}) = \cdots$.

**問 1.22**$^*$ $f$ はベクトル空間 $V$ からそれ自身への線形写像とする．このとき，十分大きな $k$ に対し

$$V = f^k(V) \oplus \mathrm{Ker}\, f^k$$

となることを示せ．

# 第2章

# 行　列

行列とは数ベクトルのようにいくつかの数の組なのであるが，数ベクトルとは異なり，正に行列のように縦横に並べたものである．行列の最も重要な性質は，このように並べることにより，二つの行列の積がうまく定義されることである．本章ではまず行列の積に関する演算について調べ，特別の場合として行列を数ベクトル空間の間の線形写像（一次写像）と考えることができることを示す．第1章では，一般のベクトル空間が数ベクトル空間と同型であることを示したが，ここでは一般のベクトル空間における線形写像も行列を用いて表わされることを示す．さらに，掃き出し法を用いた行列の変形を調べ，それを用いて行列の階数の計算，あるいは連立一次方程式の具体的解法を与える．

## 2.1　行列の演算

体 $K$ の元を次のように縦に $m$ 個，横に $n$ 個並べたもの

$$A = \begin{pmatrix} a_{11} & \cdots & a_{1n} \\ \vdots & & \vdots \\ a_{m1} & \cdots & a_{mn} \end{pmatrix} \qquad a_{ij} \in K$$

を体 $K$ 上の $(m,n)$ **行列**あるいは $(m,n)$ 型行列という．体 $K$ が実数体あるいは複素数体のときは，単に実行列あるいは複素行列ともいう．$a_{ij}$ を行列 $A$ の $(i,j)$ **成分**という．また，$A=(a_{ij})$ と略記することもある．

行列 $A$ の第 $i$ 行 $(a_{i1}\ \ldots\ a_{in})$ を $n$ 次元行ベクトルと考え，$\tilde{\mathbf{a}}_i$ と表わし，行列 $A$ の第 $i$ 行ベクトルという．同様に，第 $j$ 列 $\begin{pmatrix} a_{1j} \\ \vdots \\ a_{mj} \end{pmatrix}$ を $m$ 次元列ベクトルと考え，$\mathbf{a}_j$ と表わし，行列 $A$ の第 $j$ 列ベクトルという．このとき，行列 $A$ は行ベクトルあるいは列ベクトルが並んだもの

$$\begin{pmatrix} a_{11} & \cdots & a_{1n} \\ \vdots & & \vdots \\ a_{m1} & \cdots & a_{mn} \end{pmatrix} = \begin{pmatrix} \tilde{\boldsymbol{a}}_1 \\ \vdots \\ \tilde{\boldsymbol{a}}_m \end{pmatrix} = \begin{pmatrix} \boldsymbol{a}_1 & \cdots & \boldsymbol{a}_n \end{pmatrix}$$

と表わすことができる．逆に $m$ 次元列ベクトル自身は $(m,1)$ 行列 $\begin{pmatrix} b_1 \\ \vdots \\ b_m \end{pmatrix}$，$n$ 次元行ベクトルは $(1,n)$ 行列 $(b_1 \cdots b_n)$ と考えることができる．(厳密にいえば，行列と見たときは数と数の間にコンマがないがこれは単なる表わし方の違いである.)

体 $K$ 上の $(m,n)$ 行列全体の集合を $M_{m,n}(K)$ と表わす．$(m,n)$ 行列 $A=(a_{ij})$, $B=(b_{ij})$ とスカラー $r \in K$ に対し，行列の和とスカラー倍を

$$A+B=(a_{ij}+b_{ij}), \qquad rA=(ra_{ij})$$

と定義する．すべての成分が 0 である 行列を**零行列**といい，$O$ と表わす．明らかに任意の $(m,n)$ 行列 $A$ に対し $A+O=O+A=A$ である．これらのデータにより $M_{m,n}(K)$ がベクトル空間となることは容易に確かめられる．$k,l$ を自然数とするとき，$(k,l)$ 成分のみ 1，他は 0 の行列を $(k,l)$ **行列単位**といい，$E_{k,l}$ と表わす．明らかに $E_{k,l}$, $1 \le k \le m$, $1 \le l \le n$ たちはベクトル空間 $M_{m,n}(K)$ の基底である．

**定義 2.1.1** $A=(a_{ij})$ は $(m,n)$ 行列，$B=(b_{jk})$ は $(n,l)$ 行列とする．このとき

$$c_{ik}=a_{i1}b_{1k}+\cdots+a_{in}b_{nk}$$

で定義される $(m,l)$ 行列 $C=(c_{ik})$ を $A$ と $B$ の**積**といい，$AB$ と表わす．

$$\begin{pmatrix} a_{i1} & \cdots & \cdots & a_{in} \end{pmatrix} \begin{pmatrix} & b_{1k} & \\ & \vdots & \\ & \vdots & \\ & b_{nk} & \end{pmatrix} = \begin{pmatrix} & \vdots & & \\ \cdots & c_{ik} & \cdots & \cdots \\ & \vdots & & \end{pmatrix}$$

**命題 2.1.2** 以下の行列たちは和や積がそれぞれ定義される行数，列数のものとする．また $r \in K$ とする．このとき次が成り立つ．

(1) $A(B+B') = AB + AB', \quad A(rB) = r(AB)$

(2) $(A+A')B = AB + A'B, \quad (rA)B = r(AB)$

(3) $A(BC) = (AB)C$

**問 2.1** 上の命題を確かめよ．

$(n,n)$ 行列を $n$ 次**正方行列**という．$n$ 次正方行列全体の集合を特に $M(n,K)$ と表わす．対角線上に 1 が並び，それ以外の成分がすべて 0 である行列

$$\begin{pmatrix} 1 & 0 & 0 \\ 0 & \ddots & 0 \\ 0 & 0 & 1 \end{pmatrix}$$

を（$n$ 次）**単位行列**といい，$E_n$ あるいは単に $E$ と表わす．任意の $(m,n)$ 行列 $A$ に対し明らかに次が成り立つ．

$$E_m A = A E_n = A$$

**補題 2.1.3** $A \in M(n,K)$ とする．$AX = YA = E$ となる $n$ 次正方行列 $X, Y$ が存在するなら，$X = Y$ である．

**証明** 上の命題 2.1.2 の (3) より

$$Y = YE = Y(AX) = (YA)X = EX = X$$

である． □

$n$ 次正方行列 $A$ は，$AX = XA = E$ となる $n$ 次正方行列 $X$ が存在するとき**正則行列**であるという．上の補題より，このような $X$ は存在するならば $A$ から一意的に定まる．$X$ を正則行列 $A$ の**逆行列**といい，$A^{-1}$ と表わす．

正方行列 $A$ の成分 $a_{ii},\ i=1,\ldots,n,$ を対角成分という．対角成分以外がすべて 0 である行列 $A$ は**対角行列**と呼ばれる．さらに対角成分がすべてスカラー $k$ であるような行列 $kE_n$ を**スカラー行列**という．対角行列が正則行列となるのは，対角成分がすべて 0 でないときであり，またそのときに限る．

**問 2.2** $n$ 次正方行列に関し，以下を答えよ．

(1) $E_{k,l}$ を $(k,l)$ 行列単位とする．$n$ 次正方行列 $A$ に対し，$AE_{k,l}$ 及び $E_{k,l}A$ を計算せよ．

(2) すべての $n$ 次正方行列 $B$ に対し，$AB=BA$ となる行列 $A$ はどのような行列か．

**例 2.1** $n$ 次正方行列の集合 $M(n,K)$ では，加減乗の三つの算法が自由にできて，命題 2.1.2 の性質をみたす．この集合は，整数の集合や多項式の集合のような環（A.5 節参照）において，積の可換性を仮定しないものになっており，行列環と呼ばれる．$M(n,K)$ のこのような性質が，線形変換の標準形を求める際（4 章）に key point になっているのである．特別な場合として，次のような行列たちの集合を考えよう．

$$C=\left\{\begin{pmatrix} a & -b \\ b & a \end{pmatrix};\ a,\ b\in \boldsymbol{R}\right\}$$

この集合は和や積で閉じており，しかも積は可換である．従って可換な環になっている．$J=\begin{pmatrix} 0 & -1 \\ 1 & 0 \end{pmatrix}$ と置けば $J^2=-E$ であり

$$\begin{pmatrix} a & -b \\ b & a \end{pmatrix}=aE+bJ$$

と表わすことができる．これを $a+bi$ に対応させることにより $C$ は複素数体 $\boldsymbol{C}$ と和と積の構造も含めて同一視できる（A.4 節参照）．

$A=(a_{ij})$ は $(m,n)$ 行列とする．$n$ 次元数ベクトル

$$\boldsymbol{x}=\begin{pmatrix} x_1 \\ \vdots \\ x_n \end{pmatrix}$$

を $(n,1)$ 行列とみなせば，行列の積

$$A\boldsymbol{x}=\begin{pmatrix} a_{11} & \cdots & a_{1n} \\ \vdots & & \vdots \\ a_{m1} & \cdots & a_{mn} \end{pmatrix}\begin{pmatrix} x_1 \\ \vdots \\ x_n \end{pmatrix}=\begin{pmatrix} a_{11}x_1+\cdots+a_{1n}x_n \\ \vdots \\ a_{m1}x_1+\cdots+a_{mn}x_n \end{pmatrix}$$

により $A\boldsymbol{x}$ は $m$ 次元数ベクトルである．この対応により 行列 $A$ は一つの写像 $K^n\to K^m$ を定めるが，命題 2.1.2 から任意のベクトル $\boldsymbol{x},\ \boldsymbol{y}$ とスカラー

$r \in K$ に対し
$$A(\boldsymbol{x}+\boldsymbol{y}) = A\boldsymbol{x} + A\boldsymbol{y}, \quad A(r\boldsymbol{x}) = rA\boldsymbol{x}$$
が成り立つから，この写像は線形写像である．これを**行列 $A$ が定める線形写像**といい，行列自身と同じ記号を用いて
$$A : K^n \to K^m$$
と表わす．上式を見ればわかるように，この写像はまさに $x_i$ たちの一次式で与えられる．その意味でこれは一次写像と呼ばれることもある．

**補題 2.1.4** $A, B$ をそれぞれ $(m, n)$ および $(n, l)$ 行列とする．このとき，行列の積 $AB$ で定められる線形写像は $A$ および $B$ で定められる線形写像 $A : K^n \to K^m$ と $B : K^l \to K^n$ の合成である．

**証明** 定義より行列の積 $AB$ で定められる線形写像はベクトル $\boldsymbol{x}$ に対し $(AB)\boldsymbol{x}$ で与えられる．従って命題 2.1.2 より $(AB)\boldsymbol{x} = A(B\boldsymbol{x})$ であるが，これは写像の合成である． □

行列 $A$ を列ベクトルを用いて $A = (\boldsymbol{a}_1, \ldots, \boldsymbol{a}_n)$ と表わせば
$$A\boldsymbol{x} = (\boldsymbol{a}_1, \ldots, \boldsymbol{a}_n)\begin{pmatrix} x_1 \\ \vdots \\ x_n \end{pmatrix} = x_1\boldsymbol{a}_1 + \cdots + x_n\boldsymbol{a}_n$$
と表わせる．$K^n$ の標準基底 $\boldsymbol{e}_1 = \begin{pmatrix} 1 \\ 0 \\ \vdots \\ 0 \end{pmatrix}, \ldots, \boldsymbol{e}_n = \begin{pmatrix} 0 \\ \vdots \\ 0 \\ 1 \end{pmatrix}$ を考える．このとき
$$A\boldsymbol{e}_j = \boldsymbol{a}_j$$
が成り立つ．つまり，$A$ で表わされる線形写像は $j$ 番目の標準基底を $j$ 番目の列ベクトルに写す線形写像として特徴づけられる．

次に $f : K^n \to K^m$ は勝手な線形写像とする．このとき，任意の $n$ 次元数ベクトル $\boldsymbol{x} = \begin{pmatrix} x_1 \\ \vdots \\ x_n \end{pmatrix}$ は
$$\boldsymbol{x} = x_1\boldsymbol{e}_1 + \cdots + x_n\boldsymbol{e}_n$$

と表わすことができるので，線形性より

$$f(\boldsymbol{x}) = x_1 f(\boldsymbol{e}_1) + \cdots + x_n f(\boldsymbol{e}_n) = (f(\boldsymbol{e}_1), \ldots, f(\boldsymbol{e}_n)) \begin{pmatrix} x_1 \\ \vdots \\ x_n \end{pmatrix}$$

である．従って標準基底の像であるベクトル $f(\boldsymbol{e}_i)$ を並べて行列

$$A = (f(\boldsymbol{e}_1), \ldots, f(\boldsymbol{e}_n))$$

と定義すれば

$$f(\boldsymbol{x}) = A\boldsymbol{x}$$

である．従って次の定理が得られた．

**定理 2.1.5** $K^n$ から $K^m$ への線形写像と $(m, n)$ 行列は上の対応で 1 対 1 に対応する．またこのとき線形写像の合成は行列の積に対応する．

**例題 2.1** $A$ は $n$ 次正方行列とする．$A$ を線形写像と見たとき，条件「$A$ は単射」と「$A$ は全射」は同値で，さらにこれらは条件「$A$ は正則行列」と同値である．

**解答** 系 1.3.9 の言い換えである．

**問 2.3** $A, B$ は $n$ 次正方行列とする．このとき線形写像として「$AB$ が単射」 $\Longleftrightarrow$「$BA$ が単射」を示せ．

**問 2.4** $f(\begin{pmatrix} 1 \\ 0 \end{pmatrix}) = \begin{pmatrix} 2 \\ 3 \end{pmatrix}$, $f(\begin{pmatrix} 1 \\ 1 \end{pmatrix}) = \begin{pmatrix} 0 \\ 1 \end{pmatrix}$ をみたす線形写像 $f : \boldsymbol{R}^2 \to \boldsymbol{R}^2$ を表わす行列を求めよ．

**問 2.5** $\omega$ を 1 の虚三乗根とし，$f : \boldsymbol{C} \to \boldsymbol{C}$ を $f(z) = \omega z$ とする．$\boldsymbol{C}$ を $1, i$ を基底とする二次元実ベクトル空間 $\boldsymbol{R}^2$ と考える．このとき $f : \boldsymbol{R}^2 \to \boldsymbol{R}^2$ を表わす行列を求めよ．

$(m, n)$ 行列 $A$ に対し，その行と列を入れ替えて得られる（縦横を入れ替える）行列を $A$ の**転置行列**といい，${}^t\!A$ と表わす．つまり

$$A = \begin{pmatrix} a_{11} & \cdots & a_{1n} \\ \vdots & & \vdots \\ a_{m1} & \cdots & a_{mn} \end{pmatrix} \quad \Longleftrightarrow \quad {}^t\!A = \begin{pmatrix} a_{11} & \ldots & a_{m1} \\ \vdots & & \vdots \\ a_{1n} & \ldots & a_{mn} \end{pmatrix}$$

特に $n$ 次元数ベクトル $\boldsymbol{a} = \begin{pmatrix} a_1 \\ \vdots \\ a_n \end{pmatrix}$ に対し，${}^t\boldsymbol{a} = \begin{pmatrix} a_1 & \ldots & a_n \end{pmatrix}$ は $n$ 次元行ベクトルである．

**命題 2.1.6** 次の等式が成り立つ．

(1) ${}^t({}^tA) = A$

(2) ${}^t(AB) = {}^tB\,{}^tA$

**系 2.1.7** $A$ は $n$ 次正方行列とする．このとき，$A$ が正則であることと，${}^tA$ が正則であることは同値である．またこのとき

$$({}^tA)^{-1} = {}^t(A^{-1})$$

が成り立つ．

**問 2.6** 上の命題と系を確かめよ．

さて，$(m,n)$ 行列 $A$ は列ベクトル（縦ベクトル）たちの線形写像

$$A : K^n \to K^m$$

を定めたのであるが，$m$ 次元行ベクトル $\tilde{\boldsymbol{y}} = (y_1, \ldots, y_m)$ に対し

$$\begin{aligned}\tilde{\boldsymbol{y}}A &= (y_1, \ldots, y_m) \begin{pmatrix} a_{11} & \cdots & a_{1n} \\ \vdots & & \vdots \\ a_{m1} & \cdots & a_{mn} \end{pmatrix} \\ &= (a_{11}y_1 + \cdots + a_{m1}y_m, \ \ldots \ , a_{1n}y_1 + \cdots + a_{mn}y_m)\end{aligned}$$

で定まる行ベクトルを対応させることにより線形写像 $(K^m)^* \to (K^n)^*$ が定義できる．一方，$(m,n)$ 行列 $A$ の転置行列 ${}^tA$ は線形写像 ${}^tA : K^m \to K^n$ を定める．このときこれらの線形写像について明らかに次の命題が成り立つ．

**命題 2.1.8** $\boldsymbol{y} \in K^m$ に対し，

$${}^tA(\boldsymbol{y}) = {}^tA\boldsymbol{y} = {}^t({}^t\boldsymbol{y}A)$$

**注 2.1** 行ベクトルに行列を右から乗ずるという写像は次の 2 点で便利である．一つは，行ベクトルを用いれば紙面での行間が不必要に開くことがないことであり，もう一つは，より本質的なのであるが，写像の表記法に関係する．伝統的に写像を $y = f(x)$ と書くとき，入力データ $x$ を $f$ という関数の後ろに書くのである．これは計算機のフローチャートなどに比べると不自然であり，最も不便なのは写像の合成

$$X \xrightarrow{f} Y \xrightarrow{g} Z$$

を表わすのに，図の矢印の順の $f \circ g$ ではなく $g \circ f$ としなければならないことである．これらの点から行ベクトルを用いる利点は多いのであるが，線形代数学のみならず，数学のほとんどの本で伝統的表記を用いているので，本書もそれに従って列ベクトルを中心に記述する．

さてこの節の最後に，これまでの議論からわかる正則行列の特徴付けをまとめておこう．

**定理 2.1.9** 次の条件はすべて $n$ 次正方行列 $A$ が正則行列であることと同値である．

(1) $AX = E_n$ となる $n$ 次正方行列 $X$ が存在する．

(2) $YA = E_n$ となる $n$ 次正方行列 $Y$ が存在する．

(3) 線形写像 $A : K^n \to K^n$ は全射である．

(4) 線形写像 $A : K^n \to K^n$ は単射である．

(5) 転置行列 ${}^tA$ は正則である．

(6) $\mathrm{rank}(A) = n$.

(7) $\mathrm{rank}({}^tA) = n$.

(8) $A$ の $n$ 個の列ベクトルは線形独立である．

(9) $A$ の $n$ 個の行ベクトルは線形独立である．

**証明** $A$ が正則行列であるとは，$AX = XA = E_n$ となる $n$ 次正方行列 $X$ が存在することであった．これは線形写像 $A : K^n \to K^n$ が同型写像であることと同値である．従って $A$ が正則行列であれば，(1) から (4) の性質をそれぞれ導くことは明らかである．系 1.3.9 より条件 (3) と (4) は同値であった．従って

$$(1) \quad \Rightarrow \quad (3) \quad \Rightarrow \quad (4) \quad \Rightarrow \quad A \text{ は同型写像}$$

であり，また

$$(2) \quad \Rightarrow \quad (4) \quad \Rightarrow \quad (3) \quad \Rightarrow \quad A \text{ は同型写像}$$

だから，(1) から (4) の条件はそれぞれ $A$ が正則行列であることと同値である．次に (3) と (6) と (8) は定義より互いに同値である．最後に (5) と (7) と (9) も同値であるが，系 2.1.7 より (5) は $A$ が正則行列であることと同値である． □

**問 2.7** 正方行列 $A$ が $A^2 = A$ かつ $A \neq E$ なら $A$ は正則行列ではないことを示せ．

## 2.2 行列と線形写像

$V$ と $W$ はそれぞれ体 $K$ 上の $n$ 次元，および $m$ 次元ベクトル空間とし，

$$f : V \to W$$

は線形写像とする．$V$ の基底 $\{\boldsymbol{v}_1, \ldots, \boldsymbol{v}_n\}$ と $W$ の基底 $\{\boldsymbol{w}_1, \ldots, \boldsymbol{w}_m\}$ を選んでおこう．このとき，ベクトルとその成分ベクトルの 1 対 1 対応を用い，線形写像 $f$ は成分ベクトルたちの間の線形写像を定め，逆も成り立つ．成分ベクトルは数ベクトルであるから，前節の結果から成分ベクトルたちの間の線形写像は対応する行列によって定められる．このことを詳しく調べてみよう．

線形写像 $f : V \to W$ と $V$ の基底ベクトル $\boldsymbol{v}_i$ に対し，$W$ のベクトル $f(\boldsymbol{v}_i)$ を $W$ の基底を用いて

$$f(\boldsymbol{v}_j) = a_{1j}\boldsymbol{w}_1 + \cdots + a_{mj}\boldsymbol{w}_m$$

と表わそう．これはベクトル $f(\boldsymbol{v}_i)$ の成分ベクトルが $\begin{pmatrix} a_{1j} \\ \vdots \\ a_{mj} \end{pmatrix}$ であることを意味する．これを記号として

$$f(\boldsymbol{v}_j) = (\boldsymbol{w}_1, \ldots, \boldsymbol{w}_m) \begin{pmatrix} a_{1j} \\ \vdots \\ a_{mj} \end{pmatrix}$$

という形で表わす．この成分ベクトルたちを列ベクトルとして並べた行列

$$A = \begin{pmatrix} a_{11} & \cdots & a_{1n} \\ \vdots & & \vdots \\ a_{m1} & \cdots & a_{mn} \end{pmatrix}$$

を考えよう．このとき行列の演算と同じように

$$\begin{aligned}(\boldsymbol{v}_1, \dots, \boldsymbol{v}_k)A &= (\boldsymbol{v}_1, \dots, \boldsymbol{v}_k)\begin{pmatrix} a_{11} & \dots & a_{1l} \\ \vdots & & \vdots \\ a_{k1} & \dots & a_{kl} \end{pmatrix} \\ &= (a_{11}\boldsymbol{v}_1 + \cdots + a_{k1}\boldsymbol{v}_k,\ \cdots,\ a_{1l}\boldsymbol{v}_1 + \cdots + a_{kl}\boldsymbol{v}_k) \\ &= (f(\boldsymbol{v}_1), \dots, f(\boldsymbol{v}_n))\end{aligned}$$

が成り立つ．ここで $(f(\boldsymbol{v}_1), \dots, f(\boldsymbol{v}_n))$ を $f(\boldsymbol{v}_1, \dots, \boldsymbol{v}_n)$ と表わせば上式は

$$f(\boldsymbol{v}_1, \dots, \boldsymbol{v}_n) = (\boldsymbol{w}_1, \dots, \boldsymbol{w}_m)A$$

という形で表わされる．

さて $V$ のベクトル $\boldsymbol{x}$ と，$W$ のベクトル $\boldsymbol{y} = f(\boldsymbol{x})$ の成分ベクトルをそれぞれ $\begin{pmatrix} x_1 \\ \vdots \\ x_n \end{pmatrix}$，$\begin{pmatrix} y_1 \\ \vdots \\ y_m \end{pmatrix}$ とすれば

$$\boldsymbol{x} = (\boldsymbol{v}_1, \dots, \boldsymbol{v}_n)\begin{pmatrix} x_1 \\ \vdots \\ x_n \end{pmatrix}, \quad \boldsymbol{y} = (\boldsymbol{w}_1, \dots, \boldsymbol{w}_m)\begin{pmatrix} y_1 \\ \vdots \\ y_m \end{pmatrix}$$

と表わせる．従って

$$f(\boldsymbol{x}) = (f(\boldsymbol{v}_1), \dots, f(\boldsymbol{v}_n))\begin{pmatrix} x_1 \\ \vdots \\ x_n \end{pmatrix} = (\boldsymbol{w}_1, \dots, \boldsymbol{w}_m)A\begin{pmatrix} x_1 \\ \vdots \\ x_n \end{pmatrix}$$

が成り立ち，$\boldsymbol{y} = f(\boldsymbol{x})$ を成分ベクトルの言葉でいえば

$$\begin{pmatrix} y_1 \\ \vdots \\ y_m \end{pmatrix} = A\begin{pmatrix} x_1 \\ \vdots \\ x_n \end{pmatrix}$$

となる．さて，基底が与えられたベクトル空間で，その基底を明示したいときは $(V; \{\boldsymbol{v}_1, \dots, \boldsymbol{v}_n\})$ のように表わす．このとき以上のことから次の定理が得られる．

**定理 2.2.1** $(V;\{\boldsymbol{v}_1,\ldots,\boldsymbol{v}_n\})$, $(W;\{\boldsymbol{w}_1,\ldots,\boldsymbol{w}_m\})$ は基底の与えられたベクトル空間とし,

$$f:(V;\{\boldsymbol{v}_1,\ldots,\boldsymbol{v}_n\})\to(W;\{\boldsymbol{w}_1,\ldots,\boldsymbol{w}_m\})$$

は線形写像とする．このとき $f$ によって定められる成分ベクトル空間の間の線形写像は

$$f(\boldsymbol{v}_1,\ldots,\boldsymbol{v}_n)=(\boldsymbol{w}_1,\ldots,\boldsymbol{w}_m)A$$

で定められる行列 $A$ で与えられる．

さて，上の定理を少し別の形で考えてみよう．

$$\varphi_V:V\cong K^n,\quad \varphi_W:W\cong K^m$$

をそれぞれ成分ベクトルを対応させる同型写像とする．つまり

$$\boldsymbol{x}=(\boldsymbol{v}_1,\ldots,\boldsymbol{v}_n)\begin{pmatrix}x_1\\ \vdots\\ x_n\end{pmatrix},\quad \boldsymbol{y}=(\boldsymbol{w}_1,\ldots,\boldsymbol{w}_m)\begin{pmatrix}y_1\\ \vdots\\ y_m\end{pmatrix}$$

であれば

$$\varphi_V(\boldsymbol{x})=\begin{pmatrix}x_1\\ \vdots\\ x_n\end{pmatrix},\quad \varphi_W(\boldsymbol{y})=\begin{pmatrix}y_1\\ \vdots\\ y_m\end{pmatrix}$$

と定義する．このとき線形写像 $f:V\to W$ に対し，線形写像の合成

$$K^n\xrightarrow{(\varphi_V)^{-1}}V\xrightarrow{f}W\xrightarrow{\varphi_W}K^m$$

を考え，この線形写像を表わす行列を $A$ とする．$\boldsymbol{e}_j$ を $K^n$ の基本ベクトルとすると $\varphi_V(\boldsymbol{a}_j)=\boldsymbol{e}_j$ であることに注意すれば

$$(\varphi_W\circ f\circ(\varphi_V)^{-1})(\boldsymbol{e}_j)=f(\boldsymbol{a}_j)\text{ の成分ベクトル}$$

である．従ってこのように定まる行列 $A$ は定理 2.2.1 で述べられた行列に他ならない．ここで下のような図式を考えよう．

$$\begin{array}{ccc} V & \xrightarrow{f} & W \\ \uparrow(\varphi_V)^{-1} & & \downarrow\varphi_W \\ K^n & \xrightarrow{A} & K^m \end{array}\qquad\qquad \begin{array}{ccc} V & \xrightarrow{f} & W \\ \downarrow\varphi_V & & \downarrow\varphi_W \\ K^n & \xrightarrow{A} & K^m \end{array}$$

線形写像 $A$ を合成写像 $\varphi_W\circ f\circ(\varphi_V)^{-1}$ として定義することは,

$$A \circ \varphi_V = \varphi_W \circ f$$

をみたすような写像として定義することと同じである．写像たちがこのような状況になっているとき，この図式は**可換**であるという．この行列 $A$ を $f: V \to W$ の基底 $\{\boldsymbol{v}_1, \ldots, \boldsymbol{v}_n\}$ および $\{\boldsymbol{w}_1, \ldots, \boldsymbol{w}_m\}$ に関する**行列表示**あるいは**行列表現**という．文脈から基底を明示する必要がないときは，単に $f$ の行列表示あるいは行列表現という．また次の命題のように，行列が線形写像 $f$ から定義されていることを明示する必要があれば $A_f$ のように表わす．まず，基底の定められたベクトル空間 $(V; \{\boldsymbol{v}_1, \ldots, \boldsymbol{v}_n\})$ からそれ自身（基底も含めて）への恒等写像

$$1_V : (V; \{\boldsymbol{v}_1, \ldots, \boldsymbol{v}_n\}) \to (V; \{\boldsymbol{v}_1, \ldots, \boldsymbol{v}_n\})$$

の行列表示は明らかに単位行列である．写像の合成については次の命題が成り立つ．

**命題 2.2.2**　基底の定められたベクトル空間 $U, V, W$ と線形写像 $f: U \to V$ および $g: V \to W$ に対し，$A_{g \circ f} = A_g A_f$ が成り立つ．

**証明**　次の図式において $A_f$ と $A_g$ の合成を定義に従ってたどっていけば結果は容易に得られる．

$$\begin{array}{ccccc} U & \xrightarrow{f} & V & \xrightarrow{g} & W \\ \downarrow \varphi_U & & \downarrow \varphi_V & & \downarrow \varphi_W \\ K^l & \xrightarrow{A_f} & K^n & \xrightarrow{A_g} & K^m \end{array}$$

□

**系 2.2.3**　$f: V \to W$ が同型写像であるための必要十分条件は，どのような基底に関する行列表示 $A_f$ も正則行列であることである．またこのとき $A_{f^{-1}} = (A_f)^{-1}$ が成り立つ．

**証明**　$f: V \to W$ が同型写像であるとは，線形写像 $f^{-1}: W \to V$ が存在し $f^{-1} \circ f = 1_V$，$f \circ f^{-1} = 1_W$ をみたすことである．$V, W$ の基底を選び，$f, f^{-1}$ のその基底に関する行列表示を考えれば，求める結果は上の命題から明らかである．□

**問 2.8** $P_2$ を $x$ を変数とする 2 次以下の実数係数多項式のなす実ベクトル空間とする．$a, b, c$ を実数とする．$P_2$ から自分自身への 線形写像 $T$ を，$f(x) \in P_2$ に対し，

$$T(f(x)) = af(x) + (bx + c)f'(x)$$

と定める．($f'$ は $f$ の微分を表わす.) $P_2$ の基底として $1, x, x^2$ をとるとき，$T$ の行列表示を求めよ．

## ■基底の変換

さて，ベクトル空間 $V$ に二つの基底 $\{\boldsymbol{v}_1, \ldots, \boldsymbol{v}_n\}$ および $\{\boldsymbol{v}'_1, \ldots, \boldsymbol{v}'_n\}$ が与えられたとする．ベクトル $\boldsymbol{v}_i$ の基底 $\{\boldsymbol{v}'_1, \ldots, \boldsymbol{v}'_n\}$ による成分ベクトルを $\begin{pmatrix} p_{1i} \\ \vdots \\ p_{ni} \end{pmatrix}$ と置き，それらを並べて $n$ 次正方行列 $P = (p_{ij})$ を考える．このとき

$$(\boldsymbol{v}_1, \ldots, \boldsymbol{v}_n) = (\boldsymbol{v}'_1, \ldots, \boldsymbol{v}'_n)P$$

が成り立つ．$(\boldsymbol{v}_1, \ldots, \boldsymbol{v}_n) = 1_V(\boldsymbol{v}_1, \ldots, \boldsymbol{v}_n)$ に注意すれば，これは恒等写像

$$1_V : (V; \{\boldsymbol{v}_1, \ldots, \boldsymbol{v}_n\}) \to (V; \{\boldsymbol{v}'_1, \ldots, \boldsymbol{v}'_n\})$$

の行列表示が $P$ であることをいっている．特に $P$ は正則行列である．

$V$ のベクトル $\boldsymbol{x}$ の二つの基底 $\{\boldsymbol{v}_1, \ldots, \boldsymbol{v}_n\}$ および $\{\boldsymbol{v}'_1, \ldots, \boldsymbol{v}'_n\}$ による成分ベクトルをそれぞれ $\begin{pmatrix} x_1 \\ \vdots \\ x_n \end{pmatrix}$, $\begin{pmatrix} x'_1 \\ \vdots \\ x'_n \end{pmatrix}$ とすれば

$$\boldsymbol{x} = (\boldsymbol{v}_1, \ldots, \boldsymbol{v}_n)\begin{pmatrix} x_1 \\ \vdots \\ x_n \end{pmatrix} = (\boldsymbol{v}'_1, \ldots, \boldsymbol{v}'_n)P\begin{pmatrix} x_1 \\ \vdots \\ x_n \end{pmatrix}$$

$$\boldsymbol{x} = (\boldsymbol{v}'_1, \ldots, \boldsymbol{v}'_n)\begin{pmatrix} x'_1 \\ \vdots \\ x'_n \end{pmatrix}$$

だから

$$\begin{pmatrix} x'_1 \\ \vdots \\ x'_n \end{pmatrix} = P\begin{pmatrix} x_1 \\ \vdots \\ x_n \end{pmatrix}$$

が成り立つ．このことは行列 $P$ が基底の取り換えにによる成分（座標）の変換を定める行列であることを意味する．やや不正確な言い方であるが，$P$ は**基底変換**の行列ともいう．

さて，ベクトル空間 $W$ も二つの基底 $\{\boldsymbol{w}_1,\ldots,\boldsymbol{w}_m\}$ および $\{\boldsymbol{w}'_1,\ldots,\boldsymbol{w}'_m\}$ が与えられており，$(\boldsymbol{w}_1,\ldots,\boldsymbol{w}_m)=(\boldsymbol{w}'_1,\ldots,\boldsymbol{w}'_m)Q$ で定められる基底変換の $m$ 次正則行列を $Q$ とする．このとき

**定理 2.2.4** $f:V\to W$ は線形写像とする．基底 $\{\boldsymbol{v}_1,\ldots,\boldsymbol{v}_n\}$ と $\{\boldsymbol{w}_1,\ldots,\boldsymbol{w}_m\}$ による $f$ の行列表示を $A$，$\{\boldsymbol{v}'_1,\ldots,\boldsymbol{v}'_n\}$ と $\{\boldsymbol{w}'_1,\ldots,\boldsymbol{w}'_m\}$ による行列表示を $A'$ とする．このとき

$$A'=QAP^{-1}$$

が成り立つ．

**証明** $f(\boldsymbol{v}_1,\ldots,\boldsymbol{v}_n)=(\boldsymbol{w}_1,\ldots,\boldsymbol{w}_m)A$ だから

$$f(\boldsymbol{v}'_1,\ldots,\boldsymbol{v}'_n)P=(\boldsymbol{w}'_1,\ldots,\boldsymbol{w}'_m)QA$$

□

**命題 2.2.5** $f:V\to W$ は線形写像とし，基底 $\{\boldsymbol{v}_1,\ldots,\boldsymbol{v}_n\}$ と $\{\boldsymbol{w}_1,\ldots,\boldsymbol{w}_m\}$ による $f$ の行列表示を $A$ とする．$P$, $Q$ をそれぞれ $n$, $m$ 次正則行列とする．このとき $A'=QAP^{-1}$ は

$$(\boldsymbol{v}_1,\ldots,\boldsymbol{v}_n)=(\boldsymbol{v}'_1,\ldots,\boldsymbol{v}'_n)P,\quad (\boldsymbol{w}_1,\ldots,\boldsymbol{w}_m)=(\boldsymbol{w}'_1,\ldots,\boldsymbol{w}'_m)Q$$

によって定まる基底 $\{\boldsymbol{v}'_1,\ldots,\boldsymbol{v}'_n\}$ および $\{\boldsymbol{w}'_1,\ldots,\boldsymbol{w}'_m\}$ による $f$ の行列表示である．

証明は容易である．

**注 2.2** 一つの線形写像も基底の取り方によって異なる行列で表示される．逆に異なる行列も上のような関係にあるときは元のベクトル空間では同じ線形写像を表わすのである．ただし，前節のように行列を数ベクトル空間の線形写像 $A:K^n\to K^m$ と考えるときは，暗黙の内に標準基底を基底として考えているのである．その場合行列はそのまま線形写像を表わしており，$A$ と $QAP^{-1}$ は異なる線形写像である．しかし数ベクトル空間であっても，標準基底以外の基底を選ぶことは可能であるから，上のような関係にある二つの行列が，線形写像としては同じものを表わす場合も起こるのである．

**問 2.9** 次の二つの行列 $\begin{pmatrix} 1 & 2 \\ 2 & 1 \end{pmatrix}$, $\begin{pmatrix} \cos\theta & -\sin\theta \\ \sin\theta & \cos\theta \end{pmatrix}$ で表わされる $\boldsymbol{R}^2$ からそれ自身への線形写像は，基底を $\boldsymbol{v}_1 = \begin{pmatrix} 1 \\ 1 \end{pmatrix}$, $\boldsymbol{v}_2 = \begin{pmatrix} 1 \\ -1 \end{pmatrix}$ に取り替えたとき，どんな行列で表わされるか？

**定理 2.2.6** $f : V \to W$ は線形写像，$\dim V = n$, $\dim W = m$, $\operatorname{rank} f = r$ とする．このとき，$V$, $W$ の基底をうまく選べば $f$ の行列表示は次の形にできる．

$$A_f = \begin{pmatrix} 1 & 0 & \cdots & \cdots & \cdots & 0 \\ 0 & \ddots & \ddots & & & \vdots \\ \vdots & \ddots & 1 & \ddots & & \vdots \\ \vdots & & \ddots & 0 & \ddots & \vdots \\ \vdots & & & \ddots & \ddots & 0 \\ 0 & \cdots & \cdots & \cdots & 0 & 0 \end{pmatrix}$$

ただし，1 は対角線上に左上から $r$ 個並ぶ．

**証明** 系 1.2.10 より，$V$ の基底として，$V$ の部分ベクトル空間 $\operatorname{Ker} f$ の基底をまず選び，それに残りの基底を付け加える形で選べる．ただし付け加えたベクトルが $f(\boldsymbol{v}_1), \ldots, f(\boldsymbol{v}_r)$ となるように基底の番号を付ける．このとき，容易にわかるように $f(\boldsymbol{v}_1), \ldots, f(\boldsymbol{v}_r)$ は $W$ において線形独立だから，$W$ の基底 $\{\boldsymbol{w}_1, \ldots, \boldsymbol{w}_m\}$ として最初の $r$ 個が

$$\boldsymbol{w}_1 = f(\boldsymbol{v}_1), \ldots, \boldsymbol{w}_r = f(\boldsymbol{v}_r)$$

となるものが取れる．この基底による $f$ の行列表示が求めるものである． □

**系 2.2.7** $V$, $V'$, $W$, $W'$ は，$\dim V = \dim V'$, $\dim W = \dim W'$ であるベクトル空間とし，

$$f : V \to W, \ f' : V' \to W'$$

はそれぞれ線形写像とする．$\operatorname{rank} f = \operatorname{rank} f'$ とすると，ベクトル空間の同型写像 $\varphi : V \to V'$, $\psi : W \to W'$ が存在し次の図式が可換となる．

$$\begin{array}{ccc} V & \xrightarrow{f} & W \\ \downarrow \varphi & & \downarrow \psi \\ V' & \xrightarrow{f'} & W' \end{array}$$

**証明** $\dim V = n, \dim W = m, \operatorname{rank} f = r$ とする．このとき定理 2.2.6 のような行列について $A_f = A_{f'}$ が成り立つので，それを単に $A$ と表わす．次の可換図式を考えよう．

$$\begin{array}{ccc} V & \xrightarrow{f} & W \\ \downarrow \varphi_V & & \downarrow \varphi_W \\ K^n & \xrightarrow{A} & K^m \\ \uparrow \varphi_{V'} & & \uparrow \varphi_{W'} \\ V' & \xrightarrow{f'} & W' \end{array}$$

このとき $\varphi = (\varphi_{V'})^{-1} \circ \varphi_V$, $\psi = (\varphi_{W'})^{-1} \circ \varphi_W$ と置けば求める結果を得る．

□

**注 2.3** 系 1.3.3 において，ベクトル空間が同型であることと，次元が等しいことが同値であることを示した．つまり無数にある様々なベクトル空間も同型ということだけに注目すれば，それを特徴付けるのは次元という自然数のみである．上の系も線形写像についても，最も粗く分類すれば二つのベクトル空間 $V, W$ の次元と写像の階数という三つの自然数で特徴付けられるといっているのである．

## 2.3 行列の基本変形と階数

$(m, n)$ 行列 $A$ は $n$ 次元数ベクトル $\boldsymbol{x}$ に $A\boldsymbol{x}$ を対応させる線形写像

$$A : K^n \to K^m$$

と考えられた．行列 $A$ の**階数**とは，$A$ をこのような線形写像と考えたときの階数

$$\operatorname{rank} A = \dim (\operatorname{Im} A)$$

と定義する．

**命題 2.3.1** $(m, n)$ 行列 $A$ の階数は，$A$ の列ベクトル $\boldsymbol{a}_1, \ldots, \boldsymbol{a}_n$ のなかで線形独立なベクトルの最大個数である．

証明は明らかであろう．

**命題 2.3.2** $f: V \to W$ は線形写像，$V$, $W$ の適当な基底による $f$ の行列表示を $A$ とする．このとき

$$\operatorname{rank} f = \operatorname{rank} A$$

**証明** ベクトル空間 $\operatorname{Im} f$ と $\operatorname{Im} A$ が同型であることをいえばよい．下の図式を思いだそう．

$$\begin{array}{ccc} V & \xrightarrow{f} & W \\ \downarrow \varphi_V & & \downarrow \varphi_W \\ K^n & \xrightarrow{A} & K^m \end{array}$$

$\operatorname{Im} f$ のベクトル $\boldsymbol{w} = f(\boldsymbol{v})$ に対し，

$$\varphi_W(\boldsymbol{w}) = (\varphi_W \circ f)(\boldsymbol{v}) = (A \circ \varphi_V)(\boldsymbol{v}) \in \operatorname{Im} A$$

だから，線形写像 $\varphi_W : \operatorname{Im} f \to \operatorname{Im} A$ が定義される．これが全射あるいは単射であることは容易に確かめられる．従ってそれらの次元は等しい．□

**例題 2.2** $A$ は $(m,\ n)$ 行列とする．$\operatorname{rank} A \leq r$ であるための必要十分条件は，それぞれ $(m,\ r)$，$(r,\ n)$ 行列 $B, C$ が存在し $A = BC$ となることである．

**解答** $A: K^n \to K^m$ を線形写像と考え，まず $\operatorname{rank} A \leq r$ であると仮定する．このとき $K^m$ の中に $\operatorname{Im} A$ を含む $r$ 次元の部分ベクトル空間 $V$ が取れる．線形写像 $A: K^n \to K^m$ は $A$ を $V$ への写像と考えたもの（$f$ と表わす）と，$V$ から $K^m$ への包含写像 $i$ との合成 $A = i \circ f$ である．$V$ の基底を適当に選べば求める行列 $B, C$ が得られる．逆も同様である．

$A$ は $(m, n)$ 行列とする．$P, Q$ をそれぞれ $n$ 次，$m$ 次正則行列とするとき，$QAP^{-1}$ を行列 $A$ の**変形**という．行列 $A$ とその変形は同じ線形写像の行列表示と考えることができた（命題 2.2.5 ）から，上の命題より直ちに次の結果を得る．

**命題 2.3.3** 行列の階数は変形によって変わらない．

$$\operatorname{rank}(QAP^{-1}) = \operatorname{rank} A$$

この命題から，行列の階数を求めるには変形によって行列をできるだけ簡単な形に直せばよいことがわかる．理論的には前節の定理 2.2.6 で最も簡単な形は分かっているが，そのような形に変形する具体的な手順について述べる．

**定義 2.3.4** 次の形の $n$ 次行列を（$n$ 次）**基本行列**という．

(i) $$P_{i,j}(c) = E + cE_{i,j} = \begin{pmatrix} 1 & & & & & \\ & \ddots & & & & \\ & & 1 & \cdots & c & \\ & & & \ddots & \vdots & \\ & & & & 1 & \\ & & & & & \ddots \\ & & & & & & 1 \end{pmatrix} \quad (i \neq j)$$ 単位行列の対角線以外のある一つの成分だけが $c$ になったもの．

(ii) $$Q_{i,j} = \begin{pmatrix} 1 & & & & & \\ & \ddots & & & & \\ & & 1 & & & \\ & & & 0 & \cdots & 1 \\ & & & \vdots & & \vdots \\ & & & 1 & \cdots & 0 \\ & & & & & & 1 \\ & & & & & & & \ddots \\ & & & & & & & & 1 \end{pmatrix} \quad (i \neq j)$$ 単位行列の $i$ 列と $j$ 列を入れ換えたもの．$i$ 行と $j$ 行を入れ換えたものといってもよい．

(iii) $$R_i(d) = \begin{pmatrix} 1 & & & & & \\ & \ddots & & & & \\ & & 1 & & & \\ & & & d & & \\ & & & & 1 & \\ & & & & & \ddots \\ & & & & & & 1 \end{pmatrix} \quad (d \neq 0)$$ 単位行列の $(i,i)$ 成分を $d$ に変えたもの．

**補題 2.3.5** 基本行列たちは正則行列である．その逆行列は次のようにやはり基本行列である．

$$(P_{i,j}(c))^{-1} = P_{i,j}(-c), \quad (Q_{i,j})^{-1} = Q_{i,j}, \quad (R_i(d))^{-1} = R_i(d^{-1})$$

**問 2.10** 上の補題を証明せよ

行列 $A$ に基本行列を右，あるいは左から掛ける変形を**基本変形**という．これらは具体的には次のようにいうことができる．

**列に関する基本変形．** 行列の列ベクトル表示 $A = (\boldsymbol{a}_1, \ldots, \boldsymbol{a}_n)$ に対し，

(i) $j$ 列に $i$ 列の $c$ 倍を加える.

$$AP_{i,j}(c) = (\boldsymbol{a}_1, \ldots, \boldsymbol{a}_j + c\boldsymbol{a}_i, \ldots, \boldsymbol{a}_n)$$

(ii) $i, j$ 列の入れ替え.

$$AQ_{i,j} = (\boldsymbol{a}_1, \ldots, \overset{i}{\boldsymbol{a}_j}, \ldots, \overset{j}{\boldsymbol{a}_i}, \ldots, \boldsymbol{a}_n)$$

(iii) $i$ 列を $d$ 倍する.

$$AR_i(d) = (\boldsymbol{a}_1, \ldots, d\boldsymbol{a}_i, \ldots, \boldsymbol{a}_n)$$

**行に関する基本変形.** 行列の行ベクトル表示 $A = \begin{pmatrix} \tilde{\boldsymbol{a}}_1 \\ \vdots \\ \tilde{\boldsymbol{a}}_m \end{pmatrix}$ に対し,

(i) $i$ 行に $j$ 行の $c$ 倍を加える.

$$P_{i,j}(c)A = \begin{pmatrix} \tilde{\boldsymbol{a}}_1 \\ \vdots \\ \tilde{\boldsymbol{a}}_1 + c\tilde{\boldsymbol{a}}_1 \\ \vdots \\ \tilde{\boldsymbol{a}}_m \end{pmatrix}$$

(ii) $i, j$ 行の入れ替え.

$$Q_{ij}A = \begin{pmatrix} \vdots \\ \tilde{\boldsymbol{a}}_j \\ \vdots \\ \tilde{\boldsymbol{a}}_i \\ \vdots \end{pmatrix}$$

(iii) $i$ 行を $d$ 倍する.

$$R_i(d)A = \begin{pmatrix} \tilde{\boldsymbol{a}}_1 \\ \vdots \\ d\tilde{\boldsymbol{a}}_i \\ \vdots \\ \tilde{\boldsymbol{a}}_m \end{pmatrix}$$

**■掃き出し法** 後（系 2.3.11）で示すように，行列の任意の変形はいくつかの基本変形の繰り返しで得られる．これを示すため，まず基本変形によって行列の形を簡単（できるだけ多くの成分を 0 ）にすることを考えよう．これが掃き出し法と呼ばれるものである．

行列 $A$ は 0 行列ではないとする．$A=(a_{ij})$ の 0 でない成分（$a_{kl}$ としよう）に注目しよう．$A=(\boldsymbol{a}_1,\ldots,\boldsymbol{a}_n)$ を列ベクトル表示とし，列に関する基本変形で $j\,(\neq l)$ 列を $\boldsymbol{a}_j - a_{kj}/a_{kl}\boldsymbol{a}_l$ に変形すれば $(k,j)$ 成分は 0 となる．このような (i) のタイプの基本変形の繰り返しで $k$ 行の成分を，$a_{kl}$ 以外はすべて 0 にすることができる．同様に行に関する (i) のタイプの基本変形の繰り返しで $l$ 列の成分を，$a_{kl}$ 以外はすべて 0 にすることができる．

このような変形のことを，0 でない成分 $a_{kl}$ を**要**（かなめ）として $k$ 行と $l$ 列を**掃き出す**という．

$$\begin{pmatrix} & & \vdots & & \\ & & * & & \\ \cdots & * & a_{kl} & * & \cdots \\ & & * & & \\ & & \vdots & & \end{pmatrix} \longrightarrow \begin{pmatrix} & & \vdots & & \\ & & 0 & & \\ \cdots & 0 & a_{kl} & 0 & \cdots \\ & & 0 & & \\ & & \vdots & & \end{pmatrix}$$

次に，(ii) のタイプの基本変形を行および列に施せば $(k,l)$ 成分 $a_{kl}$ を $(1,1)$ 成分に移動することができる．さらに，(iii) のタイプの基本変形を施せば $(1,1)$ 成分を 1 にできる．従って基本変形の繰り返しによって

$$A=\begin{pmatrix} a_{11} & \cdots & a_{1n} \\ \vdots & & \vdots \\ \vdots & & \vdots \\ a_{m1} & \cdots & a_{mn} \end{pmatrix} \longrightarrow \begin{pmatrix} 1 & 0 & \cdots & 0 \\ 0 & & & \\ \vdots & & A' & \\ 0 & & & \end{pmatrix}$$

に変形できる．ここで $A'$ は $(m-1,n-1)$ 行列である．もし $A'$ がまた 0 行列でなければ，上の形の行列の 2 行から $m$ 行，および 2 列から $n$ 列について同様の操作をすることができる．これを繰り返せば前節の定理 2.2.6 と同じ内容の定理を得る．

**定理 2.3.6** $A$ は $(m,n)$ 行列とする．このとき，それぞれ $n$ 次，$m$ 次正則行列 $P,Q$ が存在し，

$$QAP^{-1} = \begin{pmatrix} 1 & 0 & \cdots & \cdots & \cdots & 0 \\ 0 & \ddots & \ddots & & & \vdots \\ \vdots & \ddots & 1 & \ddots & & \vdots \\ \vdots & & \ddots & 0 & \ddots & \vdots \\ \vdots & & & \ddots & \ddots & 0 \\ 0 & \cdots & \cdots & \cdots & 0 & 0 \end{pmatrix}$$

となる．ただし，対角線上に現れる 1 の個数は $\operatorname{rank} A$ である．

**系 2.3.7** $(m, n)$ 行列 $A$ とその転置行列の階数は等しい．

$$\operatorname{rank} A = \operatorname{rank} {}^t\!A$$

**証明** 行列 $A$ に対し，定理の右辺の行列 $QAP^{-1}$ を $D$ と表わそう．$D$ とその転置行列 ${}^t\!D$ の階数は明らかに等しい．一方，

$${}^t(QAP^{-1}) = {}^t(P^{-1})\, {}^t\!A\, {}^t\!Q$$

であるが，これは行列 ${}^t\!A$ の変形であるから階数は変わらない．従って求める結果を得る． □

**系 2.3.8** $(m, n)$ 行列 $A$ の列ベクトル $\boldsymbol{a}_1, \ldots, \boldsymbol{a}_n$ の中で線形独立なベクトルの最大個数は，行ベクトル $\tilde{\boldsymbol{a}}_1, \ldots, \tilde{\boldsymbol{a}}_m$ の中で線形独立なベクトルの最大個数と等しく，また $\operatorname{rank} A$ と一致する．

**証明** 行列 $A$ の行ベクトルは転置行列の列ベクトルである．従って行ベクトルの中で線形独立なベクトルの最大個数は転置行列の階数に等しい（命題 2.3.1）から，上の系より直ちに示される． □

**問 2.11** 次の行列の階数を求めよ．

(1) $\begin{pmatrix} 1 & 1 & 1 & 1 \\ 1 & 1 & 3 & 4 \\ 1 & 2 & 6 & 10 \\ 1 & 3 & 10 & 20 \end{pmatrix}$ (2) $\begin{pmatrix} 2 & -1 & 0 & 0 \\ -1 & 2 & -1 & 0 \\ 0 & -1 & 2 & -2 \\ 0 & 0 & -1 & 2 \end{pmatrix}$ (3) $\begin{pmatrix} -1 & -1 & 6 \\ 1 & 0 & -4 \\ 2 & 2 & -11 \\ 3 & 5 & -1 \end{pmatrix}$

さて，以上の結果は行に関する基本変形と，列に関する基本変形の両方を用いて行列を簡単な形に直したのである．これを行，あるいは列だけの基本変形の繰り返し，言い換えると適当な正則行列を左から，あるいは右から掛けることにより元の行列がどれだけ簡単な形にできるか見てみよう．

行列 $A$ の行ベクトル $\tilde{\boldsymbol{a}}_i = (a_{i1}, \ldots, a_{in})$ が 0 ベクトルでないとき，

$$\lambda_i = \mathrm{Min}\,\{k \mid a_{ik} \neq 0\}$$

とおく．つまり行ベクトルの成分が 0 でない最初の番号である．0 でない行ベクトルたちが

$$\lambda_1 > \lambda_2 > \cdots$$

をみたし，かつ 0 でない最初の成分 $a_{i\lambda_i}$ が 1 であるような行列 $A$ を**階段行列**という．例えば次のような行列である．ここで空欄はすべて 0 である．

$$\begin{pmatrix} 1 & \cdots & \cdots & \cdots & \cdots \\ & & 1 & \cdots & \cdots \\ & & & 1 & \cdots \\ & & & & \\ & & & & \end{pmatrix}$$

このとき明らかに $\mathrm{rank}\,A$ は 0 でない行ベクトルの数に等しい．

**定理 2.3.9** $A$ は $(m, n)$ 行列で $\mathrm{rank}\,A = r$ とする．このとき，行に関する基本変形を繰り返して，$A$ を階段行列に変形できる．同様に列に関する基本変形を繰り返せば，上の形の転置形に変形できる．

**証明** 0 でない列ベクトルの最初の番号を $j_1$ としよう．このとき，必要なら行の入れ換えと定数倍を行って，$a_{1j_1} = 1$ に変形できる．この成分を要にして $j_1$ 列を掃き出す．次に 2 行目以下，$j_1 + 1$ 列目以上の小行列について同様の変形を行い，これを繰り返せば求める形になる． □

**系 2.3.10** $n$ 次正方行列 $A$ が正則なら，$A$ は行，あるいは列だけの基本変形の繰り返しで単位行列に変形できる．特に，正則行列は基本行列の積で表わせる．

**証明** 上の定理より正方行列 $A$ を行だけの基本変形の繰り返しである階段行列 $B$ に変形できる．$A$ は正則だから階数は $n$ である．従って階段は1段ずつ，つまり対角成分 $b_{ii}$ はすべて 0 でない．従って (iii) タイプの変形で $(i,i)$ 成分をすべて 1 にできる．さらにこの $(i,i)$ 成分を要にして $i$ 列を順次掃き出せば単位行列に変形できる．列だけの基本変形の場合も同様である． □

**系 2.3.11** 行列の任意の変形は基本変形の繰り返しで得られる．

**証明** 行列の変形は正則行列を右，あるいは左から掛けることだから，系は上の定理から直ちに得られる． □

**■正則行列 $A$ の逆行列の求め方** 次のような $(n, 2n)$ 行列 $\tilde{A}$ を考える．

$$\tilde{A} = (A\ E_n) = \begin{pmatrix} a_{11} & \dots & \dots & a_{1n} & 1 & 0 & \dots & 0 \\ \vdots & & & \vdots & 0 & \ddots & \ddots & \vdots \\ \vdots & & & \vdots & \vdots & \ddots & \ddots & 0 \\ a_{n1} & \dots & \dots & a_{nn} & 0 & \dots & 0 & 1 \end{pmatrix}$$

このとき

$$A^{-1}\tilde{A} = ((A^{-1}A)\ (A^{-1}E_n)) = (E_n\ A^{-1})$$

であり，$A^{-1}$ は基本行列の積だから，$(A\ E_n)$ に行に関する基本変形を繰り返し，$(E_n\ X)$ の形にできれば，$X$ が $A$ の逆行列である．

**問 2.12** 次の行列の逆行列を求めよ．

(1) $\begin{pmatrix} 0 & 1 & 1 \\ 1 & 0 & 1 \\ 1 & 1 & 0 \end{pmatrix}$ (2) $\begin{pmatrix} 0 & -2 & -3 \\ 3 & 1 & 1 \\ 1 & 2 & 3 \end{pmatrix}$ (3) $\begin{pmatrix} 4 & -6 & 4 & -1 \\ -3 & 6 & -4 & 1 \\ 2 & -5 & 4 & -1 \\ -1 & 3 & -3 & 1 \end{pmatrix}$

**■整数行列** すべての成分が整数であるような行列を整数行列という．二つの整数行列の和や積が定義できる場合は，それらの和や積も整数行列である．$n$ 次正方な整数行列 $A$ が**可逆**であるとは，整数行列 $X$ であって $AX = XA = E_n$ をみたすものが存在すること，つまり逆行列 $A^{-1}$ として整数行列がとれることである．

$A$ は $(m,n)$ 整数行列とする．$P, Q$ をそれぞれ $n$ 次，$m$ 次可逆な整数行列とするとき，$QAP^{-1}$ を行列 $A$ の変形という．従って整数行列の場合の基本変形としては次のものに限られる．列に関する基本変形について述べると，タイプ (i) としてはある列に他の列の**整数倍**したものを加えること，タイプ (ii) は二つの列の入れ換え，タイプ (iii) はある列を $-1$ **倍**することである．

**定理 2.3.12** $A$ は $(m,n)$ 整数行列とする．このとき，それぞれ $n$ 次，$m$ 次の可逆な整数行列 $P, Q$ が存在し，

$$QAP^{-1} = \begin{pmatrix} d_1 & 0 & \dots & \dots & \dots & 0 \\ 0 & \ddots & \ddots & & & \vdots \\ \vdots & \ddots & d_r & \ddots & & \vdots \\ \vdots & & \ddots & 0 & \ddots & \vdots \\ \vdots & & & \ddots & \ddots & 0 \\ 0 & \dots & \dots & \dots & 0 & 0 \end{pmatrix}$$

と変形することができる．ここで，$d_1, d_2, \dots, d_r$ 正整数であって $d_i$ は $d_{i-1}$ の倍数である．また $r$ は $A$ を実行列と考えたときの階数である．

**証明** $A$ は $0$ でない整数行列とする．まず，$A$ の $0$ でない各成分の最大公約数（ある成分が負の場合は絶対値で考える）が $1$ の場合を考えよう．このとき，変形によってどれかの成分を $1$ にできることを示そう．$0$ でない成分の絶対値の最小値 $c$ が $1$ より大と仮定する．このとき各成分の最大公約数が $1$ だから，他の成分で $c$ の倍数になっていないものがある．このとき容易にわかるように，行と列の基本変形により，成分の絶対値の最小値が $c$ より小さいものが得られる．これを繰り返せばどれかの成分が $1$ であるようなものが得られる．このとき，実数上の行列のときと同様に $1$ である成分を要として掃き出しが可能だから，行列 $A$ を次の形にできる．

$$A = \begin{pmatrix} a_{11} & \dots & a_{1n} \\ \vdots & & \vdots \\ \vdots & & \vdots \\ a_{m1} & \dots & a_{mn} \end{pmatrix} \longrightarrow \begin{pmatrix} 1 & 0 & \cdots & 0 \\ 0 & & & \\ \vdots & & A' & \\ 0 & & & \end{pmatrix}$$

次に $A$ の $0$ でない各成分の最大公約数が $d\,(\neq 1)$ のときは，$1/dA$ は整数行列であって，各成分の最大公約数が $1$ であるから，

$$A = \begin{pmatrix} a_{11} & \dots & a_{1n} \\ \vdots & & \vdots \\ \vdots & & \vdots \\ a_{m1} & \dots & a_{mn} \end{pmatrix} \longrightarrow \begin{pmatrix} d & 0 & \cdots & 0 \\ 0 & & & \\ \vdots & & dA' & \\ 0 & & & \end{pmatrix}$$

となる．ここで帰納的に $A'$ が求める形に変形できると仮定すれば定理が証明される． □

**■連立一次方程式**　体 $K$ 上の与えられた $(m,n)$ 行列 $A$ と $m$ 次元数ベクトル $\boldsymbol{b}$ に対し，$A\boldsymbol{x} = \boldsymbol{b}$ となるベクトル $\boldsymbol{x} \in K^n$ を求めること，つまり

$$\begin{array}{ccc} a_{11}x_1 + a_{12}x_2 + \cdots + a_{1n}x_n & = & b_1 \\ \cdots & & \cdots \\ \cdots & & \cdots \\ a_{m1}x_1 + a_{m2}x_2 + \cdots + a_{mn}x_n & = & b_m \end{array}$$

の形の方程式を連立一次方程式という．$A$ を線形写像 $A : K^n \to K^m$ と見れば $\boldsymbol{b}$ の逆像 $A^{-1}(\boldsymbol{b})$ を求めることになる．

**定理 2.3.13**　連立一次方程式　$A\boldsymbol{x} = \boldsymbol{b}$ の解が存在するための必要十分条件は，

$$\operatorname{rank} A = \operatorname{rank}(A, \boldsymbol{b})$$

が成り立つことである．

**証明**　列ベクトルを用いて $A = (\boldsymbol{a}_1, \ldots, \boldsymbol{a}_n)$ と表わすと，

$$\operatorname{Im} A = < \boldsymbol{a}_1, \ldots, \boldsymbol{a}_n >$$

である．このとき $A\boldsymbol{x} = \boldsymbol{b}$ の解が存在することと，$\boldsymbol{b} \in \operatorname{Im} A$ であることは同じことである．また容易にわかるように

$$\begin{aligned} \boldsymbol{b} \in \operatorname{Im} A &\iff < \boldsymbol{a}_1, \ldots, \boldsymbol{a}_n > = < \boldsymbol{a}_1, \ldots, \boldsymbol{a}_n, \boldsymbol{b} > \\ &\iff \operatorname{rank} A = \operatorname{rank}(A, \boldsymbol{b}) \end{aligned}$$

である． □

$A\boldsymbol{x} = \boldsymbol{0}$ の形の方程式を斉次方程式という．$\boldsymbol{x}$ が斉次方程式の解であるとは $\boldsymbol{x} \in \operatorname{Ker} A$ であることに他ならない．$\operatorname{rank} A = r$ とすると，次元公式より

$$\dim(\operatorname{Ker} A) = n - r$$

である．$\operatorname{Ker} A$ の線形独立な $n - r$ 個のベクトルは，斉次方程式 $A\boldsymbol{x} = \boldsymbol{0}$ の**基本解**という．基本解が見つかればすべての解はそれらの線形結合で表わされる．

**定理 2.3.14** 方程式 $A\boldsymbol{x} = \boldsymbol{b}$ に解が存在するとし，$\boldsymbol{x}_0$ がその一つの解とする．また付随する斉次方程式 $A\boldsymbol{x} = \boldsymbol{0}$ の基本解を $\boldsymbol{u}_1, \ldots, \boldsymbol{u}_{n-r}$ とする．このとき $A\boldsymbol{x} = \boldsymbol{b}$ の一般解は

$$\boldsymbol{x}_0 + t_1\boldsymbol{u}_1 + \cdots + t_{n-r}\boldsymbol{u}_{n-r}$$

で与えられる．

証明は容易である．

**■商ベクトル空間** 連立一次方程式 $A\boldsymbol{x} = \boldsymbol{b}$ の解の集合は，空でなければ，数ベクトル空間 $K^n$ の一つの解 $\boldsymbol{x}_0$ を通り部分ベクトル空間 $\operatorname{Ker} A$ と平行なベクトルたちのなす部分集合である．一般にベクトル空間 $V$ の部分ベクトル空間 $W$ とベクトル $\boldsymbol{a}$ が与えられたとき，

$$\boldsymbol{a} + W = \{\boldsymbol{a} + \boldsymbol{x};\ \boldsymbol{x} \in W\}$$

の形の部分集合を $W$ に平行な**アフィン部分空間**と呼ぶ．点 $\boldsymbol{a}$ がいろいろ動いたとき，$W$ に平行なアフィン部分空間たちは $K^n$ の類別を与えることがわかる．実際，それには二つのアフィン部分空間 $L = \boldsymbol{a} + W$ と $L' = \boldsymbol{a}' + W$ に共通部分があればそれらは完全に一致することをいえばよい．今，共通部分があるとしてそのような元 $\boldsymbol{a}$ を考える．

$$\boldsymbol{a} = \boldsymbol{a} + \boldsymbol{w} = \boldsymbol{a}' + \boldsymbol{w}', \quad \boldsymbol{w}, \boldsymbol{w}' \in W$$

より適当な $\boldsymbol{w}'' \in W$ によって $\boldsymbol{a}' = \boldsymbol{a} + \boldsymbol{w}''$ と表わせる．このとき容易にわかるように $\boldsymbol{a} + W = \boldsymbol{a}' + W$ である．従って類たち，つまり $W$ に平行なアフィン部分空間たちの集合を考えることができる．このような集合を $V/W$ と表わそう．1 章の例 1.7 で見たように，二つのアフィン部分空間 $\boldsymbol{a} + W$ と

$\boldsymbol{a}' + W$ の和を $(\boldsymbol{a}+\boldsymbol{a}')+W$ とおけば，これは類たちの和として矛盾なく定義できる．スカラー倍も同様である．これにより，類の集合 $V/W$ にベクトル空間の構造が入る．このベクトル空間を $V$ の部分ベクトル空間 $W$ による**商ベクトル空間**と呼ぶのである．

**問 2.13** $V$ をベクトル空間，$W$ をその部分ベクトル空間とする．$V$ の二つのベクトル $\boldsymbol{a}, \boldsymbol{a}'$ は $\boldsymbol{a}'-\boldsymbol{a} \in W$ のとき $W$ を法として合同であるといい，

$$\boldsymbol{a} \equiv \boldsymbol{a}' \mod W$$

と表わす．

(1) 関係 $\boldsymbol{a} \equiv \boldsymbol{a}' \mod W$ は同値関係であることを示せ．

(2) ベクトル $\boldsymbol{a}$ を含む同値類を $[\boldsymbol{a}]$ と表わすとき，$[\boldsymbol{a}] = \boldsymbol{a} + W$ であることを示せ．（これより，同値類の集合は商ベクトル空間 $V/W$ と一致する）

(3) $\boldsymbol{a}$ を $[\boldsymbol{a}]$ に写す写像 $p : V \to V/W$ は全射な線形写像であることを示し，さらに次元について次の式を示せ．

$$\dim(V/W) = \dim\ V - \dim\ W$$

**例 2.2** 体 $K$ 上の多項式の集合 $K[x]$（$A$.5 節参照）は $K$ 上のベクトル空間である．$p(x) = x^n + a_1x^{n-1} + \cdots + a_n$ を $n$ 次式として，$p(x)$ を法とする剰余環 $K[x]/(p(x))$ を考えよう．イデアル $(p(x))$ とは，$p(x)$ で割り切れる多項式の集合であったから，明らかに部分ベクトル空間である．二つの多項式 $f(x)$, $g(x)$ が $p(x)$ を法として同値とは，$f(x)-g(x)$ が $p(x)$ で割り切れることであったから，剰余環 $K[x]/(p(x))$ はベクトル空間 $K[x]$ の部分ベクトル空間 $(p(x))$ による商ベクトル空間に他ならない．単項式 $x^i$ の属する類を $[x^i]$ と表わせば，$[1], [x], \ldots, [x^{n-1}]$ が商ベクトル空間の基底に取れる．

連立一次方程式 $A\boldsymbol{x} = \boldsymbol{b}$ に戻って考えよう．係数行列 $A$ は固定して考える．ベクトル $\boldsymbol{b} \in \mathrm{Im}\, A$ に対してその解空間は $\mathrm{Ker}\, A$ に平行なアフィン部分空間である．逆に，任意の $\mathrm{Ker}\, A$ に平行なアフィン部分空間 $L = \boldsymbol{a} + \mathrm{Ker}\, A$ に対し $\boldsymbol{b} = A\boldsymbol{a}$ とおけば，$A\boldsymbol{x} = \boldsymbol{b}$ の解の集合はアフィン部分空間 $L$ であり，このようなアフィン部分空間たちと，ベクトル $\boldsymbol{b}$ たちの集合 $\mathrm{Im}\, A$ は 1 対 1 に対応する．さらにこれがベクトル空間としての同型写像

$$K^n/\mathrm{Ker}\, A \cong \mathrm{Im}\, A$$

を定めていることも確かめられる．

**■連立一次方程式の解法** $\operatorname{rank} A = r$ とする．定理 2.3.9 より，行に関する基本変形の繰り返し（つまり適当な $m$ 次正則行列 $Q$ を左から掛けて）で $A$ を階段行列に変形できる．このとき

$$A\boldsymbol{x} = \boldsymbol{b} \iff QA\boldsymbol{x} = Q\boldsymbol{b}$$

である．$QA$, $Q\boldsymbol{b}$ を同時に求めるには，$A$ を階段行列にする変形を $(m, n+1)$ 行列 $(A,\ \boldsymbol{b})$ に施せばよい．従って $QA = A' = (a'_{ij})$, $Q\boldsymbol{b} = \boldsymbol{b}'$ と置けば，方程式

$$A'\boldsymbol{x} = \boldsymbol{b}'$$

を解けばよい．この方程式の $r+1$ 行以下はすべて $0 = 0$ の自明な等式であることに注意しよう．変数 $x_1, x_2, \ldots, x_n$ の内，$x_{\lambda_1}, \ldots, x_{\lambda_r}$ 以外を $x_{j_1}, \ldots, x_{j_{n-r}}$ としよう．このとき方程式の上から $r$ 行までは

$$\begin{aligned} x_{\lambda_1} + *x_{\lambda_2} + \cdots + *x_{\lambda_r} + *x_{j_1} + \cdots + *x_{j_{n-r}} &= b'_1 \\ x_{\lambda_2} + \cdots + *x_{\lambda_r} + *x_{j_1} + \cdots + *x_{j_{n-r}} &= b'_2 \\ \cdots \qquad & \cdots \\ x_{\lambda_r} + *x_{j_1} + \cdots + *x_{j_{n-r}} &= b'_r \end{aligned}$$

の形である．これからわかるように，必要であればさらに行変形を行って，$x_{\lambda_r}$ までの部分は単位行列の形であるとしてよい．このとき，解は $x_{j_1}, \ldots, x_{j_{n-r}}$ を自由パラメーター $t_1, \ldots, t_{n-r}$ と置くことにより書き表わすことができる．

特に $A$ が正則行列の場合は，行変形によって $QA$ が単位行列にまで変形され，解は $\boldsymbol{x} = Q\boldsymbol{b} = A^{-1}\boldsymbol{b}$ で与えられる．行変形を繰り返して連立一次方程式を解いていくこのような方法を **Gauss（ガウス）の消去法**という．

**問 2.14** $a$ は実数とする．連立一次方程式

$$\begin{aligned} x + 2y + 3z &= 1 \\ 3x + 7y + z &= 3 \\ -x - 3y + 5z &= a \end{aligned}$$

が解を持つように $a$ を定めよ．またこのとき解を求めよ．

## 第 2 章の章末問題

**問 2.1** 二つの行列 $A = \begin{pmatrix} 0 & 0 \\ 1 & 0 \end{pmatrix}$, $B = \begin{pmatrix} 0 & 1 \\ 0 & 0 \end{pmatrix}$ だけを使い，乗法で得られる行列（$A$, $B$ いずれも何回も使ってよい）全部を求めよ．

**問 2.2** 次の行列の $n$ 乗を求めよ．

$$(1)\ \begin{pmatrix} 1 & a \\ 0 & 1 \end{pmatrix} \qquad (2)\ \begin{pmatrix} a & b \\ 0 & 1 \end{pmatrix} \qquad (3)\ \begin{pmatrix} 0 & a \\ a & 0 \end{pmatrix} \qquad (4)\ \begin{pmatrix} 0 & 0 & 1 \\ 1 & 0 & 0 \\ 0 & 1 & 0 \end{pmatrix}$$

**問 2.3** 行列 $A = \begin{pmatrix} 1 & 1 \\ 0 & 1 \end{pmatrix}$ で表わされる $\boldsymbol{R}^2$ の線形写像によって直線 $2x - y = 3$ はどのような直線に写るか？

**問 2.4** 行列 $\begin{pmatrix} 2 & -1 & 5 \\ 3 & 0 & 1 \end{pmatrix}$ によって表わされる線型写像 $f : \boldsymbol{R}^3 \to \boldsymbol{R}^2$ について，$\boldsymbol{R}^3$ 内の平面 $x - 3y - 2z = 0$ の $f$ による像，および $\boldsymbol{R}^2$ 内の直線 $2x + 5y = 0$ の $f$ による逆像を表わす方程式を求めよ．

**問 2.5** $f : \boldsymbol{R}^2 \to \boldsymbol{R}^2$, $g : \boldsymbol{R}^2 \to \boldsymbol{R}^3$, $h : \boldsymbol{R}^2 \to \boldsymbol{R}$ はそれぞれ

$$(1)\ f\begin{pmatrix} x \\ y \end{pmatrix} = \begin{pmatrix} x + y \\ y \end{pmatrix} \qquad (2)\ g\begin{pmatrix} x \\ y \end{pmatrix} = \begin{pmatrix} x + y \\ x - y \\ x \end{pmatrix} \qquad (3)\ h\begin{pmatrix} x \\ y \end{pmatrix} = 2x + 3y$$

で与えられる線形写像である．$f, g, h$ を表わす行列を求めよ．

**問 2.6** $f\begin{pmatrix} x \\ y \\ z \end{pmatrix} = \begin{pmatrix} x - y + z \\ y \end{pmatrix}$ により与えられる線形写像 $f : \boldsymbol{R}^3 \to \boldsymbol{R}^2$ を表わす行列が $A = \begin{pmatrix} 1 & 0 & 0 \\ 0 & 1 & 0 \end{pmatrix}$ となるような $\boldsymbol{R}^3$, $\boldsymbol{R}^2$ の基底を求めよ．

**問 2.7** $\alpha = a + bi$ を複素数とし，$f : \boldsymbol{C} \to \boldsymbol{C}$ を $f(z) = \alpha z$ とする．$\boldsymbol{C}$ を $1, i$ を基底とする二次元実ベクトル空間 $\boldsymbol{R}^2$ と考える．このとき $f : \boldsymbol{R}^2 \to \boldsymbol{R}^2$ を表わす行列を求めよ．

**問 2.8** $\omega$ を 1 の虚三乗根とし，$f : \boldsymbol{C} \to \boldsymbol{C}$ を $f(z) = \omega z$ とする．$\boldsymbol{C}$ を $1, \omega$ を基底とする二次元実ベクトル空間 $\boldsymbol{R}^2$ と考える．このとき $f : \boldsymbol{R}^2 \to \boldsymbol{R}^2$ を表わす行列を求めよ．

**問 2.9** $A$ は二次元平面 $R^2$ における回転を表わす行列とする．ただし，回転角は $0, \pi$ ではないとする．$0$ でない二次実正方行列 $X$ が $AX = XA$ をみたせば，$X$ は正則行列であることを示せ．

**問 2.10**$^*$ 行列 $A = \begin{pmatrix} a & b \\ c & d \end{pmatrix}$ で表わされる $\boldsymbol{R}^2$ の線形写像と，$0$ でないベクトル $\boldsymbol{x}_0$ が，自然数 $m > 2$ があって $A^m \boldsymbol{x}_0 = \boldsymbol{x}_0$ かつ $0 < i < m$ のとき $A^i \boldsymbol{x}_0 \neq \boldsymbol{x}_0$ をみたすとする．このとき $A^m$ は単位行列であることを示せ．

**問 2.11** $A$ は実二次正方行列とする．任意のベクトル $\boldsymbol{v} \in \boldsymbol{R}^2$ に対し $\boldsymbol{v}, A\boldsymbol{v}$ は線形従属であるとする．このとき $A$ はスカラー行列であることを示せ．

**問 2.12** $\begin{pmatrix} 0 & x & 0 \\ 0 & 0 & z \\ 0 & 0 & 0 \end{pmatrix}$ の形のすべての三次実正方行列 $D$ と交換可能，つまり $AD = DA$ をみたす三次実正方行列 $A$ はどのような行列か？

**問 2.13**$^*$ $A = \begin{pmatrix} a & b \\ c & d \end{pmatrix}$ は整数を成分とする行列とする．整数を成分とする任意のベクトル $\boldsymbol{w} \in \boldsymbol{R}^2$ に対し，整数を成分とするベクトル $\boldsymbol{v}$ であって $A\boldsymbol{v} = \boldsymbol{w}$ をみたすものが存在するとする．このとき $ad - bc = \pm 1$ であることを示せ．

**問 2.14** $X$ は整数を成分とする二次の対称行列（${}^tA = A$）で $X^2 = E$ をみたすという．このような行列 $X$ をすべて求めよ．

**問 2.15**$^*$ 二次実正方行列 $J$ は $J^2 = -E$ をみたすとする．ただし，$E$ は二次の単位行列である．

(1) このような行列 $J$ の例を挙げよ．

(2) $XJ = JX$ をみたす二次実正方行列 $X$ は二つの実数 $a, b$ により，$X = aE + bJ$ と表わされることを示せ．

(3) 上のような行列 $X$ は $0$ 行列でなければ正則行列であることを示せ．

**問 2.16** $A \in M_2(\boldsymbol{R})$ に対して，$M_2(\boldsymbol{R})$ から自分自身への線形写像 $f_A(X) = AX - XA$ を考える．

(1) $M_2(\boldsymbol{R})$ の適当な基底による $f_A$ の行列表示を求めよ．

(2) $f_A$ が零写像となる $A$ の条件を求めよ．

**問 2.17** $A$ は対角成分がすべて異なるような $n$ 次対角行列とする．$n$ 次正方行列 $B$ が $AB = BA$ をみたすとき，$B$ も対角行列であることを示せ．

**問 2.18** $n$ 次正方行列 $A = (a_{ij})$ は，$a_{ij} = 0\ (i + j \neq n + 1)$ をみたすとき逆対角行列という．$A$ が逆対角行列のとき，$A^k$, $k = 2, 3, \ldots$ はどのような行列か？

**問 2.19** $P = (p_{ij})$ は $p_{ij} = 1\ (i + j = n + 1)$, $p_{ij} = 0\ (i + j \neq n + 1)$ で定まる $n$ 次正方行列とする．$n$ 次正方行列 $A = (a_{ij})$ に対し $P^{-1}AP$ はどのような行列か？

**問 2.20*** $f : M_n(\boldsymbol{R}) \to \boldsymbol{R}$ は線形写像とする．このとき
(1) $a_{ij} = f(E_{i,j})$ とおき，行列 $A = (a_{ij})$ を考える．ただし $E_{i,j}$ は $(i,j)$-行列単位である．このとき，$f(X) = \mathrm{tr}(AX)$ となることを示せ．ただし正方行列 $B = (b_{ij})$ に対し，$\mathrm{tr}(B) = b_{11} + \cdots + b_{nn}$ である．
(2) 任意の行列 $X, Y$ に対し，$f(XY) = f(YX)$ をみたせば，実数 $c$ が存在し，$f(X) = c\,\mathrm{tr}(X)$ である．

**問 2.21** $B$ は $B^2 = 0$ となる $n$ 次複素正方行列とする．このとき，$E - B$ は正則であることを示せ．ただし $E$ は $n$ 次単位行列である．

**問 2.22** 次の行列の階数を求めよ．ただし $a, b, c$ は実数とする．

$$(1)\ \begin{pmatrix} 1 & 1 & 1 \\ 1 & a & 1 \\ a^2 & 1 & 1 \end{pmatrix} \quad (2)\ \begin{pmatrix} 1 & 2 & 3 \\ 2 & 3 & 4 \\ 3 & 4 & b \end{pmatrix} \quad (3)\ \begin{pmatrix} 0 & c & 1 & 1 \\ c & -1 & 0 & 0 \\ 1 & 0 & 1 & 0 \\ 1 & 0 & 0 & 1 \end{pmatrix}$$

**問 2.23** 次の行列の階数を求めよ．ただし $a, b, c$ は実数とする．

$$(1)\ \begin{pmatrix} a & b & c \\ b & c & a \\ c & a & b \end{pmatrix} \quad (2)\ \begin{pmatrix} 1 & a & a^2 \\ 1 & b & b^2 \\ 1 & c & c^2 \end{pmatrix}$$

**問 2.24** 次の行列の逆行列を求めよ．

$$(1)\ \begin{pmatrix} 0 & 1 & 0 & 0 \\ 0 & 0 & 1 & 0 \\ 0 & 0 & 0 & 1 \\ 1 & 0 & 0 & 0 \end{pmatrix} \quad (2)\ \begin{pmatrix} 1 & 1 & 1 \\ 4 & 2 & 1 \\ 9 & 3 & 1 \end{pmatrix}$$

**問 2.25** 正則な上三角行列の逆行列も上三角行列であることを示せ．ただし正方行列 $A = (a_{ij})$ はすべての $i > j$ に対し $a_{ij} = 0$ のとき上三角行列という．

**問 2.26** $P_n$ を $x$ を変数とする $n$ 次以下の実数係数多項式のなす実ベクトル空間とする．$a, b, c$ を実数とする．$P_n$ から自分自身への 線形写像 $T$ を，$f(x) \in P_n$ に対し，

$$T(f(x)) = af(x) + (bx + c)f'(x)$$

と定める．($f'$ は $f$ の微分を表わす．) このとき，$T$ の階数を求めよ．

**問 2.27** 次の連立一次方程式の解を求めよ．

$$(1)\begin{cases} x_1 + 2x_2 - x_3 = 3 \\ x_1 + 5x_2 - x_3 + x_4 = 1 \\ -x_1 + x_2 + 4x_3 + 3x_4 = 6 \\ 2x_1 + x_2 - 2x_3 + x_4 = 7 \end{cases}$$

$$(2)\begin{cases} x_1 + 3x_2 - 2x_3 - x_4 = 1 \\ x_1 + x_2 + x_3 = 3 \\ x_1 - x_2 + 4x_3 - x_4 = 5 \end{cases}$$

**問 2.28** $A, D$ がそれぞれ $m$ 次，$n$ 次の正方行列としたとき，

$$\operatorname{rank}\begin{pmatrix} A & B \\ O & D \end{pmatrix} \geq \operatorname{rank}(A) + \operatorname{rank}(D)$$

であることを示せ．また等号が成立しないような例をあげよ．

**問 2.29** $A$ は $n$ 次実正方行列とする．$f_A : M_n(\boldsymbol{R}) \to M_n(\boldsymbol{R})$ を $f_A(X) := AX$ で定義される線形写像とする．このとき，

$$\operatorname{rank} f_A = n \operatorname{rank} A$$

を示せ．

**問 2.30*** $A$ は $n$ 次正方行列とする．$A^{n-1} \neq 0, \quad A^n = 0$ なら $\operatorname{rank} A = n - 1$ を示せ．

# 第3章

# 行列式

行列式は正方行列が正則かどうかが判定できる式である．そのような便利な式が存在するかどうかは元々自明ではない．従って本書では行列式を天下りに与えるのではなく，それがみたすべき性質，特に交代的であることを基に行列式の形を定めていく方法を採る．行列式の展開，正則行列の逆行列あるいは Cramer の公式等はこのような定義の仕方から自然な形で求められる．また，いくつかの有用な行列式や，関連する話題としてベクトル積にも言及する．

## 3.1 行列式の定義

二次正方行列 $A = \begin{pmatrix} a_{11} & a_{12} \\ a_{21} & a_{22} \end{pmatrix}$ に対し，$\Delta = a_{11}a_{22} - a_{12}a_{21}$ と置く．このとき容易にわかるように

$$
\begin{aligned}
\Delta = 0 &\iff \text{二つのベクトル} \begin{pmatrix} a_{11} \\ a_{21} \end{pmatrix}, \begin{pmatrix} a_{12} \\ a_{22} \end{pmatrix} \text{が線形従属} \\
&\iff \text{二つのベクトル} (a_{11}, a_{12}), (a_{21}, a_{22}) \text{が線形従属} \\
&\iff A \text{は逆行列を持たない}
\end{aligned}
$$

という性質が成り立つ．これは二次正方行列が正則行列かどうかを判定するには大変便利である．そこで一般の $n$ 次正方行列に対して上のような性質を持

つ式を考えたい．上の $\Delta$ は一つの列ベクトルに注目すれば，そのベクトルの成分の一次式になっている．そこでまずこのような性質を持った式を定義しよう．なお，本章では体 $K$ は実数体あるいは複素数体であると仮定する．

**定義 3.1.1** $n$ 次元ベクトル空間 $V$ の $k$ 個のベクトル $\boldsymbol{a}_1, \ldots, \boldsymbol{a}_k$ に対しスカラー $f(\boldsymbol{a}_1, \ldots, \boldsymbol{a}_k) \in K$ を対応させる写像

$$f : V \times \cdots \times V \to K$$

が $k$ **重線形写像**であるとは，各 $i$ について，他のベクトルを固定するとき $\boldsymbol{a}_i$ に関し線形である，つまり次の式が成り立つことである．

$$f(\ldots, r\boldsymbol{a}_i + r'\boldsymbol{a}'_i, \ldots) = rf(\ldots, \boldsymbol{a}_i, \ldots) + r'f(\ldots, \boldsymbol{a}'_i, \ldots)$$

ただし，$\ldots$ のところは $\boldsymbol{a}_j\,(j \neq i)$ たちを固定しておく．

$V$ の基底 $\{\boldsymbol{v}_1, \ldots, \boldsymbol{v}_n\}$ を一つ選んでおこう．このとき各ベクトル $\boldsymbol{a}_i$ はその成分ベクトルを用いて $\boldsymbol{a}_i = a_{1i}\boldsymbol{v}_1 + \cdots + a_{ni}\boldsymbol{v}_n$ と表わされる．従って上の性質を繰り返し使えば次の補題が得られる．

**補題 3.1.2** (1) $f$ は $V$ の $k$ 重線形写像とする．このとき

$$f(\boldsymbol{a}_1, \ldots, \boldsymbol{a}_k) = \sum_{1 \leq i_1, \ldots, i_k \leq n} f(\boldsymbol{v}_{i_1}, \ldots, \boldsymbol{v}_{i_k}) a_{i_1 1} \cdots a_{i_k k}$$

が成り立つ．

(2) 逆に 1 から $n$ までの数の各順列 $(i_1, \ldots, i_k)$ に対し，スカラー $c(i_1, \ldots, i_k)$ が与えられたとき

$$f(\boldsymbol{a}_1, \ldots, \boldsymbol{a}_k) = \sum_{1 \leq i_1, \ldots, i_k \leq n} c(i_1, \ldots, i_k) a_{i_1 1} \cdots a_{i_k k}$$

で定義される写像 $f$ は $k$ 重線形写像である．また，このとき

$$c(i_1, \ldots, i_k) = f(\boldsymbol{v}_{i_1}, \ldots, \boldsymbol{v}_{i_k})$$

が成り立つ．

**補題 3.1.3** ベクトル空間 $V$ の $k$ 重線形写像 $f$ に対し，次の条件は互いに同値である．

(1) $\boldsymbol{a}_1, \ldots, \boldsymbol{a}_k$ が線形従属なら $f(\boldsymbol{a}_1, \ldots, \boldsymbol{a}_k) = 0$

(2) 異なる $i, j$ に対し $\boldsymbol{a}_i = \boldsymbol{a}_j$ であるなら $f(\boldsymbol{a}_1, \ldots, \boldsymbol{a}_k) = 0$

(3) 相異なるすべての $i, j$ に対し

$$f(\ldots, \boldsymbol{a}_i, \ldots, \boldsymbol{a}_j, \ldots) = -f(\ldots, \boldsymbol{a}_j, \ldots, \boldsymbol{a}_i, \ldots)$$

**証明** まず (1) を仮定しよう．ある $i \neq j$ に対し $\boldsymbol{a}_i = \boldsymbol{a}_j$ であるなら $\boldsymbol{a}_1, \ldots, \boldsymbol{a}_k$ は線形従属であるから (2) が成り立つ．次に (2) を仮定する．$\boldsymbol{a}_1, \ldots, \boldsymbol{a}_k$ が線形従属なら，必要なら順序を変えて，$\boldsymbol{a}_k$ が $\boldsymbol{a}_1, \ldots, \boldsymbol{a}_{k-1}$ の線形結合であるとしてよい．$\boldsymbol{a}_k$ をこのような線形結合で置き換え，多重線形性を用いれば (1) は容易に示される．次に (2) を仮定して (3) を示そう．$f$ の $i, j$ 番目に共に $\boldsymbol{a}_i + \boldsymbol{a}_j$ を入れたものを考えよう．このとき

$$\begin{aligned}
&f(\ldots, \boldsymbol{a}_i + \boldsymbol{a}_j, \ldots, \boldsymbol{a}_i + \boldsymbol{a}_j, \ldots) \\
&= f(\ldots, \boldsymbol{a}_i, \ldots, \boldsymbol{a}_i, \ldots) + f(\ldots, \boldsymbol{a}_i, \ldots, \boldsymbol{a}_j, \ldots) \\
&+ f(\ldots, \boldsymbol{a}_j, \ldots, \boldsymbol{a}_i, \ldots) + f(\ldots, \boldsymbol{a}_j, \ldots, \boldsymbol{a}_j, \ldots)
\end{aligned}$$

であるから，条件 (2) より求める結果が得られる．最後に (3) を仮定する．このとき $\boldsymbol{a}_i = \boldsymbol{a}_j$ であれば $2\,f(\boldsymbol{a}_1, \ldots, \boldsymbol{a}_k) = 0$ となり，求める結果が得られる． □

**定義 3.1.4** 上の補題のいずれかの条件をみたす $k$ 重線形写像 $f$ を $k$ 重**交代写像**という．

**命題 3.1.5** (1) $k$ 重線形写像

$$f(\boldsymbol{a}_1, \ldots, \boldsymbol{a}_k) = \sum_{1 \leq i_1, \ldots, i_k \leq n} c(i_1, \ldots, i_k) a_{i_1 1} \cdots a_{i_k k}$$

が交代写像であるための必要十分条件は，相異なるすべての $p, q$ に対し次式が成り立つことである．

$$c(i_1, \ldots, i_p, \ldots, i_q, \ldots, i_k) = -c(i_1, \ldots, i_q, \ldots, i_p, \ldots, i_k)$$

特に $f$ が交代写像のとき，順列 $(i_1, \ldots, i_k)$ に重複があれば

$$c(i_1, \ldots, i_k) = 0$$

である．

(2) $n < k$ なら $n$ 重交代写像はすべて 0 写像である．

(3) $n=k$ のとき $f$ は基底のベクトルを入れたときの値 $f(\boldsymbol{v}_1,\ldots,\boldsymbol{v}_n)$ によって一意的に定まる．特に，0 でない $k$ 重交代写像 $f$ が存在すれば，任意の $k$ 重交代写像 $g$ に対し

$$g(\boldsymbol{a}_1,\ldots,\boldsymbol{a}_n)=\frac{g(\boldsymbol{v}_1,\ldots,\boldsymbol{v}_n)}{f(\boldsymbol{v}_1,\ldots,\boldsymbol{v}_n)}f(\boldsymbol{a}_1,\ldots,\boldsymbol{a}_n)$$

が成り立つ．

**証明** (1) $k$ 重線形写像 $f$ が上の補題 3.1.3 の (3) をみたすには，線形性からベクトル $\boldsymbol{a}_i$ がすべて基底のベクトルのときに成り立てばよいことに注意しよう．このとき，$c(i_1,\ldots,i_k)=f(\boldsymbol{v}_{i_1},\ldots,\boldsymbol{v}_{i_k})$ より求める結果は明らかである．(2) は (1) の最後の主張から明らかである．(3) $n$ 重交代写像 $f$ は各順列に対する係数 $c(i_1,\ldots,i_k)=f(\boldsymbol{v}_{i_1},\ldots,\boldsymbol{v}_{i_k})$ により定まる．重複のある順列は考える必要がない．重複のないときは互換（二つの入れ替え）を繰り返して $(1,2,\ldots,n)$ に直せる．従って写像 $f$ は $f(\boldsymbol{v}_1,\ldots,\boldsymbol{v}_n)$ の値によって一意に定まる．また，$f(\boldsymbol{v}_1,\ldots,\boldsymbol{v}_n)$ が 0 でないとき，求める等式の両辺は共に $n$ 重交代写像 であり，$(\boldsymbol{a}_1,\ldots,\boldsymbol{a}_n)$ が基底ベクトル $(\boldsymbol{v}_1,\ldots,\boldsymbol{v}_n)$ のときの値は等しいから求める結果が得られる． □

さて，$k=n$ のとき 0 でない $n$ 重交代写像 $f$ が存在するかどうかを考えよう．1 から $n$ までの重複の無い順列 $(i_1,\ldots,i_n)$ と置換 $\sigma=\begin{pmatrix}1 & \cdots & n\\ i_1 & \cdots & i_n\end{pmatrix}$ を同一視する（$A$.6 節参照）．このとき任意の順列 $(i_1,\ldots,i_n)$ に対し

$$c(i_1,\ldots,i_n)=\begin{cases}\mathrm{sgn}(\sigma) & \text{重複の無いとき}\\ 0 & \text{重複のあるとき}\end{cases}$$

と置けば命題 3.1.5 の条件をみたすことは容易に確かめられる．ただし，$\mathrm{sgn}(\sigma)$ は置換 $\sigma$ の符号数（$A$.6.7）である．ここでベクトル空間 $V$ は数ベクトル空間 $K^n$ としよう．この場合，基底としては標準基底 $\{\boldsymbol{e}_1,\ldots,\boldsymbol{e}_n\}$ を取っておく．$n$ 次正方行列 $A$ は，数ベクトルを $n$ 個並べたもの $(\boldsymbol{a}_1,\ldots,\boldsymbol{a}_n)$ と考えることができる．このとき，上のことから次の定理が得られる．

**定理 3.1.6** $n$ 次正方行列 $A=(\boldsymbol{a}_1,\ldots,\boldsymbol{a}_n)=(a_{ij})$ に対し

$$\det A=\sum_{\sigma\in\Sigma_n}\mathrm{sgn}(\sigma)a_{i_1 1}\cdots a_{i_n n}$$

はベクトル $\boldsymbol{a}_1, \ldots, \boldsymbol{a}_n$ の 0 ではない $n$ 重交代写像である．

**定義 3.1.7** $\det A$ を $n$ 次正方行列 $A$ の**行列式** (determinant) という．$\det A$ は $|A|$ とも表わされるが，一次の行列の場合，絶対値の記号と紛らわしいので本書では用いない．

$\det A$ の各単項式は，第一番目の列ベクトルから要素 $a_{i_1 1}$ を選び，第二番目の列ベクトルからはすでに選んだ行（$i_1$ 行）以外から要素 $a_{i_2 2}$ を選び，以下同様に各列からすでに選ばれた行以外の要素を選んで掛けたものである．従って単位行列に対し明らかに $\det E_n = 1$ が成り立つ．

**例 3.1** $n = 3$ のとき 3 次対称群 $\Sigma_3$ は次の六つの元からなる．

$$\begin{pmatrix}1&2&3\\1&2&3\end{pmatrix},\ \begin{pmatrix}1&2&3\\2&3&1\end{pmatrix},\ \begin{pmatrix}1&2&3\\3&1&2\end{pmatrix};\quad \mathrm{sgn} = 1,$$
$$\begin{pmatrix}1&2&3\\2&1&3\end{pmatrix},\ \begin{pmatrix}1&2&3\\3&2&1\end{pmatrix},\ \begin{pmatrix}1&2&3\\1&3&2\end{pmatrix};\quad \mathrm{sgn} = -1$$

このとき 3 次行列 $A$ に対し

$$\det\begin{pmatrix}a_{11}&a_{12}&a_{13}\\a_{21}&a_{22}&a_{23}\\a_{31}&a_{32}&a_{33}\end{pmatrix} = a_{11}a_{12}a_{13} + a_{21}a_{32}a_{13} + a_{31}a_{12}a_{23}$$
$$- a_{21}a_{12}a_{33} - a_{31}a_{22}a_{13} - a_{11}a_{32}a_{23}$$

**例 3.2** $\sigma$ を $n$ 次の置換とする．$n$ 次元数ベクトル空間 $K^n$ の標準基底 $\boldsymbol{e}_i$ を $\boldsymbol{e}_{\sigma(i)}$ に写す行列 $A = (\boldsymbol{e}_{\sigma(1)}, \ldots, \boldsymbol{e}_{\sigma(n)})$ の行列式は

$$\det A = \mathrm{sgn}\,(\sigma)$$

である．

**例題 3.1** $r$ は正の整数とする．整数 $m$ を $r$ で割った余りを $[m]$ と表わす．（$m < 0$ のときは $m' = m + Nr > 0$ となる整数 $N$ を選んで $m'$ の余りである．）$A = (a_{ij})$ は整数行列とする．このとき

$$[\det A] = [\det([a_{ij}])]$$

が成り立つ．

**解答** 余りについては，$[m + m'] = [[m] + [m']]$ および $[mm'] = [[m][m']]$ が成立つ．行列式は行列の成分たちの（係数は $\pm 1$ の）多項式であるから求める結果が得られる．

**問 3.1** 次の行列式の値の偶奇を判定せよ．

$$\det\begin{pmatrix}1 & 2 & 3 & 4\\ 4 & 5 & 6 & 7\\ 7 & 8 & 9 & 10\\ 10 & 11 & 12 & 13\end{pmatrix}$$

**命題 3.1.8** $A = (\boldsymbol{a}_1, \ldots, \boldsymbol{a}_n)$ を $n$ 次正方行列，$f(A) = f(\boldsymbol{a}_1, \ldots, \boldsymbol{a}_n)$ を $n$ 重交代写像とする．このとき

$$f(A) = f(E_n)\det A$$

**証明** $\det E = 1$ に注意すれば，命題 3.1.5 の (3) から明らかである． □

**系 3.1.9** $A$, $B$ を $n$ 次正方行列とすると次の等式が成り立つ．

$$\det(AB) = \det A \det B$$

**証明** 行列 $A$ を固定し，$f_A(B) = \det(AB)$ で定義される $B$ の写像を考える．容易にわかるようにこれは $B$ の列ベクトルたちの多重線形写像である．$Q_{i,j}$ を基本行列（定義 2.3.4）とする．このとき行列 $AB$ の $i$, $j$ 列ベクトルを入れ替えたものは $ABQ_{i,j}$ である．従って

$$f_A(BQ_{i,j}) = \det(ABQ_{i,j}) = -\det(AB) = -f_A(B)$$

より，$f_A$ は交代写像である．また，$f_A(E_n) = \det A$ である．従って命題 3.1.8 より

$$\det(AB) = f_A(B) = f_A(E_n)\det B = \det A \det B$$

□

**問 3.2** $X^2 = \begin{pmatrix}1 & 2\\ 3 & 4\end{pmatrix}$ をみたす二次実正方行列は存在しないことを示せ．

**系 3.1.10** $n$ 次正方行列 $A$ が正則であるための必要十分条件は，$\det A \neq 0$ となることである．またこのとき

$$\det(A^{-1}) = (\det A)^{-1}$$

が成り立つ．

**証明** 「$A$ が正則でない」$\Longleftrightarrow$ 「列ベクトルが線形従属」$\Rightarrow$ 「$\det A = 0$」
逆に「$A$ が正則」$\Longleftrightarrow$ 「$AA^{-1} = E_n$」$\Rightarrow$ 「$\det A \det(A^{-1}) = 1$」 □

**定理 3.1.11** 転置行列の行列式について $\det {}^t A = \det A$ が成り立つ.

**証明** 写像 $f(A) = \det {}^t A$ を考える. これが $A$ の列ベクトルについて多重線形であることは容易にわかる.

$$\det Q_{i,j} = \det {}^t Q_{i,j} = -1$$

に注意すると

$$\begin{aligned} f(AQ_{i,j}) &= \det {}^t (AQ_{i,j}) = \det({}^t Q_{i,j} {}^t A) \\ &= \det {}^t Q_{i,j} \det {}^t A = -\det {}^t A = -f(A) \end{aligned}$$

□

**別証** $\det {}^t A$ は $A$ の各行ベクトルから重複無しに要素を選んで掛けたものの符号付き和である. つまり

$$\det {}^t A = \sum_{\sigma \in \Sigma_n} \mathrm{sgn}(\sigma) a_{1\sigma(1)} \cdots a_{n\sigma(n)}$$

ここで $\sigma$ の逆置換を $\sigma^{-1}$ とすれば, $\sigma(i) = j \iff \sigma^{-1}(j) = i$ および $\mathrm{sgn}(\sigma) = \mathrm{sgn}(\sigma^{-1})$ に注意すると

$$\sum_{\sigma \in \Sigma_n} \mathrm{sgn}(\sigma) a_{1\sigma(1)} \cdots a_{n\sigma(n)} = \sum_{\sigma \in \Sigma_n} \mathrm{sgn}(\sigma) a_{\sigma^{-1}(1)1} \cdots a_{\sigma^{-1}(n)n} = \det A$$

□

**問 3.3** 実正方行列 $A$ は ${}^t A = -A$ のとき交代行列という. $A$ が奇数次の交代行列であれば $\det A = 0$ を示せ.

## 3.2 行列式の計算

$n$ 次正方行列 $A = (a_{ij})$ は

$$A = \begin{pmatrix} a_{11} & & * \\ & \ddots & \\ 0 & & a_{nn} \end{pmatrix} \quad \text{あるいは} \quad \begin{pmatrix} a_{11} & & 0 \\ & \ddots & \\ * & & a_{nn} \end{pmatrix}$$

の形のとき，上半あるいは下半三角行列という．これらを併せて単に**三角行列**ともいう．次の定理は行列式の定義から明らかであろう．

**定理 3.2.1** 三角行列の行列式は対角成分たちの積で与えられる．

$$\det \begin{pmatrix} a_{11} & & * \\ & \ddots & \\ 0 & & a_{nn} \end{pmatrix} = \det \begin{pmatrix} a_{11} & & 0 \\ & \ddots & \\ * & & a_{nn} \end{pmatrix} = a_{11} \cdots a_{nn}$$

**定理 3.2.2** $A$, $B$ はそれぞれ $m$ 次, $n$ 次正方行列, $C$, $D$ はそれぞれ $(m, n)$, $(n, m)$ 行列とする．このとき

$$\det \begin{pmatrix} A & C \\ O & B \end{pmatrix} = \det \begin{pmatrix} A & O \\ D & B \end{pmatrix} = \det A \det B$$

ただし，$O$ は対応する次数の 0 行列である．

**証明** 上の定理の証明と同様に

$$\det \begin{pmatrix} A & C \\ O & B \end{pmatrix} = \det \begin{pmatrix} A & O \\ D & B \end{pmatrix} = \det \begin{pmatrix} A & O \\ O & B \end{pmatrix}$$

であることは容易にわかる．

$$\begin{pmatrix} A & O \\ O & B \end{pmatrix} = \begin{pmatrix} A & O \\ O & E_n \end{pmatrix} \begin{pmatrix} E_m & O \\ O & B \end{pmatrix}$$

及び

$$\det \begin{pmatrix} A & O \\ O & E_n \end{pmatrix} = \det A, \quad \det \begin{pmatrix} E_m & O \\ O & B \end{pmatrix} = \det B$$

に注意すれば定理は前節の系 3.1.9 から明らかである． □

**系 3.2.3** $a \in K$ はスカラーとする．$A = \begin{pmatrix} a & * \\ \boldsymbol{o} & A' \end{pmatrix}$ あるいは $\begin{pmatrix} a & \boldsymbol{o} \\ * & A' \end{pmatrix}$ の形の 行列のとき

$$\det A = a \det A'$$

ただし，$A'$ は $n-1$ 次正方行列，$\boldsymbol{o}$ は $n-1$ 次元列あるいは行の 0 ベクトル，$*$ は任意の $n-1$ 次元列あるいは行ベクトルを表わす．

この系は行列式の実際の計算に次のように用いられる．与えられた $n$ 次正方行列 $A$ は基本変形の繰り返しで上の系における形に変形することができ，従って $n-1$ 次行列の場合に帰着することができる．基本行列の行列式は

$$\det P_{ij}(c) = 1, \quad \det Q_{ij} = -1, \quad \det R_i(d) = d$$

であることに注意する．実際 $Q_{ij}$ の場合は行列式が交代式であることから明らかであり，残りの場合も定義から直接確かめられる．これより

**命題 3.2.4** 行列 $A = (\boldsymbol{a}_1, \ldots, \boldsymbol{a}_n)$ の列に関する基本変形について

$$\det(\boldsymbol{a}_1, \ldots, \boldsymbol{a}_{i-1}, \overset{i}{\boldsymbol{a}_i + c\,\boldsymbol{a}_j}, \boldsymbol{a}_{i+1}, \ldots, \boldsymbol{a}_n) = \det(\boldsymbol{a}_1, \ldots, \boldsymbol{a}_n)$$
$$\det(\boldsymbol{a}_1, \ldots, \overset{i}{\boldsymbol{a}_j}, \ldots, \overset{j}{\boldsymbol{a}_i}, \ldots, \boldsymbol{a}_n) = -\det(\boldsymbol{a}_1, \ldots, \boldsymbol{a}_n)$$
$$\det(\boldsymbol{a}_1, \ldots, \overset{i}{d\,\boldsymbol{a}_i}, \ldots, \boldsymbol{a}_n) = d\det(\boldsymbol{a}_1, \ldots, \boldsymbol{a}_n)$$

行に関する基本変形についても同様である．

**例 3.3**

$$\det\begin{pmatrix} 2 & 4 & 1 \\ 3 & 3 & 3 \\ 5 & 2 & 4 \end{pmatrix} = 3\det\begin{pmatrix} 2 & 4 & 1 \\ 1 & 1 & 1 \\ 5 & 2 & 4 \end{pmatrix} = -3\det\begin{pmatrix} 1 & 1 & 1 \\ 2 & 4 & 1 \\ 5 & 2 & 4 \end{pmatrix}$$
$$= -3\det\begin{pmatrix} 1 & 1 & 1 \\ 0 & 2 & -1 \\ 0 & -3 & -1 \end{pmatrix} = -3\det\begin{pmatrix} 2 & -1 \\ -3 & -1 \end{pmatrix} = 15$$

**例題 3.2** $A, B, C, D$ はそれぞれ $(l, m), (l, n-m), (n-l, m), (n-l, n-m)$ 行列とし，$n$ 次正方行列 $X = \begin{pmatrix} A & B \\ C & D \end{pmatrix}$ を考える．$P, Q$ をそれぞれ $(n-l, l), (m, n-m)$ 行列とするとき，

$$\det\begin{pmatrix} A & B \\ C & D \end{pmatrix} = \det\begin{pmatrix} A & B \\ C + PA & D + PB \end{pmatrix} = \det\begin{pmatrix} A & B + AQ \\ C & D + CQ \end{pmatrix}$$

が成り立つ．

**解答** これは (i) 型の基本変形を組み合わせて得られることが容易に確かめられる．

**問 3.4** 次の行列 (1) の行列式の値を求めよ．また行列 (2) の行列式の値が 0 となる $x$ を求めよ．

$$(1)\ \begin{pmatrix} 0 & 1 & 1 & 1 \\ 1 & 0 & 1 & 1 \\ 1 & 1 & 0 & 1 \\ 1 & 1 & 1 & 0 \end{pmatrix} \qquad (2)\ \begin{pmatrix} 0 & x & 1 & 1 \\ x & -1 & 0 & 0 \\ 1 & 0 & 1 & 0 \\ 1 & 0 & 0 & 1 \end{pmatrix}$$

**問 3.5** 平面上の 2 点 $(p_1, q_1)$, $(p_2, q_2)$ を通る直線の方程式は

$$\det\begin{pmatrix} 1 & 1 & 1 \\ x & p_1 & p_2 \\ y & q_1 & q_2 \end{pmatrix} = 0$$

で与えられることを示せ.

$A$ は $n$ 次正方行列とする.

$$A_{ij} \overset{\text{def}}{=} (-1)^{i+j} \det(A \text{ から第 } i \text{ 行 と第 } j \text{ 列を取り除いた行列})$$

を $A$ の $(i,j)$ **余因子**という.

**補題 3.2.5** 次の等式が成り立つ.

$$A_{ij} = \det(\boldsymbol{a}_1, \ldots, \boldsymbol{a}_{j-1}, \boldsymbol{e}_i, \boldsymbol{a}_{j+1}, \ldots, \boldsymbol{a}_n)$$

**証明** 行列 $B = (\boldsymbol{a}_1, \ldots, \boldsymbol{a}_{j-1}, \boldsymbol{e}_i, \boldsymbol{a}_{j+1}, \ldots, \boldsymbol{a}_n)$ の $(i,j)$ 成分は 1 である. これを要として第 $i$ 行 を掃き出し, さらに行および列の適当な互換を繰り返せば求める等式を得る. □

**定理 3.2.6** $A = (a_{ij})$ は $n$ 次正方行列とする. このとき任意の $k$, $l$ に対し, 次の $k$ 列および $l$ 行に関する**展開公式**が成り立つ.

$$\begin{aligned} \det A &= a_{1k}A_{1k} + \cdots + a_{nk}A_{nk} \\ &= a_{l1}A_{l1} + \cdots + a_{ln}A_{ln} \end{aligned}$$

**証明** 行列 $A$ を列ベクトルたちで $A = (\boldsymbol{a}_1, \ldots, \boldsymbol{a}_n)$ と表わし, 各ベクトルを標準基底を用いて $\boldsymbol{a}_j = a_{1j}\boldsymbol{e}_1 + \cdots + a_{nj}\boldsymbol{e}_n$ と表わす. このとき

$$\begin{aligned} \det A &= \det(\boldsymbol{a}_1, \ldots, \boldsymbol{a}_{j-1}, \textstyle\sum_i a_{ij}\boldsymbol{e}_i, \boldsymbol{a}_{j+1}, \ldots, \boldsymbol{a}_n) \\ &= \sum_i a_{ij} \det(\boldsymbol{a}_1, \ldots, \boldsymbol{a}_{j-1}, \boldsymbol{e}_i, \boldsymbol{a}_{j+1}, \ldots, \boldsymbol{a}_n) \end{aligned}$$

が成り立つ. 上の補題を用いて書き直せば列に関する展開が得られる. また $A$ の転置行列の余因子は $({}^tA)_{ij} = A_{ji}$ であることに注意すれば, ${}^tA$ の第 $l$ 列に関する展開

$$\det A = \det {}^tA = a_{l1}A_{l1} + \cdots + a_{ln}A_{ln}$$

より行に関する展開が得られる. □

**命題 3.2.7** $\alpha \neq \beta$ のとき次式が成り立つ.

$$a_{1\alpha}A_{1\beta} + \cdots + a_{n\alpha}A_{n\beta} = a_{\alpha 1}A_{\beta 1} + \cdots + a_{\alpha n}A_{\beta n} = 0$$

**証明** 行列 $A$ の第 $\beta$ 列を第 $\alpha$ 列 $\boldsymbol{a}_\alpha$ で置き換えた行列

$$B = (\boldsymbol{a}_1, \ldots, \boldsymbol{a}_{\beta-1}, \boldsymbol{a}_\alpha, \boldsymbol{a}_{\beta+1}, \ldots, \boldsymbol{a}_n)$$

を考えよう. $B$ には同じ列が 2 度現われるから $\det B = 0$ である. また $A_{i\beta} = B_{i\beta}$ に注意する. $\det B$ の $\beta$ 列に関する展開を考えると

$$0 = a_{1\alpha}B_{1\beta} + \cdots + a_{n\alpha}B_{n\beta} = a_{1\alpha}A_{1\beta} + \cdots + a_{n\alpha}A_{n\beta}$$

より求める結果を得る. 行については転置行列を考えればよい. □

$A_{ji}$ を $(i, j)$ 成分とする行列 $\tilde{A} = (A_{ji})$ を $A$ の**余因子行列**と呼ぶ. 行と列がひっくり返っていることに注意すること.

**定理 3.2.8** $A\tilde{A} = \tilde{A}A = (\det A)E_n$

**証明** 定理 3.2.6 と命題 3.2.7 より明らかに次式が成り立つ.

$$\begin{pmatrix} A_{11} & \ldots & A_{n1} \\ \vdots & & \vdots \\ A_{1n} & \ldots & A_{nn} \end{pmatrix} \begin{pmatrix} a_{11} & \ldots & a_{1n} \\ \vdots & & \vdots \\ a_{n1} & \ldots & a_{nn} \end{pmatrix} = \begin{pmatrix} \det A & & 0 \\ & \ddots & \\ 0 & & \det A \end{pmatrix}$$

□

正則行列の逆行列は掃き出し法によって得られることを 2 章 3 節で示したが, 上の定理より, 正則行列の逆行列はいくつかの行列式の計算によっても求められる.

**系 3.2.9** $\det A \neq 0$ のとき, $A^{-1} = (\det A)^{-1}\tilde{A}$

**問 3.6** 整数を成分とする行列を整数行列と呼ぶ. 正則な整数行列 $A$ の逆行列が整数行列であるための必要十分条件は $\det A = \pm 1$ である.

**問 3.7** 行列 $A = \begin{pmatrix} 1 & 2 & 3 \\ 4 & 5 & 6 \\ 7 & 8 & 9 \end{pmatrix}$ の余因子行列を求めよ.

さて，$A$ が $n$ 次正則行列のとき，連立一次方程式 $A\boldsymbol{x}=\boldsymbol{b}$，つまり

$$\begin{pmatrix} a_{11} & \cdots & a_{1n} \\ \vdots & & \vdots \\ a_{m1} & \cdots & a_{mn} \end{pmatrix} \begin{pmatrix} x_1 \\ \vdots \\ x_n \end{pmatrix} = \begin{pmatrix} b_1 \\ \vdots \\ b_n \end{pmatrix}$$

はただ一つの解 $\boldsymbol{x}=A^{-1}\boldsymbol{b}$ を持つ．この解 $\boldsymbol{x}$ の成分を行列式を用いて表わそう．

**定理 3.2.10** （**Cramer（クラメール）の公式**）

$$x_j = (\det A)^{-1} \det \begin{pmatrix} a_{11} & \dots & a_{1j-1} & b_1 & a_{1j+1} & \dots & a_{1n} \\ \vdots & & \vdots & \vdots & \vdots & & \vdots \\ a_{n1} & \dots & a_{nj-1} & b_n & a_{nj+1} & \dots & a_{nn} \end{pmatrix}$$

**証明** 上式右辺第2項の行列式を $B_j$ と置く．$B_j$ の第 $j$ 列についての展開は

$$B_j = b_1 A_{1j} + \cdots + b_n A_{nj}$$

であることに注意する．このとき

$$\begin{pmatrix} B_1 \\ \vdots \\ B_n \end{pmatrix} = \begin{pmatrix} A_{11} & \dots & A_{n1} \\ \vdots & & \vdots \\ A_{1n} & \dots & A_{nn} \end{pmatrix} \begin{pmatrix} b_1 \\ \vdots \\ b_n \end{pmatrix} = \tilde{A} \begin{pmatrix} b_1 \\ \vdots \\ b_n \end{pmatrix}$$

である．従って

$$(\det A)^{-1} \begin{pmatrix} B_1 \\ \vdots \\ B_n \end{pmatrix} = A^{-1}\boldsymbol{b} = \boldsymbol{x} = \begin{pmatrix} x_1 \\ \vdots \\ x_n \end{pmatrix}$$

□

$n$ 次正方行列 $A$ に対し，$r$ 個の行と列を選び，その成分からなる $r$ 次正方行列を $A$ の一つの $r$ 次**小行列**，またその行列式を $r$ 次**小行列式**という．

**定理 3.2.11** $\operatorname{rank} A = \operatorname{Max}\{s\,;$ 正則な $s$ 次小行列が存在する $\}$

**証明** $\operatorname{rank} A = r$ とする．このとき命題 2.3.1 より，$A$ の列ベクトルたちから $r$ 個の線形独立なものが選べる．それを並べた行列 $A' = (\boldsymbol{a}_{i_1}, \dots, \boldsymbol{a}_{i_r})$ は $\operatorname{rank} A' = r$ だから，やはり $r$ 個の線形独立な行ベクトルが選べる．

これは正則な $r$ 次小行列が存在することを意味する．従って rank $A \leq$ Max$\{s$ ; 正則な s 次小行列が存在する $\}$ が成り立つ．逆の不等号も容易に示される． □

## 3.3 ベクトル積

平面ベクトル空間 $\boldsymbol{R}^2$ では，二つのベクトル $\boldsymbol{a} = \begin{pmatrix} a_1 \\ a_2 \end{pmatrix}, \boldsymbol{b} = \begin{pmatrix} b_1 \\ b_2 \end{pmatrix}$ の張る平行四辺形の面積は，$\det \begin{pmatrix} a_1 & b_1 \\ a_2 & b_2 \end{pmatrix}$ の絶対値で与えられることは容易に確かめられる．

**例題 3.3** ベクトル $\boldsymbol{a} = \begin{pmatrix} a_1 \\ a_2 \end{pmatrix}, \boldsymbol{b} = \begin{pmatrix} b_1 \\ b_2 \end{pmatrix}$ は長さが 1 であるとする．$\boldsymbol{a}, \boldsymbol{b}$ のなす角度を $\theta$ とすると $\sin\theta = \pm\det(\boldsymbol{a}, \boldsymbol{b})$ が成り立つ．

**解答** $\boldsymbol{a}, \boldsymbol{b}$ のなす平行四辺形の面積を考えればよい．

空間ベクトル空間 $\boldsymbol{R}^3$ の場合に，三つのベクトルの張る平行六面体の体積について同様のことが成り立つか考えてみよう．一般のベクトル空間における内積は後の章で詳しく述べるが，$\boldsymbol{R}^3$ では次の事柄はよく知られている．

二つのベクトル $\boldsymbol{a} = \begin{pmatrix} a_1 \\ a_2 \\ a_3 \end{pmatrix}, \boldsymbol{b} = \begin{pmatrix} b_1 \\ b_2 \\ b_3 \end{pmatrix}$ に対し，その内積を

$$\boldsymbol{a} \cdot \boldsymbol{b} = a_1b_1 + a_2b_2 + a_3b_3$$

と定義する．内積は双線形かつ対称 $\boldsymbol{a} \cdot \boldsymbol{b} = \boldsymbol{b} \cdot \boldsymbol{a}$ であり，余弦公式

$$\boldsymbol{a} \cdot \boldsymbol{b} = ||\boldsymbol{a}||\ ||\boldsymbol{b}|| \cos\theta$$

をみたす．ただし，$||\boldsymbol{a}||, ||\boldsymbol{b}||$ はベクトルの長さ，$\theta$ は二つのベクトルのなす角度である．

**定義 3.3.1** 二つのベクトル $\boldsymbol{a}, \boldsymbol{b}$ に対し，ベクトル $\boldsymbol{a} \times \boldsymbol{b}$ を次のように定める．$\boldsymbol{a} \times \boldsymbol{b}$ の大きさ（長さ）は，二つのベクトル $\boldsymbol{a}, \boldsymbol{b}$ の張る平行四辺形の面積（$\boldsymbol{a}, \boldsymbol{b}$ が線形従属のときは 0 ）とし，その向きは，ベクトル $\boldsymbol{a}$ からベクトル $\boldsymbol{b}$ へ，$180^\circ$ 以下の角度をなす方向に回転したとき，ねじの進む方向と定める．このベクトル $\boldsymbol{a} \times \boldsymbol{b}$ を $\boldsymbol{a}$ と $\boldsymbol{b}$ の**ベクトル積**という．

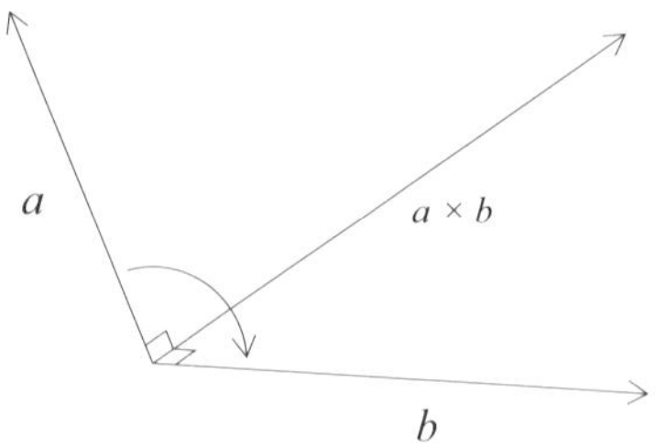


**命題 3.3.2** 次の等式が成り立つ．ただし $r$ は実数である．

(1) $\boldsymbol{a} \times \boldsymbol{b} = -\boldsymbol{b} \times \boldsymbol{a}$

(2) $(\boldsymbol{a} + \boldsymbol{a}') \times \boldsymbol{b} = \boldsymbol{a} \times \boldsymbol{b} + \boldsymbol{a}' \times \boldsymbol{b}, \quad (r\boldsymbol{a}) \times \boldsymbol{b} = r(\boldsymbol{a} \times \boldsymbol{b})$

**証明** (1) と (2) の後半は自明である．(2) の前半を示そう．$\boldsymbol{b} = \boldsymbol{o}$ の場合は明らかだから，$\boldsymbol{b} \neq \boldsymbol{o}$ の場合を考えればよいが，容易にわかるように $\boldsymbol{b}$ の長さが 1 と仮定してよい．原点を通り，$\boldsymbol{b}$ と直交する平面を $L$ とする．ベクトル $\boldsymbol{a}$ を $L$ へ正射影して得られるベクトルを $\boldsymbol{a}_L$ と表わすと，ベクトル積 $\boldsymbol{a} \times \boldsymbol{b}$ は $L$ 内で $-\boldsymbol{b}$ がねじの進む方向となるよう，$\boldsymbol{a}_L$ を $90°$ 回転して得られるベクトルである．$(\boldsymbol{a} + \boldsymbol{a}')_L = \boldsymbol{a}_L + \boldsymbol{a}'_L$ に注意すれば，$90°$ 回転は線形写像だから命題が示される． □

**定理 3.3.3** 三つのベクトル $\boldsymbol{a}, \boldsymbol{b}, \boldsymbol{c} \in \boldsymbol{R}^3$ に対しこれらのベクトルを列ベクトルとする三次正方行列を $(\boldsymbol{a}, \boldsymbol{b}, \boldsymbol{c})$ とする．このとき次式が成り立つ．

$$(\boldsymbol{a} \times \boldsymbol{b}) \cdot \boldsymbol{c} = \boldsymbol{a} \cdot (\boldsymbol{b} \times \boldsymbol{c}) = \det(\boldsymbol{a}, \boldsymbol{b}, \boldsymbol{c})$$

**証明** 三つのベクトル $\boldsymbol{a}, \boldsymbol{b}, \boldsymbol{c} \in \boldsymbol{R}^3$ に対し定まる写像

$$f(\boldsymbol{a}, \boldsymbol{b}, \boldsymbol{c}) = (\boldsymbol{a} \times \boldsymbol{b}) \cdot \boldsymbol{c}$$

を考えよう．これが多重線形写像であることは内積の性質と直前の命題から明らかである．また，三つのベクトル $\boldsymbol{a}, \boldsymbol{b}, \boldsymbol{c}$ のうち，二つが一致すれば 0 になることも容易に確かめられる．従って $f$ は多重交代写像である．$\boldsymbol{a}, \boldsymbol{b}, \boldsymbol{c}$ が標準基底 $\boldsymbol{e}_1$，$\boldsymbol{e}_2$，$\boldsymbol{e}_3$ の場合 $f(\boldsymbol{e}_1, \boldsymbol{e}_2, \boldsymbol{e}_3) = 1$ も明らかである．よって定理は命題 3.1.8 より示される． □

**系 3.3.4** 三つのベクトル $\boldsymbol{a}, \boldsymbol{b}, \boldsymbol{c}$ の張る平行六面体の体積は $\det(\boldsymbol{a}, \boldsymbol{b}, \boldsymbol{c})$ の絶対値で与えられる．

**証明** 三つのベクトル $\boldsymbol{a}, \boldsymbol{b}, \boldsymbol{c}$ が線形従属のときは体積，行列式ともに0である．三つのベクトルが線形独立の場合を考えよう．この平行六面体の体積は，二つのベクトル $\boldsymbol{a}, \boldsymbol{b}$ の張る平行四辺形の面積に，ベクトル $\boldsymbol{c}$ からこの平行四辺形に下ろした垂線の長さを掛けたものである．ベクトル $\boldsymbol{c}$ とこの平行四辺形のなす角度は，ベクトル $\boldsymbol{c}$ とベクトル積 $\boldsymbol{a} \times \boldsymbol{b}$ のなす角度の余角である．従って求める結果が得られる． □

**命題 3.3.5** 二つのベクトル $\boldsymbol{a} = \begin{pmatrix} a_1 \\ a_2 \\ a_3 \end{pmatrix}, \boldsymbol{b} = \begin{pmatrix} b_1 \\ b_2 \\ b_3 \end{pmatrix}$ に対し，ベクトル積 $\boldsymbol{a} \times \boldsymbol{b}$ の三つの成分は，

$$\det \begin{pmatrix} a_2 & b_2 \\ a_3 & b_3 \end{pmatrix}, \det \begin{pmatrix} a_3 & b_3 \\ a_1 & b_1 \end{pmatrix}, \det \begin{pmatrix} a_1 & b_1 \\ a_2 & b_2 \end{pmatrix}$$

で与えられる．

**証明** 一般にベクトル $\boldsymbol{x}$ の第 $i$ 成分は内積を用い，$\boldsymbol{x} \cdot \boldsymbol{e}_i$ で与えられることに注意すれば，定理 3.3.3 より $(\boldsymbol{a} \times \boldsymbol{b}) \cdot \boldsymbol{e}_i = \det(\boldsymbol{a}, \boldsymbol{b}, \boldsymbol{e}_i)$ より行列式を展開すれば得られる． □

**問 3.8** ベクトル積は推移律 $(\boldsymbol{a} \times \boldsymbol{b}) \times \boldsymbol{c} = \boldsymbol{a} \times (\boldsymbol{b} \times \boldsymbol{c})$ をみたすか？ 正しければ証明を与え，誤りであれば反例を挙げよ．

## 3.4 終結式と判別式

**■終結式** 二つの多項式が与えられたとき，これらが共通根を持つか，言い換えると共通の一次因子を持つかどうかを，行列式を利用して判定することを考えよう．**複素数**を係数とする $n$ 次および $m$ 次の多項式

$$f(x) = a_0 x^n + a_1 x^{n-1} + \cdots + a_n, \quad g(x) = b_0 x^m + b_1 x^{m-1} + \cdots + b_m$$

を考えよう．ただし $a_0, b_0$ は 0 ではないとする．$N$ を十分大きな自然数とし，$P_N$ を $N$ 次以下の多項式たちのなすベクトル空間とすると，$f(x), g(x)$

はともに $P_N$ のベクトルと考えることができる．$P_N$ の次のような $s+t+2$ 個のベクトルたち

$$f(x),\ xf(x),\ \ldots,\ x^s f(x),\ g(x),\ xg(x),\ \ldots,\ x^t g(x)$$

が線形従属となるかどうかを考えよう．これは次のような多項式としての等式

$$p(x)f(x)+q(x)g(x)=0$$

が成り立つような 0 ではない多項式

$$p(x)=p_0x^s+\cdots+p_s,\quad q(x)=q_0x^t+\cdots+q_t$$

が存在することと同値である．$s=m, t=n$ のときは，自明な例として $p(x)=g(x), q(x)=-f(x)$ をとればよい．この例の場合は $N=n+m$ にとれ，従って $\dim P_N=n+m+1$ であるが，ベクトルたちの個数は $n+m+2$ だから補題 1.2.5 からも線形従属であることがわかる．

**補題 3.4.1** $f(x), g(x)$ はそれぞれ $n$ 次式，$m$ 次式とする．多項式としての等式

$$p(x)f(x)+q(x)g(x)=0$$

が成り立つような $m-1$ 次式 $p(x)$ と，$n-1$ 次式 $q(x)$ が存在するための必要十分条件は，$f(x)$ と $g(x)$ が共通の一次因子を持つことである．

**証明** 上のような等式が成り立つとすると $p(x)f(x)=-q(x)g(x)$ である．従って $f(x)$ の一次因子は $g(x)$ か $q(x)$ の一次因子である．代数学の基本定理（A.7 節参照）より，$f(x)$ は $n$ 個の一次式の積になるが，$q(x)$ は $n-1$ 次式だから，$f(x)$ の一次因子で $g(x)$ の因子となるものが存在する．逆に $f(x)$ と $g(x)$ が共通の一次因子 $x-\alpha$ を持つとする．このとき

$$p(x)=g(x)/(x-\alpha),\quad q(x)=-f(x)/(x-\alpha)$$

とすればよい． □

さて，上のような多項式 $f(x), g(x)$ が与えられたとき，次のような $n+m$ 次の行列式 $R(f,g)$ は多項式 $f(x), g(x)$ の**終結式**と呼ばれる．

$$R(f,g)=\det\begin{pmatrix} a_0 & a_1 & \cdots & a_n & & & \\ & a_0 & a_1 & \cdots & a_n & & \\ & & \ddots & \ddots & & \ddots & \\ & & & a_0 & a_1 & \cdots & a_n \\ b_0 & b_1 & \cdots & \cdots & b_m & & \\ & \ddots & \ddots & & & \ddots & \\ & & b_0 & b_1 & \cdots & \cdots & b_m \end{pmatrix}$$

**定理 3.4.2**　二つの多項式

$$f(x)=a_0x^n+a_1x^{n-1}+\cdots+a_n,\quad g(x)=b_0x^m+b_1x^{m-1}+\cdots+b_m$$

が共通因子を持つための必要十分条件は，$R(f,g)=0$ が成り立つことである．

**証明**　終結式の行列は，$n+m$ 個の多項式

$$x^{m-1}f(x),\ \ldots,\ f(x),\ x^{n-1}g(x),\ \ldots,\ g(x)$$

の係数たちのなす行ベクトルを並べたものである．この行列の行列式が 0 であることと，行ベクトルたちが線形従属であることは同値である．従って定理は上の補題 3.4.1 から示される．　□

さて，$f(x), g(x)$ のすべての根をそれぞれ $\alpha_1,\ldots,\alpha_n$ および $\beta_1,\ldots,\beta_m$ とし，

$$f(x)=a_0(x-\alpha_1)\cdots(x-\alpha_n),\quad g(x)=b_0(x-\beta_1)\cdots(x-\beta_m)$$

と因数分解しておく．

**定理 3.4.3**　次の等式が成り立つ．

$$R(f,g)={a_0}^m{b_0}^n\prod_{i,j}(\alpha_i-\beta_j)$$

**証明**　根と係数の関係

$$f(x)=a_0(x-\alpha_1)\cdots(x-\alpha_n)=a_0x^n+a_1x^{n-1}+\cdots+a_n$$
$$g(x)=b_0(x-\beta_1)\cdots(x-\beta_m)=b_0x^m+b_1x^{m-1}+\cdots+b_m$$

より $a_i, b_j$ はそれぞれ基本対称式

$$a_i=(-1)^ia_0\sigma_i(\alpha_1,\ldots,\alpha_n),\quad b_j=(-1)^jb_0\sigma_j(\beta_1,\ldots,\beta_m)$$

で表わされる．終結式 $R(f,g)$ は $a_i, b_j$ たちの多項式であるから，$a_0, b_0$ および $\alpha_i, \beta_j$ たちの多項式である．上の定理から $\alpha_i = \beta_j$ であれば $R(f,g)=0$ である．従って因数定理（系 A.5.8）より，$R(f,g)$ は $\alpha_i - \beta_j$ を因数に持つ．以上の議論において，$\alpha_i, \beta_j$ たちをすべて独立の変数であると考えてよいから，$R(f, g)$ は $\prod_{i,j}(\alpha_i - \beta_j)$ を因数にもつ．ここで終結式 $R(f,g)$ の $\alpha_i, \beta_j$ たちの多項式としての次数を数えてみよう．$a_i, b_j$ は $\alpha_1, \ldots, \alpha_n$ および $\beta_1, \ldots, \beta_m$ たちのそれぞれ $i, j$ 次式で表わされる．$R(f, g)$ は $a_i, b_j$ たちを成分とする行列式だから，

$$R(f,g) = \sum \mathrm{sgn}(\sigma) p_{1,\sigma(1)} \cdots p_{n+m,\sigma(n+m)}$$

の形である．ここで，$p_{k,\sigma(k)}$ は $a_i, b_j$ あるいは 0 である．上式の各項の，$\alpha_i, \beta_j$ たちの多項式としての次数は

$$\sum_{i=1}^{m}(\sigma(i)-i) + \sum_{j=1}^{n}(\sigma(m+j)-j) = \sum_{i=1}^{n+m}\sigma(i) - \sum_{i=1}^{m} i - \sum_{i=1}^{n} i = nm$$

となり，一定である．従って終結式 $R(f,g)$ は $\prod_{i,j}(\alpha_i - \beta_j)$ の定数倍であるが，これが $a_0^m b_0^n$ であることは $a_1 = \cdots = a_n = 0$ の場合の両辺を比較すれば示される． □

**■判別式**　多項式 $f(x) = a_0 x^n + \cdots + a_n$ に対し，その導関数

$$f'(x) = n a_0 x^{n-1} + (n-1) a_1 x^{n-2} + \cdots + a_{n-1}$$

を考える．多項式 $f(x)$ が重根を持つ，つまり

$$f(x) = a_0 (x-\alpha)^2 h(x)$$

であれば，容易にわかるように

$$f'(x) = a_0(x-\alpha)(2h(x) + (x-\alpha)h'(x))$$

だから $f(x)$ と $f'(x)$ は共通根を持つ．逆に $f(x)$ と $f'(x)$ が共通根を持てば $f(x)$ が重根を持つことも容易にわかる．従って定理 3.4.2 より，$f(x)$ が重根を持つための必要十分条件は $f$ と $f'$ の終結式 $R(f,f')=0$ であることがわかる．一方，定理 A.6.9 において多項式 $f(x)$ の判別式

$$D_1 = D_1(a_1/a_0, \ldots, a_n/a_0)$$

が $a_1/a_0, \ldots, a_n/a_0$ たちの多項式として定義され，$f(x)$ が重根を持つことと，$D_1 = 0$ であることが同値であることが示されている．従って

$$R(f, f') = 0 \quad \Longleftrightarrow \quad D_1 = 0$$

であるが，より強く次の定理が成り立つ．

**定理 3.4.4** 多項式 $f(x) = a_0x^n + a_1x^{n-1} + \cdots + a_n$ に対し

$$R(f,\, f') = (-1)^{n(n-1)/2}a_0^{2n-1}D_1$$

が成り立つ．

**証明** 多項式

$$f(x) = a_0x^n + a_1x^{n-1} + \cdots + a_n, \quad f'(x) = na_0x^{n-1} + \cdots + a_{n-1}$$

の根を $\alpha_1, \ldots, \alpha_n$ および $\beta_1, \ldots, \beta_{n-1}$ とすると，定理 3.4.3 より

$$R(f,\, f') = a_0^{n-1}(na_0)^n \prod_{i,j}(\alpha_i - \beta_j)$$

が成り立つ．一方 $f(x) = a_0 \prod_i (x - \alpha_i)$ だから

$$f'(x) = a_0(\prod_{i \neq 1}(x - \alpha_i) + \cdots + \prod_{i \neq n}(x - \alpha_i))$$

である．従って

$$f'(\alpha_j) = a_0 \prod_{i \neq j}(\alpha_j - \alpha_i)$$

である．また $f'(x) = na_0 \prod_j (x - \beta_j)$ より

$$f'(\alpha_j) = na_0 \prod_{i \neq j}(\alpha_j - \beta_i)$$

が成り立つ．従って

$$\prod_j f'(\alpha_j) = (na_0)^n \prod_{i,j}(\alpha_j - \beta_i) = a_0^n \prod_{i \neq j}(\alpha_j - \alpha_i)$$

が成り立つ．ここで $i \neq j$ であるような $(i,\, j)$ の組は $n^2 - n$ 個あり，その半分が $i < j$ となっていることに注意すれば

$$\prod_{i \neq j}(\alpha_i - \alpha_j) = (-1)^{n(n-1)/2}(\prod_{i > j}(\alpha_i - \alpha_j))^2$$

である．従って

$$R(f,\, f') = (-1)^{n(n-1)/2}a_0^{2n-1}D_1$$

が成り立つ． □

**系 3.4.5**　$D = a_0^{2n-2}D_1 = a_0^{2n-2}D_1(a_1/a_0, \ldots, a_n/a_0)$ は $a_0, a_1, \ldots, a_n$ たちの多項式である．

**証明**　$R(f, f')$ は明らかに $a_0, a_1, \ldots, a_n$ たちの多項式である．さらに，$R(f, f')$ を定義する行列の第1列は $a_0$ で割り切れるから，その行列式も多項式として $a_0$ で割り切れる．従って上の定理より $a_0^{2n-2}D_1$ は $a_0, a_1, \ldots, a_n$ たちの多項式である．□

**注 3.1**　例えば $n = 2$ のとき $D = a_1^2 - 4a_0a_2$ である．$D = a_0^{2n-2}D_1$ も多項式 $f(x)$ の判別式と呼ぶ．

## 3.5　その他のトピックス

■ **Vandermonde（ファンデルモンド）の行列式**　$x_0, \ldots, x_n$ を $n+1$ 個の変数とするとき次の等式が成り立つ．

$$\det \begin{pmatrix} 1 & x_0 & x_0^2 & \cdots & x_0^n \\ 1 & x_1 & x_1^2 & \cdots & x_1^n \\ \vdots & \vdots & & & \vdots \\ 1 & x_n & x_n^2 & \cdots & x_n^n \end{pmatrix} = \prod_{i>j}(x_i - x_j)$$

**証明**　この行列式を $f(x_0, \ldots, x_n)$ と表わすと，$x_i$ に $x_j (i \neq j)$ を代入すれば，行ベクトルに同じものが現われるので行列式の性質（補題 3.1.3）より 0 となる．従って系 A.5.8 より，$f(x_0, \ldots, x_n)$ は $\prod_{i>j}(x_i - x_j)$ で割り切れるが，多項式としての次数はいずれも $\frac{1}{2}n(n+1)$ なので，定数 $c$ があって

$$f(x_0, \ldots, x_n) = c\prod_{i>j}(x_i - x_j)$$

となる．単項式 $x_1 \cdots x_{n-1}^{n-1}x_n^n$ の係数は両辺とも明らかに1であるから，$c = 1$ である．□

**例題 3.4**　$g(x) = a_0x^n + a_1x^{n-1} + \cdots + a_n$ を $x$ の複素係数多項式とする．相異なる $n+1$ 個の複素数 $x_0, \ldots, x_n$ に対し $g(x_0) = \cdots = g(x_n) = 0$ であれば $a_0 = \cdots = a_n = 0$ である．

**解答** 容易にわかるように

$$\begin{pmatrix} g(x_0) \\ g(x_1) \\ \vdots \\ g(x_n) \end{pmatrix} = \begin{pmatrix} 1 & x_0 & x_0^2 & \cdots & x_0^n \\ 1 & x_1 & x_1^2 & \cdots & x_1^n \\ \vdots & \vdots & & & \vdots \\ 1 & x_n & x_n^2 & \cdots & x_n^n \end{pmatrix} \begin{pmatrix} a_n \\ a_{n-1} \\ \vdots \\ a_0 \end{pmatrix}$$

である．$x_i$ たちは相異なるので Vandermonde 行列式は 0 ではない．仮定より上式の左辺は 0 ベクトルだから $a_i = 0$ である．なお，この問題は因数定理を用いても示すことができる（命題 A.5.2）

**問 3.9** 次の行列式を求めよ．

$$\det \begin{pmatrix} 1 & a & a^3 \\ 1 & b & b^3 \\ 1 & c & c^3 \end{pmatrix}$$

**■巡回行列式** 方程式 $z^n = 1$ は相異なる $n$ 個の複素数解を持つ．それらを $\xi_0 = 1, \xi_1, \ldots, \xi_{n-1}$ とする．このとき $n$ 個の変数 $x_1, \ldots, x_n$ に関する次の行列式について

$$\det \begin{pmatrix} x_1 & x_2 & \ldots & x_n \\ x_n & x_1 & \ldots & x_{n-1} \\ x_{n-1} & x_n & \ldots & x_{n-2} \\ \ldots & \ldots & \ldots & \ldots \\ x_2 & x_3 & \ldots & x_1 \end{pmatrix} = \prod_{i=0}^{n-1} (x_1 + \xi_i x_2 + \cdots \xi_i^{n-1} x_n)$$

が成り立つ．上の行列式は巡回行列式という．

**証明** $t$ を $z^n = 1$ の一つの解として，この行列式の

$$1 行目 + 2 行目 \times t + 3 行目 \times t^2 + \cdots$$

を考える．$t^n = 1$ に注意すればわかるように，1 行目は

$$x_1 + t x_2 + t^2 x_3 + \cdots + t^{n-1} x_n$$

を共通の因数に持つ．従って上の一次式は求める行列式の因数となる．$t = \xi_0, \ldots, \xi_{n-1}$ のときこれらは $x_1$ の一次式として異なる．従って因数定理（系 A.5.8）より，行列式はそれらの積を因数に持つが，次数が等しいので比は定数である．$x_1^n$ の係数を比較すれば求める結果を得る． □

■ **Wronski（ロンスキー）の行列式** $f_1(x), \dots, f_n(x)$ は実数のある区間上で定義された $n-1$ 回連続的微分可能な関数とする．このとき次の行列式

$$\det\begin{pmatrix} f_1(x) & f_2(x) & \dots & f_n(x) \\ f_1'(x) & f_2'(x) & \dots & f_n'(x) \\ \vdots & \vdots & \dots & \vdots \\ f_1^{(n-1)}(x) & f_2^{(n-1)}(x) & \dots & f_n^{(n-1)}(x) \end{pmatrix}$$

を Wronski の行列式という．ただし $f_i^{(k)}(x)$ は $k$ 次導関数である．もし，$f_1(x), \dots, f_n(x)$ が線形従属であれば Wronski の行列式はいたるところ 0 である．

**証明** $f_1(x), \dots, f_n(x)$ が線形従属，つまり，すべてが 0 となることはない実数 $a_i$ があって，可微分な関数としての等式

$$a_1f_1(x) + \dots + a_nf_n(x) = 0$$

が成立つとする．このとき，同じ式が高次導関数 $f_i^{(k)}(x)$ についても成り立つ．従って

$$\begin{pmatrix} f_1(x) & f_2(x) & \dots & f_n(x) \\ f_1'(x) & f_2'(x) & \dots & f_n'(x) \\ \vdots & \vdots & \dots & \vdots \\ f_1^{(n-1)}(x) & f_2^{(n-1)}(x) & \dots & f_n^{(n-1)}(x) \end{pmatrix}\begin{pmatrix} a_1 \\ a_2 \\ \vdots \\ a_n \end{pmatrix} = \begin{pmatrix} 0 \\ 0 \\ \vdots \\ 0 \end{pmatrix}$$

が成り立つ．従って考えている行列式は 0 である． □

■ **Jacobi（ヤコビ）の行列式** $n$ 次元ユークリッド空間 $\boldsymbol{R}^n$ のある領域から $\boldsymbol{R}^m$ への写像 $f : \boldsymbol{R}^n \to \boldsymbol{R}^m$ は，変数 $x_1, \dots, x_n$ と $y_1, \dots, y_m$ を用いて

$$\begin{aligned} y_1 &= f_1(x_1, x_2, \dots, x_n) \\ y_2 &= f_2(x_1, x_2, \dots, x_n) \\ &\dots \\ y_m &= f_m(x_1, x_2, \dots, x_n) \end{aligned}$$

と表わせる．各 $f_i$ が偏微分可能で，偏導関数 $\frac{\partial y_j}{\partial x_i}$ がすべて連続のとき，$f$ は連続的微分可能であるという．このとき，偏導関数を並べてできる $(m, n)$ 行列

$$J_f = \frac{\partial(y_1, \ldots, y_m)}{\partial(x_1, \ldots, x_n)} = \begin{pmatrix} \frac{\partial y_1}{\partial x_1} & \cdots & \frac{\partial y_1}{\partial x_n} \\ \vdots & & \vdots \\ \frac{\partial y_m}{\partial x_1} & \cdots & \frac{\partial y_m}{\partial x_n} \end{pmatrix}$$

を $f$ の関数行列，あるいは Jacobi の行列という．特に $n = m$ のとき，その行列式

$$\det J_f = \det \begin{pmatrix} \frac{\partial y_1}{\partial x_1} & \cdots & \frac{\partial y_1}{\partial x_n} \\ \vdots & & \vdots \\ \frac{\partial y_m}{\partial x_1} & \cdots & \frac{\partial y_m}{\partial x_n} \end{pmatrix}$$

を $f$ の関数行列式，あるいは Jacobi の行列式という．

**問 3.10**

$$\begin{cases} x = r \sin\theta \cos\varphi \\ y = r \sin\theta \sin\varphi \\ z = r \cos\theta \end{cases}$$

とするとき，Jacobi の行列式 $\frac{\partial(x, y, z)}{\partial(r, \theta, \varphi)}$ を求めよ

## 第 3 章の章末問題

**問 3.1** 次の行列の行列式を求めよ.

$$(1)\ \begin{pmatrix} x & 1 & 1 & 1 \\ 1 & x & 1 & 1 \\ 1 & 1 & x & 1 \\ 1 & 1 & 1 & x \end{pmatrix} \qquad (2)\ \begin{pmatrix} 1 & 2 & -1 & 4 \\ 0 & 3 & 1 & 2 \\ -2 & 0 & 5 & 1 \\ 3 & 2 & 3 & -1 \end{pmatrix}$$

**問 3.2*** 平面上の 3 直線

$$a_i x + b_i y + c_i = 0 \qquad (i = 1, 2, 3)$$

が共通の交点を持つための必要十分条件は

$$\det \begin{pmatrix} a_1 & b_1 & c_1 \\ a_2 & b_2 & c_2 \\ a_3 & b_3 & c_3 \end{pmatrix} = 0$$

であることを示せ.

**問 3.3** 空間内の 3 点 $(p_1,\, q_1,\, r_1)$, $(p_2,\, q_2,\, r_2)$, $(p_3,\, q_3,\, r_3)$ を通る平面の方程式は

$$\det \begin{pmatrix} 1 & 1 & 1 & 1 \\ x & p_1 & p_2 & p_3 \\ y & q_1 & q_2 & q_3 \\ z & r_1 & r_2 & r_3 \end{pmatrix} = 0$$

で与えられることを示せ.

**問 3.4** 平面上の同一直線上にない異なる 3 点 $(p_i,\, q_i)\,(i = 1, 2, 3))$ を通る円の方程式は

$$\det \begin{pmatrix} x^2 + y^2 & x & y & 1 \\ p_1^2 + q_1^2 & p_1 & q_1 & 1 \\ p_2^2 + q_2^2 & p_2 & q_2 & 1 \\ p_3^2 + q_3^2 & p_3 & q_3 & 1 \end{pmatrix} = 0$$

で与えられることを示せ.

**問 3.5** 三つの複素二次式 $a_i x^2 + b_i x + c_i$, $(i = 1,\, 2,\, 3)$ が共通の根 $\alpha$ を持つとする. このとき

$$\det \begin{pmatrix} a_1 x^2 & b_1 x & c_1 \\ a_2 x^2 & b_2 x & c_2 \\ a_3 x^2 & b_3 x & c_3 \end{pmatrix}$$

も $\alpha$ を根に持つことを示せ.

**問 3.6** $\boldsymbol{R}^n$ においてベクトルを $k$ 倍する写像を表わす $n$ 次正方行列の行列式を求めよ．

**問 3.7** $A, B$ を $n$ 次実正方行列とする．次の式を示せ．

$$\det\begin{pmatrix} A & B \\ B & A \end{pmatrix} = \det(A+B)\det(A-B)$$

**問 3.8** $A, B$ を $n$ 次実正方行列とする．次の式を示せ．

$$\det\begin{pmatrix} A & -B \\ B & A \end{pmatrix} = |\det(A+Bi)|^2$$

**問 3.9**$^*$ 四次の実正方行列

$$A = \begin{pmatrix} a & -b & -c & -d \\ b & a & -d & c \\ c & d & a & -b \\ d & -c & b & a \end{pmatrix}$$

の行列式を求めよ．

**問 3.10** $A, D$ はそれぞれ $m$, $n$ 次正方行列，$B, C$ はそれぞれ $(m, n)$，$(n, m)$ 行列とする．$A$ が正則行列のとき

$$\det\begin{pmatrix} A & B \\ C & D \end{pmatrix} = (\det A)(\det(DCA^{-1}B))$$

を示せ．

**問 3.11**$^*$ $A, B$ はそれぞれ $n$, $m$ 次正方行列とする．$A = (a_{ij})$ とするとき

$$\det\begin{pmatrix} a_{11}B & \dots & a_{1n}B \\ \vdots & \ddots & \vdots \\ a_{n1}B & \dots & a_{nn}B \end{pmatrix} = (\det A)^m(\det B)^n$$

を示せ．

**問 3.12** $X^2 = \begin{pmatrix} 1 & 2 \\ 1 & 4 \end{pmatrix}$ をみたし，成分が有理数であるような二次正方行列は存在しないことを示せ．

**問 3.13** $n$ 次実正方行列 $J$ で $J^2 = -E$ をみたすものが存在すれば $n$ は偶数であることを示せ．

**問 3.14**$^*$ $f(x)$, $g(x)$, $h(x)$ は区間 $[a, b]$ で連続的微分可能な関数とする．このとき

$$\det\begin{pmatrix} f(a) & g(a) & h(a) \\ f(b) & g(b) & h(b) \\ f'(c) & g'(c) & h'(c) \end{pmatrix} = 0$$

をみたす実数 $c \in [a, b]$ が存在することを示せ.

**問 3.15** ベクトル積について次の二つの等式を示せ.

(1) $(\boldsymbol{a} \times \boldsymbol{b}) \times \boldsymbol{c} = (\boldsymbol{a} \cdot \boldsymbol{c})\boldsymbol{b} - (\boldsymbol{b} \cdot \boldsymbol{c})\boldsymbol{a}$

(2) $(\boldsymbol{a} \times \boldsymbol{b}) \times \boldsymbol{c} + (\boldsymbol{b} \times \boldsymbol{c}) \times \boldsymbol{a} + (\boldsymbol{c} \times \boldsymbol{a}) \times \boldsymbol{b} = \boldsymbol{o}$

**問 3.16** $\boldsymbol{R}^3$ においてそれぞれ次の式で定まる $\boldsymbol{x}$ の軌跡を求めよ．ただし $\boldsymbol{a}$ は 0 でない定ベクトルである.

(1) $\boldsymbol{x} \times (\boldsymbol{x} - \boldsymbol{a}) = \boldsymbol{o}$

(2) $\boldsymbol{x} \cdot (\boldsymbol{x} - \boldsymbol{a}) = 0$

**問 3.17** (1) $\boldsymbol{R}^3$ の点 $\boldsymbol{p}$ を通って方向ベクトルが $\boldsymbol{v}$ である直線は，方程式

$$(\boldsymbol{x} - \boldsymbol{p}) \times \boldsymbol{v} = \boldsymbol{o}$$

の解として表わせることを示せ.

(2) 平行ではない 2 直線 $(\boldsymbol{x} - \boldsymbol{p}_1) \times \boldsymbol{v}_1 = \boldsymbol{o}$, $(\boldsymbol{x} - \boldsymbol{p}_2) \times \boldsymbol{v}_2 = \boldsymbol{o}$ の共通垂線の長さは

$$\frac{|\det(\boldsymbol{p}_1 - \boldsymbol{p}_2,\ \boldsymbol{v}_1,\ \boldsymbol{v}_2)|}{||\boldsymbol{v}_1 \times \boldsymbol{v}_2||}$$

で与えられることを示せ.

**問 3.18** $\boldsymbol{R}^3$ のベクトル $\boldsymbol{v} = {}^t(a, b, c)$ に対し $\boldsymbol{R}^3$ の線形変換 $f_{\boldsymbol{v}}$ を

$$f_{\boldsymbol{v}}(\boldsymbol{x}) = \boldsymbol{v} \times \boldsymbol{x}$$

と定義する.

(1) $f_{\boldsymbol{v}}$ の行列表示を求めよ.

(2) 次の等式を証明せよ.

$$f_{\boldsymbol{v} \times \boldsymbol{w}} = f_{\boldsymbol{v}} \circ f_{\boldsymbol{w}} - f_{\boldsymbol{w}} \circ f_{\boldsymbol{v}}$$

# 第4章

# 線形変換

ベクトル空間 $V$ の線形変換とは $V$ から $V$ 自身への線形写像のことである．行列でいえば正方行列で表わされる線形写像である．$V$ のベクトルを $V$ の中でいろいろ動かすのであるが，線形変換によってその「方向」が変わらないベクトルが固有ベクトルと呼ばれるものである．このときベクトルの「大きさ」はあるスカラー倍となるが，これが固有値である．固有値は線形変換を特徴付ける最も重要な量である．すべての線形変換，あるいは正方行列の固有値が常に求められることを保証するため，この章ではスカラーの体は複素数体に限って考える．固有値あるいは固有ベクトルを用いて，Hamilton-Cayley（ハミルトン・ケーリー）の定理，行列が対角化できるための条件などについて述べ，最後に Jordan（ジョルダン）標準形を解説する．

## 4.1 固有値と固有ベクトル

ベクトル空間 $V$ から同じベクトル空間 $V$ への線形写像を $V$ の**線形変換**という．つまりベクトル空間 $V$ の元たちの変換であって線形写像であるものをいうのである．線形変換 $f : V \to V$ を行列で表示するときは，定義域と値域のベクトル空間 $V$ で**同じ基底**を選ぶものとする．$n$ 次元ベクトル空間 $V$

の基底を $\{\boldsymbol{v}_1, \ldots, \boldsymbol{v}_n\}$ とするとき，線形変換 $f : V \to V$ は次式をみたす $n$ 次正方行列 $A$ で表示される（定理 2.2.1）．

$$f(\boldsymbol{v}_1, \ldots, \boldsymbol{v}_n) = (\boldsymbol{v}_1, \ldots, \boldsymbol{v}_n)A$$

ベクトル空間 $V$ の基底を取り換えたとき，行列表示がどう変わるかみてみよう．$\{\boldsymbol{w}_1, \ldots, \boldsymbol{w}_n\}$ を $V$ の他の基底とし，$P$ を基底の変換の行列とする．このとき

$$(\boldsymbol{w}_1, \ldots, \boldsymbol{w}_n) = (\boldsymbol{v}_1, \ldots, \boldsymbol{v}_n)P$$

であるから

$$\begin{aligned} f(\boldsymbol{w}_1, \ldots, \boldsymbol{w}_n) &= f(\boldsymbol{v}_1, \ldots, \boldsymbol{v}_n)P = (\boldsymbol{v}_1, \ldots, \boldsymbol{v}_n)AP \\ &= (\boldsymbol{w}_1, \ldots, \boldsymbol{w}_n)P^{-1}AP \end{aligned}$$

従って，基底 $\{\boldsymbol{w}_1, \ldots, \boldsymbol{w}_n\}$ による $f$ の行列表示は $P^{-1}AP$ で与えられる．

$n$ 次正方行列 $A$, $B$ は，$B = P^{-1}AP$ をみたす $n$ 次正則行列 $P$ が存在するとき，**相似**（同値，あるいは共役ともいう）であるという．相似という関係が同値関係であることは容易に確かめられる．正方行列 $A = (a_{ij})$ は対角成分 $a_{ii}$ 以外の成分がすべて 0 のとき**対角行列**という．また，対角行列と相似な行列は**対角化可能**であるという．

この節の目標はベクトル空間 $V$ の線形変換をできるだけ簡単な行列で表示することである．特に線形変換 $f$ が対角行列で表示されるための条件を考える．この問題は与えられた行列 $A$ が対角化可能であるための条件を考えることと同じである．実際，線形変換 $f$ のある基底による行列表示が $A$ であれば，別の基底によって対角行列で表示されるかどうかは，定理 2.2.4 により，$A$ の対角化可能性と同じことである．

第2章の2節において，線形写像の行列表示を調べ，それが本質的にはベクトル空間の次元と線形写像の階数で決まってしまうことを見た．そのときはベクトル空間の基底は両側のベクトル空間で独立に選べた．しかし，線形変換では基底の取り方は制限されており，その結果として行列表示の様子もまったく異なるのである．

最初に，線形変換 $f$ が対角行列で表示できたとしよう．つまりベクトル空間 $V$ の基底 $\{\boldsymbol{v}_1, \ldots, \boldsymbol{v}_n\}$ を選んで

$$f(\boldsymbol{v}_1,\ldots,\boldsymbol{v}_n)=(\boldsymbol{v}_1,\ldots,\boldsymbol{v}_n)\begin{pmatrix}\alpha_1 & 0 & \ldots & 0\\ 0 & \alpha_2 & \ddots & \vdots\\ \vdots & \ddots & \ddots & 0\\ 0 & \ldots & 0 & \alpha_n\end{pmatrix}$$

となるとする．これはすべての $i$ について

$$f(\boldsymbol{v}_i)=\alpha_i\boldsymbol{v}_i$$

であることと同値である．このような性質をみたすベクトルに特別の名前を付けておこう．

**定義 4.1.1** $f$ はベクトル空間 $V$ の線形変換とする．0 でないベクトル $\boldsymbol{v}$ は，適当なスカラー $\lambda$ が存在し，

$$f(\boldsymbol{v})=\lambda\boldsymbol{v}$$

をみたすとき，線形変換 $f$ の**固有ベクトル**であるという．またこのとき，スカラー $\lambda$ を固有ベクトル $\boldsymbol{v}$ の**固有値**であるという．

上の定義とほとんど同じことであるが，固有値の方から先に定義することもできる．あるスカラー $\lambda$ は 0 でないベクトル $\boldsymbol{v}$ が存在し，$f(\boldsymbol{v})=\lambda\boldsymbol{v}$ をみたすとき，線形変換 $f$ の固有値といい，ベクトル $\boldsymbol{v}$ を固有値が $\lambda$ の（あるいは，$\lambda$ に属する）固有ベクトルという．

**例 4.1** 線形変換 $f$ が単射でない． $\iff$ 0 が $f$ の固有値である．

**例 4.2** $\theta\neq 0,\pi$ のとき平面上の回転 $R_\theta=\begin{pmatrix}\cos\theta & -\sin\theta\\ \sin\theta & \cos\theta\end{pmatrix}$ は固有ベクトルを持たない

**例題 4.1** 線形変換 $f:V\to V$ の $\operatorname{rank} f=1$ とする．このとき，$\operatorname{Im} f$ の 0 でないベクトルは固有ベクトルである．

**解答** $\boldsymbol{v}$ を $\operatorname{Im} f$ の 0 でないベクトルとする．このとき，$\operatorname{rank} f=1$ であるから，$\operatorname{Im} f=<\boldsymbol{v}>$ である．特に $f(\boldsymbol{v})\in<\boldsymbol{v}>$ であるが，これは適当なスカラー $\lambda$ が存在して $f(\boldsymbol{v})=\lambda\boldsymbol{v}$ と書けることを意味する．

**問 4.1** 次の行列（1），（2）について，それぞれ固有値を求め，それらの固有値に属する固有ベクトルをもとめよ．

$$(1)\quad \begin{pmatrix} 1 & 0 & 1 \\ 0 & 0 & 0 \\ 1 & 0 & 1 \end{pmatrix} \qquad (2)\quad \begin{pmatrix} 1 & 1 & 1 \\ 2 & 2 & 2 \\ 3 & 3 & 3 \end{pmatrix}$$

固有ベクトルの定義より直ちに次の定理が得られる．

**定理 4.1.2** ベクトル空間 $V$ の線形変換 $f$ について次の条件は同値である．

(1) $f$ は対角行列で表示される．

(2) $f$ の固有ベクトルたちからなる $V$ の基底が取れる．

**問 4.2** 次の行列 $A$ が対角化可能であるための条件を求めよ．

$$A = \begin{pmatrix} 1 & a & b \\ 0 & 1 & c \\ 0 & 0 & 2 \end{pmatrix}$$

■**不変部分ベクトル空間** 一般の線形変換をより詳しく調べるために，不変部分ベクトル空間という考え方を導入しよう．

$f$ は ベクトル空間 $V$ の線形変換とする．$V$ の 部分ベクトル空間 $W$ は $f(W) \subset W$ をみたすとき $f$ の**不変部分ベクトル空間**（あるいは $f$-不変部分ベクトル空間）であるという．このとき，$W$ のベクトル $\boldsymbol{w}$ に対し $f(\boldsymbol{w})$ はやはり $W$ のベクトルである．従って定義域の制限により線形変換 $f$ は $W$ の線形変換を定めるが，これを改めて

$$f|_W : W \to W$$

と表わす．

$V$, $W$ の次元を各々 $n$, $m$ とし，$V$ の基底 $\{\boldsymbol{v}_1, \ldots, \boldsymbol{v}_n\}$ を，最初の $\{\boldsymbol{v}_1, \ldots, \boldsymbol{v}_m\}$ が $W$ の基底となるように選んでおく（系 1.2.10）．線形変換 $f : V \to V$ および $f|_W : W \to W$ のこれらの基底による行列表示をそれぞれ $A$, $B$ としよう．このとき

**定理 4.1.3** $f$ はベクトル空間 $V$ の線形変換，$W$ は $V$ の $f$-不変部分ベクトル空間とする．$V$, $W$ の基底を上のように選ぶ．このとき，$V$ の線形変換 $f$ を表わす $n$ 次正方行列 $A$ は

$$A = \begin{pmatrix} B & C \\ O & D \end{pmatrix}$$

で与えられる．ここで $O$ は $(n-m,m)$ 次の 0 行列，$C$, $D$ はそれぞれ適当な $(m,n-m)$, $(n-m,n-m)$ 行列である．

逆にベクトル空間 $V$ の線形変換 $f$ が $V$ の基底 $\{\boldsymbol{v}_1,\ldots,\boldsymbol{v}_n\}$ によって，上のような行列で表示されるとする．このとき，$\{\boldsymbol{v}_1,\ldots,\boldsymbol{v}_m\}$ で生成される $V$ の部分ベクトル空間は $f$-不変である．

**証明**　行列 $A=(a_{ij})$ とすれば，定義より

$$f(\boldsymbol{v}_j)=a_{1j}\boldsymbol{v}_1+\cdots+a_{nj}\boldsymbol{v}_n$$

である．仮定より $j\leq m$ のとき $f(\boldsymbol{v}_j)\in W$ であるから，$i>m$ のとき $a_{ij}=0$ である．従って行列 $A$ は上のような形である．逆も上の議論から明らかであろう． □

上の定理のなかで，$n-m$ 次正方行列 $D$ は何を表わしているか見てみよう．$V$ の基底 $\{\boldsymbol{v}_1,\ldots,\boldsymbol{v}_n\}$ のうち $\{\boldsymbol{v}_{m+1},\ldots,\boldsymbol{v}_n\}$ で生成される $V$ の部分ベクトル空間を $W'$ と表わす．このとき $V=W\oplus W'$（直和）であり，$V$ の勝手なベクトルは

$$\boldsymbol{v}=\boldsymbol{w}+\boldsymbol{w}',\qquad \boldsymbol{w}\in W,\ \boldsymbol{w}'\in W'$$

と一意的に表わせる．このときベクトル $\boldsymbol{v}\in V$ に対してベクトル $\boldsymbol{w}'\in W'$（これを $\boldsymbol{v}$ の $W'$ 成分と呼ぼう）を対応させる写像を考えることができる．これを直和分解に付随する射影と呼び

$$\pi: V\to W'$$

と表わす．これは容易にわかるように線形写像である．$V$ の部分ベクトル空間 $W'$ は一般に $f$-不変ではないから，$f$ の制限によって $W'$ の線形変換は得られないが，次の線形写像の合成

$$W'\xrightarrow{i}V\xrightarrow{f}V\xrightarrow{\pi}W'$$

を考えよう．ただし $i: W'\to V$ は包含写像である．この合成写像を

$$f': W'\to W'$$

と表わすと，これは $W'$ の線形変換である．$W'$ の基底 $\{\boldsymbol{v}_{m+1},\ldots,\boldsymbol{v}_n\}$ を用いて，この線形変換を表わす行列が上の定理の行列 $D$ である．これは，各基底の行き先を見れば容易に確かめられる．

どんな線形変換に対しても $V$ 全体，および 0 ベクトル空間は不変部分ベクトル空間であるが，このような自明なもの以外に不変部分ベクトル空間があるかどうかは一般にはわからない（次例参照）．しかし，もし自明でない不変部分ベクトル空間があれば，線形変換の性質は次元が低く従ってより理解しやすい線形変換，上の定理でいえば行列 $B$ あるいは $D$ の性質に帰着できることが多いのである．

**例 4.3** 二次元平面の回転 $R_\theta\,(\theta \neq 0, \pi)$ は自明でない不変部分ベクトル空間を持たない．

**問 4.3** $A$ は二次の実正方行列で，$\boldsymbol{R}^2$ のすべての一次元部分ベクトル空間が $A$ 不変であるとき，$A$ はどのような行列か？

さて，$f$ は $V$ の線形変換とする．$V$ が $f$ の $k$ 個の不変部分ベクトル空間 $W_i$ の直和

$$V = W_1 \oplus \cdots \oplus W_k$$

になっているとする．$f_i : W_i \to W_i$ を $f$ の各不変部分ベクトル空間への制限とすると，$V$ のベクトルは

$$\boldsymbol{v} = \boldsymbol{w}_1 + \cdots + \boldsymbol{w}_k, \quad \boldsymbol{w}_i \in W_i$$

と表わせて

$$f(\boldsymbol{v}) = f_1(\boldsymbol{w}_1) + \cdots + f_k(\boldsymbol{w}_k)$$

となる．つまり，線形変換 $f$ は線形変換 $f_i$ たちの「直和」になっている．各ベクトル空間 $W_i$ の基底を合わせて $V$ の基底を取れば，次の定理は容易に示される．

**定理 4.1.4** 上のような状況で $f$ を表示する行列は

$$A = \begin{pmatrix} B_1 & 0 & \dots & 0 \\ 0 & B_2 & \ddots & \vdots \\ \vdots & \ddots & \ddots & 0 \\ 0 & \dots & 0 & B_k \end{pmatrix}$$

で与えられる．ただし，$B_i$ は $W_i$ の線形変換 $f|_{W_i}$ を表わす行列である．

さて $\lambda$ は線形変換 $f$ の固有値とする．このとき $V$ の部分集合

$$W_\lambda = \{\boldsymbol{v} \in V \; ; \; f(\boldsymbol{v}) = \lambda \boldsymbol{v}\} = \mathrm{Ker}\,(f - \lambda\, 1_V)$$

は 0 ではない $V$ の部分ベクトル空間である．ただし，$1_V$ はベクトル空間 $V$ の恒等写像である．この部分ベクトル空間 $W_\lambda$ を線形変換 $f$ の，固有値が $\lambda$ の**固有ベクトル空間**という．

**補題 4.1.5** 固有ベクトル空間 $W_\lambda$ は線形変換 $f$ の不変部分ベクトル空間である．

**証明** $\boldsymbol{v} \in W_\lambda$ とする．このとき $f(f(\boldsymbol{v})) = f(\lambda \boldsymbol{v}) = \lambda f(\boldsymbol{v})$ であるから，$f(\boldsymbol{v}) \in W_\lambda$ である． □

**補題 4.1.6** $\lambda_1, \ldots, \lambda_s$ を線形変換 $f$ の相異なる固有値とする．このとき

$$W_{\lambda_1} + \cdots + W_{\lambda_s} = W_{\lambda_1} \oplus \cdots \oplus W_{\lambda_s}$$

が成り立つ．

**証明** $s$ に関する帰納法で証明する．$s = 1$ のときは自明である．1 から $s-1$ まで順次成り立つと仮定する．このとき，直和の性質（命題 1.3.12）から

$$\boldsymbol{w}_1 + \cdots + \boldsymbol{w}_s = \boldsymbol{o}, \quad \boldsymbol{w}_i \in W_{\lambda_i}$$

が成り立つとき，すべての $i$ に対し $\boldsymbol{w}_i = \boldsymbol{o}$ であることを示せばよい．上式に $f$ を施せば，固有ベクトル空間の定義より

$$\lambda_1 \boldsymbol{w}_1 + \cdots + \lambda_s \boldsymbol{w}_s = \boldsymbol{o}$$

である．一方

$$\lambda_s(\boldsymbol{w}_1 + \cdots + \boldsymbol{w}_s) = \boldsymbol{o}$$

だからこれらの式から $\lambda_s \boldsymbol{w}_s$ を消去すれば

$$(\lambda_s - \lambda_1)\boldsymbol{w}_1 + \cdots + (\lambda_s - \lambda_{s-1})\boldsymbol{w}_{s-1} = \boldsymbol{o}$$

となる．帰納法の仮定より，$W_{\lambda_1}$ から $W_{\lambda_{s-1}}$ までは直和であり，すべての $i < s$ に対し $\lambda_s - \lambda_i \neq 0$ だから直和の性質より

$$\boldsymbol{w}_1 = \cdots = \boldsymbol{w}_{k-1} = \boldsymbol{o}$$

であり，従って $\boldsymbol{w}_k = \boldsymbol{o}$ でもある． □

上の補題から $\lambda_1, \ldots, \lambda_k$ を線形変換 $f$ の相異なるすべての固有値とすると

$$V \supset W_{\lambda_1} \oplus \cdots \oplus W_{\lambda_k}$$

である．従って次元について

$$\dim\ V \geq \dim\ W_{\lambda_1} + \cdots + \dim\ W_{\lambda_k}$$

が成り立つ．$V$ は有限次元だから $f$ の相異なる固有値の数は有限であることがわかる．

また，定義 4.1.1 より直ちに次の定理を得る．

**定理 4.1.7** $V$ の線形変換 $f$ について次の三つの条件は互いに同値である．

(1) $f$ は対角行列で表示される．

(2) $f$ の固有ベクトルたちからなる $V$ の基底が取れる．

(3) $V = W_{\lambda_1} \oplus \cdots \oplus W_{\lambda}$，ただし $\lambda_1, \ldots, \lambda_k$ は $f$ の相異なるすべての固有値である．

**例 4.4** 行列 $A = \begin{pmatrix} 1 & 1 \\ 0 & 1 \end{pmatrix}$ で表わされる $\boldsymbol{C}^2$ の線形変換では，固有値は 1 だけであり，固有ベクトル空間 $W_1 =< \begin{pmatrix} 0 \\ 1 \end{pmatrix} >$ の次元は 1 である．従って行列 $A$ は対角化不能である．

さて，体 $K$ 上の $n$ 次正方行列 $A$ は数ベクトル空間 $K^n$ の線形変換

$$A : K^n \to K^n$$

を定める．この線形変換の固有ベクトル，固有値を行列 $A$ の固有ベクトル，固有値という．このとき定理 4.1.7 より直ちに次の定理を得る．

**定理 4.1.8** $n$ 次正方行列 $A$ について次の三つの条件は互いに同値である．

(1) $A$ は対角化可能である．

(2) $A$ の固有ベクトルたちからなる $K^n$ の基底が取れる．

(3) $K^n = W_{\lambda_1} \oplus \cdots \oplus W_{\lambda_k}$．ただし $\lambda_1, \ldots, \lambda_k$ は相異なるすべての固有値である．

上の定理が成り立つとき，$A$ の固有ベクトルからなる基底 $\{\boldsymbol{v}_1, \ldots, \boldsymbol{v}_n\}$ をとると

$$A(\boldsymbol{v}_1, \ldots, \boldsymbol{v}_n) = (\boldsymbol{v}_1, \ldots, \boldsymbol{v}_n) \begin{pmatrix} \alpha_1 & 0 & \ldots & 0 \\ 0 & \alpha_2 & \ddots & \vdots \\ \vdots & \ddots & \ddots & 0 \\ 0 & \ldots & 0 & \alpha_n \end{pmatrix}$$

となる．ただし，$\alpha_i$ は $\boldsymbol{v}_i$ の固有値である．つまり $A$ を対角化するには，固有ベクトルを並べて得られる正則行列 $P = (\boldsymbol{v}_1, \ldots, \boldsymbol{v}_n)$ を用いて $P^{-1}AP$ を考えればよいのである．

**定理 4.1.9** $\lambda$ が行列 $A$ の固有値であるための必要十分条件は

$$\det(\lambda E_n - A) = 0$$

が成り立つことである．

**証明** $A\boldsymbol{v} = \lambda\boldsymbol{v}$ をみたす 0 でないベクトル $\boldsymbol{v}$ が存在する．

$$\Longleftrightarrow$$

$(\lambda E_n - A)\boldsymbol{v} = \boldsymbol{o}$ をみたす 0 でないベクトル $\boldsymbol{v}$ が存在する．

$$\Longleftrightarrow$$

$\det(\lambda E_n - A) = 0$ □

さて $x$ を変数とするとき，行列 $xE_n - A$ の行列式

$$\det(xE_n - A) = \det \begin{pmatrix} x - a_{11} & -a_{12} & \ldots & -a_{1n} \\ -a_{21} & x - a_{22} & \ddots & \vdots \\ \vdots & \ddots & \ddots & -a_{n-1n} \\ -a_{n1} & \ldots & -a_{nn-1} & x - a_{nn} \end{pmatrix}$$
$$= x^n - (\sum a_{ii})x^{n-1} + \cdots + (-1)^n \det A$$

は $x$ の $n$ 次式である．これを行列 $A$ の**固有多項式**といい，$F_A(x)$ と表わす．上に述べたことから次の同値な言い換えができる．

$$\lambda \text{ は } A \text{ の固有値} \Longleftrightarrow \lambda \text{ は方程式 } F_A(x) = 0 \text{ の解}$$

さて，代数学の基本定理（系 A.7.2）から，複素数係数の任意の $n$ 次多項式は複素数の中に重複度を込めれば $n$ 個の根があり，多項式は 1 次式の積に分解できる．従って次の定理を得る．

**定理 4.1.10**

(1) 複素正方行列 $A$ の固有値，固有ベクトルは常に存在する．

(2) $A$ の固有多項式は一次式の積

$$F_A(x) = (x - \alpha_1) \cdots (x - \alpha_n)$$

に分解される．

(3) $A$ の相異なるすべての固有値を $\lambda_1, \ldots, \lambda_k$ とすれば

$$F_A(x) = (x - \lambda_1)^{m_1} \cdots (x - \lambda_k)^{m_k}$$

と表わすことができる．ここで $m_i > 0$ を固有値 $\lambda_i$ の**重複度**という．

**注 4.1** 数 $\alpha$ が固有多項式 $F_A(x)$ の根であることと，固有方程式 $F_A(x) = 0$ の解であることは実質的に同じことである．しかし，重複を考えるときには根と解（定理 A.5.1）を区別するほうが便利である．固有多項式の根（固有根ともいう）というときは，重複していても別物と考えるので，$n$ 次の行列なら必ず $n$ 個の固有根がある．一方，固有値，つまり固有方程式 $F_A(x) = 0$ の解は重複していれば区別をしない．従って例えばただ一つの固有値を持つ $n$ 次行列という言い方をすることがある．

**補題 4.1.11** 体 $K$ 上のベクトル空間 $V$ の線形変換 $f$ が適当な基底により行列 $A$ で表示されるとする．このときスカラー $\lambda$ が $f$ の固有値であることと $A$ の固有値であることは同値である．

**証明** $V$ の基底を定めることと，成分ベクトルを対応させる同型写像 $\varphi : V \to K^n$ を考えることは同じことである．このとき，$\boldsymbol{v} \in V$ に対し

$$\varphi(f(\boldsymbol{v})) = A\varphi(\boldsymbol{v})$$

に注意する．今，$\boldsymbol{v}$ が $f$ の固有ベクトルで $\lambda$ がその固有値とする．このとき $A\varphi(\boldsymbol{v}) = \varphi(f(\boldsymbol{v})) = \lambda\varphi(\boldsymbol{v})$ だから，$\varphi(\boldsymbol{v})$ は $A$ の固有値 $\lambda$ の固有ベクトルである． □

**系 4.1.12** 複素ベクトル空間の線形変換には必ず固有ベクトルが存在する．

**例題 4.2** $A, B$ は $n$ 次複素正方行列で，交換可能 $AB = BA$ とする．このとき $A$ と $B$ の共通の固有ベクトルが存在することを示せ．

**解答**　$\lambda$ を $A$ の固有値で $W_\lambda$ をその固有ベクトル空間とする．$\boldsymbol{v} \in W_\lambda$ に対し $AB\boldsymbol{v} = BA\boldsymbol{v} = B(\lambda\boldsymbol{v}) = \lambda B\boldsymbol{v}$ だから $B\boldsymbol{v} \in W_\lambda$ である．従って $B$ はベクトル空間 $W_\lambda$ の線形変換で，上の系より $B$ の固有ベクトルが $W_\lambda$ の中に存在する．これが求めるものである．

上の定理を除けばこれまでの議論は任意の体の上の線形変換についても成立する．しかし実ベクトル空間の線形変換については例えば $\begin{pmatrix} \cos\theta & -\sin\theta \\ \sin\theta & \cos\theta \end{pmatrix}$ のように固有ベクトルが存在しないものもある．ただしこの行列を複素行列と考えれば $\boldsymbol{C}^2$ の線形変換として固有ベクトルは存在する．行列の理論を一般的に展開するとき，複素数上で考えると便利な理由はこれである．従って，本書の以下の議論では断らない限り係数体は複素数体とする．実行列であっても一般的な議論をする場合は，複素行列とみなして考える．

**問 4.4**　$A$ は $n$ 次実正方行列であって固有値がすべて 1 より小さな実数であるとする．このとき $\det(E - A) > 0$ を示せ．

**定理 4.1.13**　行列 $A, B$ が相似であれば $F_A(x) = F_B(x)$ が成り立つ．

**証明**　$B = PAP^{-1}$ とする．このとき

$$\begin{aligned} F_B(x) &= \det(xF_n - B) = \det(xF_n - PAP^{-1}) \\ &= \det(P(xF_n - A)P^{-1}) = \det(xF_n - A) \\ &= F_A(x) \end{aligned}$$

**例題 4.3**　上の定理の逆は成立しないことを示せ．

□

**解答**　本節の例 4.4 の行列 $A = \begin{pmatrix} 1 & 1 \\ 0 & 1 \end{pmatrix}$ を考えよう．この行列の固有多項式は $F_A(x) = (x-1)^2$ である．一方，単位行列 $E_2$ についても $F_{E_2}(x) = (x-1)^2$ である．しかし $A$ は対角化不能であったから，$A$ と $E_2$ は相似でない．

**系 4.1.14**　行列 $A, B$ が相似であれば $A$ と $B$ の固有値は重複度を込めて一致する．

$n$ 次正方行列 $A = (a_{ij})$ の対角成分の和を**トレース**といい，

$$\operatorname{tr} A = a_{11} + \cdots + a_{nn}$$

と表わす．

**定理 4.1.15** $n$ 次正方行列 $A$ の固有多項式 $F_A(x)$ の $n$ 個の根を $\alpha_1, \ldots, \alpha_n$ とする．このとき次式が成り立つ．

$$\operatorname{tr} A = \alpha_1 + \cdots + \alpha_n, \quad \det A = \alpha_1 \cdots \alpha_n$$

**証明** 定義からわかるように，固有多項式は

$$F_A(x) = x^n - (\textstyle\sum a_{ii})x^{n-1} + \cdots + (-1)^n \det A$$

の形である．一方，$F_A(x)$ の $n$ 個の根を $\alpha_1, \ldots, \alpha_n$ とすれば

$$F_A(x) = (x - \alpha_1) \cdots (x - \alpha_n)$$

であるから，定理は根と係数の関係（定理 A.6.5）から示される． □

**系 4.1.16** 行列 $A$, $B$ が相似であれば

$$\operatorname{tr} A = \operatorname{tr} B$$

である．

上の系は，二つの行列が相似でないことを知りたければ，そのトレースが異なることを見ればよいことを示している．固有多項式やトレースなどは，行列のすべての性質を表わしているわけではないが，その分扱いやすいのでよく用いられる．

**定理 4.1.17** $B$, $D$ はそれぞれ $m$, $n-m$ 次正方行列，$C$ は $(m, n-m)$ 行列とする．このとき $n$ 次正方行列 $A = \begin{pmatrix} B & C \\ O & D \end{pmatrix}$ の固有多項式は行列 $C$ に関係せず，

$$F_A(x) = F_B(x) F_D(x)$$

の形に因数分解される．

**証明** $F_A(x) = \det(xE_n - A) = \det(xE_m - B)\det(xE_{n-m} - D)$ □

さて，$f : V \to V$ はベクトル空間 $V$ の線形変換とする．$V$ の基底を選んで $f$ が行列 $A$ で表わされるとき，定理 4.1.13 から $A$ の固有多項式 $F_A(x)$ は $f$ を表示する行列の取り方によらず，$f$ のみで定まる．従って，この多項式を $f$ の固有多項式といい，$F_f(x)$ と表わすことができる．明らかに方程式 $F_f(x) = 0$ の解とは線形変換 $f$ の固有値に他ならない．

この節の最後として，次の応用上重要な定理を述べよう．

**定理 4.1.18** 複素ベクトル空間 $V$ の任意の線形変換は上三角行列で表示される．

**証明** $V$ の次元に関する帰納法で示す．$\dim V = 1$ のときは自明であるから，$\dim V < n$ のとき成り立つとする．今，$\dim V = n$ とする．$\boldsymbol{v}_1$ を $f$ の一つの固有ベクトルとし，$\alpha_1$ をその固有値とする．$\boldsymbol{v}_1$ に適当なベクトル $\boldsymbol{v}_2, \ldots, \boldsymbol{v}_n$ を付け加えて $V$ の基底とできる．$W = <\boldsymbol{v}_1>, W' = <\boldsymbol{v}_2, \ldots, \boldsymbol{v}_n>$ とおけば，定理 4.1.3 で述べたように $f$ は行列

$$A = \begin{pmatrix} \alpha_1 & C \\ 0 & D \end{pmatrix}$$

で表示され，$D$ は線形変換 $\pi \circ f : W' \to W'$ を表わす．帰納法の仮定より $W'$ の基底を取り直せば $D$ は上三角行列にとれるから全体として上三角行列である． □

**系 4.1.19** 任意の複素正方行列は上三角行列に相似である．

**問 4.5** 任意の複素正方行列は下三角行列に相似であることを示せ．

## 4.2 Jordan 標準形

前節ではベクトル空間の線形変換 $f : V \to V$ が対角行列で表示できるための必要十分条件を調べた．その条件とは，ベクトル空間 $V$ が線形変換 $f$ の固有ベクトル空間たちの直和になっていること，あるいは言い換えると $V$ の基底として $f$ の固有ベクトルたちから成るものが取れることであった．この節では，このような条件が成り立たない場合にどこまで簡単な行列で表示できるかを調べる．行列自身でいえば，どれだけ簡単な行列に変形できるか，つまり行列の標準形を調べることになる．

本節では断らない限りベクトル空間は複素ベクトル空間とする．従ってベクトル空間の線形変換には常に固有値，固有ベクトルが存在する（系 4.1.12 ）ことに注意する．

一般にベクトル空間 $V$ の線形変換 $f$ に対し，$f$ の $k$ 回の合成 $f \circ \cdots \circ f$ を $f^k$ と表わす（$f^0 = 1_V$ と約束しておく）．さらに $f$ の多項式で表わされる線形変換を考えることができる．複素係数多項式

$$p(x) = c_0 x^m + \cdots + c_m$$

に対し，

$$p(f)(\boldsymbol{v}) = c_0 f^m(\boldsymbol{v}) + \cdots + c_m 1_V(\boldsymbol{v}), \quad \boldsymbol{v} \in V$$

と定めるわけである．この線形変換を $p(f) = c_0 f^m + \cdots + c_m 1_V$ と表わそう．$q(x)$ を他の多項式とすると，線形変換 $p(f)$ と $q(f)$ の線形変換としての和や合成は多項式としての和 $p(f) + q(f)$ あるいは積 $p(f)q(f)$ で与えられることは容易にわかる．また，線形変換 $p(f)$ と $q(f)$ は交換可能である，つまり線形変換として $p(f)q(f) = q(f)p(f)$ が成り立つ．従って線形変換 $f$ を固定したとき，$p(f)$ の形の線形変換たちは和や積が定義でき，多項式の集合と同じように一つの可換環（$A.5$ 節参照）をなしているといってもよい．

線形変換 $f$ の代わりに $n$ 次正方行列 $A$ を考えても同様である．行列 $A$ の多項式

$$p(A) = c_0 A^m + \cdots + c_m E$$

はやはり $n$ 次正方行列であり，このような多項式たちの集合は可換環になっている．このような観点から線形変換をみたとき，最も基本的な結果が次の定理である．

**定理 4.2.1 （Hamilton-Cayley の定理）**

$f$ はベクトル空間 $V$ の線形変換とし，$F_f(x)$ をその固有多項式とする．このとき $V$ の線形変換としての等式 $F_f(f) = 0$ が成り立つ．

**証明** $f$ の固有根（固有多項式の根）を $\alpha_1, \ldots, \alpha_n$ とすると，多項式としての等式

$$F_f(x) = (x - \alpha_1) \cdots (x - \alpha_n)$$

が得られる（定理 4.1.10 ）．従って線形変換としての等式

$$F_f(f) = (f - \alpha_1 1_V) \cdots (f - \alpha_n 1_V)$$

が得られる．そこで定理を示すには上式の右辺が線形変換として 0 であることをいえばよい．さて，定理 4.1.18 より，$V$ の基底 $\{\boldsymbol{v}_1, \ldots, \boldsymbol{v}_n\}$ をうまく選べば $f$ は三角行列で表わされる，つまり

$$f(\boldsymbol{v}_1, \ldots, \boldsymbol{v}_n) = (\boldsymbol{v}_1, \ldots, \boldsymbol{v}_n)\begin{pmatrix} \alpha_1 & * & \ldots & * \\ 0 & \alpha_2 & \ddots & \vdots \\ \vdots & \ddots & \ddots & * \\ 0 & \ldots & 0 & \alpha_n \end{pmatrix}$$

となる．従ってまず $f(\boldsymbol{v}_1) - \alpha_1\boldsymbol{v}_1 = \boldsymbol{o}$ であり，一般に

$$f(\boldsymbol{v}_i) - \alpha_i\boldsymbol{v}_i = (f - \alpha_i 1_V)\boldsymbol{v}_i \in < \boldsymbol{v}_1, \ldots, \boldsymbol{v}_{i-1} >$$

が成り立つ．このとき帰納的に，各部分ベクトル空間 $W_i = < \boldsymbol{v}_1, \ldots, \boldsymbol{v}_i >$ は $f$-不変であり，

$$(f - \alpha_i 1_V)(W_i) \subset W_{i-1}$$

であることがわかる．従って

$$(f - \alpha_1 1_V) \cdots (f - \alpha_n 1_V)(V) = \{\boldsymbol{o}\}$$

が成り立つので $(f - \alpha_1 1_V) \cdots (f - \alpha_n 1_V) = 0$ である． □

**問 4.6** $A$ が正則行列ならば，逆行列 $A^{-1}$ は $A$ の多項式として表わされることを示せ．

**例題 4.4** $A$ は $n$ 次正方行列，$g(x)$ は多項式とする．$g(A) = 0$ であれば，$A$ の固有値は $g(x)$ の根である．

**解答** $g(x) = c_0x^m + \cdots + c_m$ とする．$\lambda$ が $A$ の固有値で，$\boldsymbol{v}$ がその固有ベクトルとする．このとき

$$\boldsymbol{o} = g(A)(\boldsymbol{v}) = (c_0A^m + \cdots + c_mE)(\boldsymbol{v}) = (c_0\lambda^m + \cdots + c_m)(\boldsymbol{v})$$

より，$g(\lambda) = c_0\lambda^m + \cdots + c_m = 0$ である．

さて，線形変換 $f : V \to V$ が対角行列で表示できるための必要十分条件を考えよう．上の定理から $p(f) = 0$ となる一次以上の（つまり定数ではない）多項式 $p(x)$ が存在することがわかった．このような多項式のなかで次数が最小かつ最高次の係数が 1 の多項式が一意的に定まる．実際そのような多項式で異なるものが二つあれば，差をとると次数がより小さい多項式が得られるがこれは矛盾である．

**定義 4.2.2** 上のように定まる多項式を線形変換 $f$ の**最小多項式**といい，$M_f(x)$ と表わす．

**問 4.7** 次の行列の最小多項式を求めよ．

$$(1)\quad \begin{pmatrix} 1 & 2 & 3 \\ 1 & 2 & 3 \\ 1 & 2 & 3 \end{pmatrix} \qquad (2)\quad \begin{pmatrix} 1 & 0 & 1 \\ 0 & 1 & 1 \\ 0 & 0 & 1 \end{pmatrix}$$

**問 4.8** $n$ 次正則行列 $A$ の最小多項式が $g(x) = x^m + c_1 x^{m-1} + \cdots + c_m$ であるとき，$A^{-1}$ の最小多項式を求めよ．

**補題 4.2.3** 線形変換 $f : V \to V$ の固有多項式を $F_f(x)$，相異なるすべての固有値を $\lambda_1, \ldots, \lambda_r$ とする．また，$M_f(x)$ を $f$ の最小多項式とすると，

$$(x - \lambda_1) \cdots (x - \lambda_r) \mid M_f(x) \mid F_f(x)$$

が成り立つ．ただし，$a \mid b$ は多項式 $b$ が多項式 $a$ で割り切れることを表わす．

**証明** 定義より $M_f(f) = 0$ だから，例題 4.4 と同様に，すべての固有値 $\lambda_i$ は多項式 $M_f(x)$ の根である．従って前半が示された．

次に，多項式の割り算 $F_f(x) = p(x)M_f(x) + q(x)$ を考える．ただし，$q(x)$ は余りである．このとき明らかに $q(f) = 0$ が成り立つが次数の最小性から $q(x) = 0$ である．従って $F_f(x)$ は $M_f(x)$ で割り切れる． □

さて線形変換 $f$ の相異なるすべての固有値を $\lambda_1, \ldots, \lambda_r$ とする．このとき上の補題 4.2.3 より $f$ の最小多項式は

$$M_f(x) = (x - \lambda_1)^{d_1} \cdots (x - \lambda_r)^{d_r}, \quad d_i > 0$$

と表わすことができる．

$$\tilde{W}_{\lambda_i} = \mathrm{Ker}\,(f - \lambda_i 1_V)^{d_i}$$

と置こう．このとき次の重要な結果が成り立つ．

**定理 4.2.4** $\tilde{W}_{\lambda_i}$ はベクトル空間 $V$ の $f$ 不変な部分ベクトル空間であって，直和分解

$$V = \tilde{W}_{\lambda_1} \oplus \cdots \oplus \tilde{W}_{\lambda_r}$$

が存在する．

**証明** $\tilde{W}_{\lambda_i}$ が $f$ 不変な部分ベクトル空間であることは容易にわかる．多項式 $p_i(x) = M_f(x)/(x-\lambda_i)^{d_i}$ を考えよう．$p_1(x), \ldots, p_r(x)$ は共通因子を持たない（最大公約数が 1 である）ので，定理 A.5.5 より適当な多項式 $h_i(x)$ があって

$$h_1(x)p_1(x) + \cdots + h_r(x)p_r(x) = 1$$

をみたす．従って $x$ に $f$ を代入すれば線形変換の等式が得られ，任意のベクトル $\boldsymbol{v}$ に対し

$$\boldsymbol{v} = (h_1(f)p_1(f))\boldsymbol{v} + \cdots + (h_r(f)p_r(f))\boldsymbol{v}$$

が成り立つ．$(f - \lambda_i 1_V)^{d_i} p_i(f) = M_f(f) = 0$ に注意すれば

$$\mathrm{Im}(h_i(f)p_i(f)) \subset \mathrm{Ker}(f - \lambda_i 1_V)^{d_i} = \tilde{W}_{\lambda_i}$$

である．従って

$$V = \tilde{W}_{\lambda_1} + \cdots + \tilde{W}_{\lambda_r}$$

が成立つ．これらの部分ベクトル空間の和が直和であることを示そう．それにはベクトル $\boldsymbol{a}_i \in \tilde{W}_{\lambda_i}$ が

$$\boldsymbol{a}_1 + \cdots + \boldsymbol{a}_r = \boldsymbol{o}$$

をみたすとき，各 $\boldsymbol{a}_i = \boldsymbol{o}$ を示せばよい．$i \neq j$ のとき，$p_j(f)\boldsymbol{a}_i = \boldsymbol{o}$ に注意すれば

$$\boldsymbol{o} = p_j(f)(\boldsymbol{a}_1 + \cdots + \boldsymbol{a}_r) = p_j(f)\boldsymbol{a}_j$$

が成り立つ．従って

$$\boldsymbol{a}_i = (h_1(x)p_1(x) + \cdots + h_r(x)p_r(x))\boldsymbol{a}_i = h_i(f)p_i(f)\boldsymbol{a}_i = \boldsymbol{o}$$

である． □

$W \subset V$ を $V$ の $f$ 不変部分ベクトル空間とする．線形変換 $f: V \to V$ を $W$ に制限したものを $f|_W$ とすると，その最小多項式 $M_{f|_W}(x)$ は容易にわかるように $f$ の最小多項式 $M_f(x)$ の約数である．

**系 4.2.5** $f$ を不変部分ベクトル空間 $\tilde{W}_{\lambda_i}$ に制限したものを $f_i$ とすると，その最小多項式は $M_{f_i}(x) = (x-\lambda_i)^{d_i}$ である．

**証明** $\tilde{W}_{\lambda_i}$ の定義から $M_{f_i}(x)$ は $(x-\lambda_i)^{d_i}$ の約数である．上の命題から $V$ は $\tilde{W}_{\lambda_i}$ たちの直和だから

$$\prod M_{f_i}(f) = M_{f_1}(f) \circ \cdots \circ M_{f_r}(f) = 0$$

となり，最小多項式の定義より $\prod M_{f_i}(x) = M_f(x)$ であるが，これは

$$M_{f_i}(x) = (x-\lambda_i)^{d_i}$$

を意味する． □

**例題 4.5** $f$ はベクトル空間 $V$ の線形変換とする．0 でないベクトル $\boldsymbol{v} \in V$ に対し，$p(f)(\boldsymbol{v}) = \boldsymbol{o}$ となる 0 でない多項式 $p(x)$ は存在する（例えば $f$ の最小多項式）．このような多項式の中で次数が最小かつ最高次の係数が 1 であるものがただ一つ定まる．これを $p_{\boldsymbol{v}}(x)$ と表わそう．このとき

(1) $p(f)(\boldsymbol{v}) = \boldsymbol{o}$ となる多項式（特に $f$ の最小多項式）は $p_{\boldsymbol{v}}(x)$ で割り切れる．

(2) $p_{\boldsymbol{v}}(x)$ の次数を $d$ とし，$\boldsymbol{v}, f(\boldsymbol{v}), \ldots, f^k(\boldsymbol{v})$ が線形独立となる最大の $k$ を $m_{\boldsymbol{v}}$ と置くと $d-1 = m_{\boldsymbol{v}}$ が成り立つ．

**解答** (1) は最小多項式の場合と同じ議論で示される．(2) $f^d(\boldsymbol{v})$ は $f^i(\boldsymbol{v})$, $(i < d)$, たちの線形結合で書けるから $d-1 \geq m$ である．一方 $\boldsymbol{v}, f(\boldsymbol{v}), \ldots, f^l(\boldsymbol{v})$ が線形従属なら $d \leq l$ だから，$d \leq m_{\boldsymbol{v}} + 1$ であり，併せると等号を得る．

**問 4.9** 線形変換 $f : V \to V$ の最小多項式 $M_f(x)$ の次数を $m$ とする．このとき $V$ のベクトル $\boldsymbol{v}$ で，$\boldsymbol{v}, f(\boldsymbol{v}), \ldots, f^{m-1}(\boldsymbol{v})$ が線形独立となるものが存在する．

さて本節の一つの目標である次の定理を証明しよう．

**定理 4.2.6** 線形変換 $f : V \to V$ に対し次の条件は互いに同値である．

(1) $f$ は対角行列で表示できる．

(2) $f$ の相異なる固有値を $\lambda_1, \ldots, \lambda_r$ とすると次式が成り立つ．

$$(f - \lambda_1 1_V) \cdots (f - \lambda_r 1_V) = 0$$

(3) $f$ の最小多項式 $M_f(x)$ は重根を持たない．

**証明** 補題 4.2.3 より (2) と (3) が同値であることは明らかである．(1) を仮定しよう．つまり適当な基底 $\{\boldsymbol{v}_1, \ldots, \boldsymbol{v}_n\}$ による行列表示が

$$A = \begin{pmatrix} \alpha_1 & 0 & \dots & 0 \\ 0 & \alpha_2 & 0 & \vdots \\ \vdots & 0 & \ddots & 0 \\ 0 & \dots & 0 & \alpha_n \end{pmatrix}$$

であるとする．このとき明らかに $\boldsymbol{v}_i$ は固有値 $\alpha_i$ の固有ベクトルである．各 $i$ に対し，適当な $j$ があって，$\alpha_i = \lambda_j$ であるからすべての $i$ に対して

$$(f - \lambda_1 1_V) \cdots (f - \lambda_r 1_V)(\boldsymbol{v}_i) = 0$$

が成り立つ．$\boldsymbol{v}_i$ たちは基底であったから，これは (2) を導く．

次に (2) を仮定する．このとき最小多項式は $(x - \lambda_1) \cdots (x - \lambda_r)$ であるから，定理 4.2.4 の部分ベクトル空間

$$\tilde{W}_{\lambda_i} = \mathrm{Ker}\,(f - \lambda_i 1_V)$$

は固有値 $\lambda_i$ の固有ベクトル空間 $W_{\lambda_i}$ に他ならない．従って定理 4.1.7 より $f$ は対角行列で表示できる． □

**問 4.10** $A$ は $n$ 次複素正方行列で，$A^2 = A$ をみたすものとする．このとき $\mathrm{tr}\,A = \mathrm{rank}\,A$ であることを示せ．ただし $\mathrm{tr}\,A$ は $A$ のトレースである．

$f$ が ベクトル空間 $V$ の 線形変換，$\lambda$ を固有値とする．このとき明らかに

$$\mathrm{Ker}\,(f - \lambda 1_V) \subset \mathrm{Ker}\,(f - \lambda 1_V)^2 \subset \cdots$$

が成り立つ．このような $V$ の部分ベクトル空間たちの和 $\bigcup_i \mathrm{Ker}\,(f - \lambda 1_V)^i$ を線形変換 $f$ の固有値が $\lambda$ の**広義固有ベクトル空間**という．上のような包含写像の列はどこかから先は等号になるから，この部分ベクトル空間は適当な自然数 $N$ によって $\mathrm{Ker}\,(f - \lambda 1_V)^N$ と表わすことができる．

**例 4.5** 行列 $A = \begin{pmatrix} 1 & 1 \\ 0 & 1 \end{pmatrix}$ で表わされる $\boldsymbol{C}^2$ の線形変換（例 4.4 および例題 4.3 参照）では，固有値は 1 だけであり，固有ベクトル $W_1 = < \begin{pmatrix} 0 \\ 1 \end{pmatrix} >$ である．しかし，固有値 1 の広義固有ベクトル空間 $\tilde{W}_1$ は全体のベクトル空間 $\boldsymbol{C}^2$ になる．

### 補題 4.2.7

(1) 固有値が $\lambda_i$ の広義固有ベクトル空間は部分ベクトル空間 $\tilde{W}_{\lambda_i}$ に一致する．

(2) 線形変換 $f$ を $\tilde{W}_{\lambda_i}$ に制限したとき，固有値は $\lambda_i$ のみである．

**証明** (1) $i \neq j$ のとき，$p_j(x)$ は $(x-\lambda_i)^{d_i}$ で割り切れることに注意しよう．従って定理 4.2.4 の証明における線形変換の等式

$$h_1(f)p_1(f) + \cdots + h_r(f)p_r(f) = 1_V$$

は適当な多項式 $q(x)$ を用いて

$$h_i(f)p_i(f) + q(f)(f-\lambda_i 1_V)^{d_i} = 1_V$$

と書き直すことができる．$p_i(f)(f-\lambda_i 1_V)^{d_i} = 0$ であるから

$$(f-\lambda_i 1_V)^{d_i} = q(f)(f-\lambda_i 1_V)^{2d_i} = q(f)^2(f-\lambda_i 1_V)^{3d_i} = \cdots$$

である．従って $(f-\lambda_i 1_V)^N(\boldsymbol{v}) = \boldsymbol{o}$ であれば繰り返し上式を用いて

$$(f-\lambda_i 1_V)^{d_i}(\boldsymbol{v}) = \boldsymbol{o}$$

であるから (1) が示された．

(2) $V$ のベクトル $\boldsymbol{v}$ が固有値 $\lambda_j$, $(j \neq i)$ の固有ベクトルとすると，

$$(f-\lambda_i 1_V)\boldsymbol{v} = (\lambda_i - \lambda_j)\boldsymbol{v}$$

だから

$$(f-\lambda_i 1_V)^{d_i}(\boldsymbol{v}) = (\lambda_i - \lambda_j)^{d_i}\boldsymbol{v} \neq \boldsymbol{o}$$

だから $\boldsymbol{v}$ は $\tilde{W}_{\lambda_i}$ に属さない． □

**定義 4.2.8** ベクトル空間 $V$ の線形変換 $g$ は $g^k = 0$ をみたす自然数 $k$ が存在するとき，**ベキ零**であるという．

**定理 4.2.9** $g$ は $n$ 次元ベクトル空間 $V$ の線形変換とする．このとき次の三つの条件は互いに同値である．

(1) $g$ はベキ零である．

(2) $g$ の固有値は 0 だけである．

(3) $g^n = 0$

**証明** $g$ がベキ零であれば，最小多項式は $M_g(x) = x^d$ の形であり，補題 4.2.3 より固有値は 0 だけである．次に $g$ の固有値は 0 だけとすれば，やはり補題 4.2.3 より最小多項式は $M_g(x) = x^d$ であって，$d \leq n = \dim V$ である．従って $g^n = 0$ である．(3) $\Rightarrow$ (1) は自明である． □

さて，（対角行列では表わせない）一般の線形変換 $f : V \to V$ の行列表示の標準形を求めよう．まず，定理 4.2.4 より，$f$ の不変部分ベクトル空間による直和分解

$$V = \tilde{W}_{\lambda_1} \oplus \cdots \oplus \tilde{W}_{\lambda_r}$$

が得られる．$f$ の各広義固有ベクトル空間 $\tilde{W}_{\lambda_i}$ への制限を $f_i$ とすれば線形変換の直和分解

$$f = f_1 \oplus \cdots \oplus f_r$$

が得られる．このとき補題 4.2.7 より各 $f_i$ はただ一つの固有値しか持たない線形変換である．従って，元々 $f$ はただ一つの固有値 $\lambda$ を持つと仮定して議論を始めてもよいだろう．このとき，$V = \tilde{W}_\lambda$ であるから，線形変換 $g = f - \lambda\, 1_V$ はベキ零である．$\lambda\, 1_V$ はスカラー倍だから，どんな 基底を用いても対角行列で表示される．従って $f$ の標準形を求めるにはベキ零な線形変換 $g$ の標準形を求め，上の議論の逆をたどればよいのである．

**補題 4.2.10** $g$ はベクトル空間 $V$ の線形変換とする．$V$ のベクトル $\boldsymbol{v}$ はある整数 $l > k \geq 0$ に対し，

$$g^k(\boldsymbol{v}) \neq \boldsymbol{o}, \quad g^l(\boldsymbol{v}) = \boldsymbol{o}$$

をみたすとする．このとき，ベクトル $\boldsymbol{v}, g(\boldsymbol{v}), \ldots, g^k(\boldsymbol{v})$ は線形独立である．

**証明** $g^m(\boldsymbol{v}) \neq \boldsymbol{o}$ かつ $g^{m+1}(\boldsymbol{v}) = \boldsymbol{o}$ をみたす整数 $m\,(l > m \geq k)$ が存在する．$k = m$ として証明すれば十分である．線形関係式

$$a_0\boldsymbol{v} + a_1 g(\boldsymbol{v}) + \cdots + a_k g^k(\boldsymbol{v}) = \boldsymbol{o}$$

があるとする．両辺に $g^k$ を施せば $a_0 g^k(\boldsymbol{v}) = \boldsymbol{o}$ だから $a_0 = 0$ である．同様に $a_1 = \cdots = a_k = 0$ が得られるから，これらのベクトルは線形独立である．□

**命題 4.2.11** $g$ はベクトル空間 $V$ のベキ零線形変換とする．このとき次の性質をみたすベクトル $\boldsymbol{v}_1, \ldots, \boldsymbol{v}_r$ が存在し

$$\boldsymbol{v}_1,\ g(\boldsymbol{v}_1), \ldots, g^{k_1}(\boldsymbol{v}_1)$$
$$\cdots$$
$$\boldsymbol{v}_r,\ g(\boldsymbol{v}_r), \ldots, g^{k_r}(\boldsymbol{v}_r)$$

たちが $V$ の基底となる．ただし，$k_i$ は $g^{k_i}(\boldsymbol{v}_i) \neq \boldsymbol{o}$,　$g^{k_i+1}(\boldsymbol{v}_i) = \boldsymbol{o}$ をみたす整数である．

**証明**　ベクトル空間 $V$ の次元に関する帰納法で証明する．$\dim V = 1$ のときは明らかに成り立つ．そこで次元が $n-1$ まで成り立つと仮定し，$\dim V = n$ とする．$V$ の 二つの $g$-不変部分ベクトル空間 $W = \mathrm{Im}\ g$ と $K = \mathrm{Ker}\ g$ を考える．次元公式の証明のときと同様に，$V$ の基底は，$K = \mathrm{Ker}\ g$ の基底に，$W = \mathrm{Im}\ g$ の基底を $V$ に引き戻したものを付け加えて得られることに注意する．

$$K \subset V \xrightarrow{g} W \subset V$$

$g$ はベキ零だから同型写像ではなく，従って $\dim W < \dim V$ である．従って $W$ に帰納法の仮定が適用できる．つまり，$W$ のベクトル $\boldsymbol{u}_1, \ldots, \boldsymbol{u}_s$ で

$$\boldsymbol{u}_1,\ g(\boldsymbol{u}_1),\ \ldots,\ g^{l_1}(\boldsymbol{u}_1),\ \ldots,\ \boldsymbol{u}_s,\ g(\boldsymbol{u}_s),\ \ldots,\ g^{l_s}(\boldsymbol{u}_s)$$

が $W$ の基底となるものが存在する．さて，$W$ の定義から各 $1 \leq i \leq s$ に対し，$g(\boldsymbol{v}_i) = \boldsymbol{u}_i$ となるベクトル $\boldsymbol{v}_i \in V$ がとれる．このとき

$$\boldsymbol{v}_1,\ g(\boldsymbol{v}_1),\ \ldots,\ g^{l_1}(\boldsymbol{v}_1),\ \ldots,\ \boldsymbol{v}_s,\ g(\boldsymbol{v}_s),\ \ldots,\ g^{l_s}(\boldsymbol{v}_s)$$

たちが $W$ の基底の $g$ による引き戻しである．

次に $K = \mathrm{Ker}\ g$ の基底を考えよう．まず部分ベクトル空間 $W \cap K$ の基底は

$$\{g^{l_1}(\boldsymbol{u}_1) = g^{l_1+1}(\boldsymbol{v}_1),\ \ldots,\ g^{l_s}(\boldsymbol{u}_s) = g^{l_s+1}(\boldsymbol{v}_s)\}$$

で与えられることに注意する．そこでベクトル空間 $K$ の残りの基底 $\{\boldsymbol{v}_{s+1}, \ldots, \boldsymbol{v}_r\}$ を適当に選んでおく．このとき

$$\boldsymbol{v}_1,\ \ldots,\ \boldsymbol{v}_s,\ \boldsymbol{v}_{s+1},\ \ldots,\ \boldsymbol{v}_r$$

が求めるものである．　□

さて，上の定理で各 $i$ に対し，$\boldsymbol{v}_i, g(\boldsymbol{v}_i), \ldots, g^{k_i}(\boldsymbol{v}_i)$ で生成された $V$ の部分ベクトル空間を $V_i$ とする．$g(g^{k_i}(\boldsymbol{v}_i)) = \boldsymbol{o}$ だから，$V_i$ は $g$-不変である．従って $V$ の $g$-不変な部分ベクトル空間による直和分解

$$V = V_1 \oplus \cdots \oplus V_r$$

が得られる．線形変換 $g$ を各 $V_i$ に制限し，基底のベクトルの順序を

$$\boldsymbol{w}_1 = g^{k_i}(\boldsymbol{v}_i),\ \boldsymbol{w}_2 = g^{k_i-1}(\boldsymbol{v}_i), \ldots, \boldsymbol{w}_{k_i+1} = \boldsymbol{v}_i$$

とすれば，

$$g(\boldsymbol{w}_1) = \boldsymbol{o},\ g(\boldsymbol{w}_2) = \boldsymbol{w}_1, \ldots, g(\boldsymbol{w}_{k_i+1}) = \boldsymbol{w}_{k_i}$$

であり，$g$ の行列表示は

$$G_i = \begin{pmatrix} 0 & 1 & 0 & \ldots \\ 0 & \ddots & \ddots & 0 \\ \vdots & \ddots & \ddots & 1 \\ 0 & \ldots & 0 & 0 \end{pmatrix}$$

で与えられる．

$\lambda$ を複素数とする．次の形の $r$ 次正方行列

$$J(\lambda, r) = \begin{pmatrix} \lambda & 1 & 0 & \ldots \\ 0 & \ddots & \ddots & 0 \\ \vdots & \ddots & \ddots & 1 \\ 0 & \ldots & 0 & \lambda \end{pmatrix}$$

をタイプ $(\lambda,\ r)$ の **Jordan ブロック**という．

**定理 4.2.12** $f$ はベクトル空間 $V$ の線形変換とする．このとき $f$ は次の形の行列で表示される．

$$A = \begin{pmatrix} J(a_1, r_1) & 0 & 0 & \ldots \\ 0 & J(a_2, r_2) & \ddots & \vdots \\ \vdots & \ddots & \ddots & 0 \\ 0 & \ldots & 0 & J(a_q, r_q) \end{pmatrix}$$

ここで $J(a_i, r_i)$ は Jordan ブロック，$a_i$ は $f$ の 固有値である．この形の行列を **Jordan 標準型**という．

**証明** ベクトル空間 $V$ を $f$ の各広義固有ベクトル空間上で考えればよい．固有値 $\lambda$ の広義固有ベクトル空間 $\tilde{W}_\lambda$ 上では $f = \lambda 1_V + (f - \lambda 1_V)$ とスカラー倍写像とベキ零線形変換の和に表わせる．ベキ零線形変換に対し，上の定理のように基底を選べば対応する行列は Jordan ブロック $J(0, r_i)$ が斜めに並

んだ形である．スカラー倍写像はどんな基底についてもスカラー行列だから，$f$ は $\tilde{W}_\lambda$ 上では Jordan ブロック $J(\lambda, r_i)$ が斜めに並んだ形である． □

**例 4.6** 三次複素正方行列は次の三つのタイプのどれかと相似である．

$$\begin{pmatrix} \lambda & 1 & 0 \\ 0 & \lambda & 1 \\ 0 & 0 & \lambda \end{pmatrix} \quad \begin{pmatrix} \lambda_1 & 1 & 0 \\ 0 & \lambda_1 & 0 \\ 0 & 0 & \lambda_2 \end{pmatrix} \quad \begin{pmatrix} \lambda_1 & 0 & 0 \\ 0 & \lambda_2 & 0 \\ 0 & 0 & \lambda_3 \end{pmatrix}$$

**例題 4.6** $A$ は $n$ 次正方行列，$\lambda_1, \ldots, \lambda_k$ を $A$ の相異なるすべての固有値とし，$(x-\lambda_1)^{d_1} \cdots (x-\lambda_k)^{d_k}$ を $A$ の最小多項式とする．$d_i$ は $A$ の Jordan 標準形において，固有値 $\lambda_i$ の Jordan ブロック $J(\lambda_i, r_j)$ たちのサイズ $r_j$ の最大値である．

**解答** 補題 4.2.7 より広義固有ベクトル空間 $\tilde{W}_{\lambda_i}$ に制限して考えればよい．このときは Jordan 標準形の形から容易にわかる．

**問 4.11** 次の行列の Jordan 標準形を求めよ．

$$(1) \quad \begin{pmatrix} 1 & 2 & 3 \\ 0 & 4 & 5 \\ 0 & 0 & 6 \end{pmatrix} \qquad (2) \quad \begin{pmatrix} 1 & 0 & 1 \\ 0 & 1 & 1 \\ 0 & 0 & 1 \end{pmatrix}$$

**問 4.12** 四次のベキ零な複素正方行列で互いに相似でないものは何種類あるか？

上の定理から一般の線形変換は対角行列表示できる線形変換（このような線形変換を**半単純**であるという）とベキ零線形変換の和と表わされることがわかるが，より強く次の定理が成り立つ．

**定理 4.2.13** $f$ はベクトル空間 $V$ の線形変換とする．このとき互いに交換可能な半単純線形変換 $f_S$ とベキ零線形変換 $f_N$ が存在し，

$$f = f_S + f_N$$

をみたす．また，このような $f_S$, $f_N$ は一意的である．つまり，$f = f'_S + f'_N$ が上の条件をみたす $f$ の分解なら，$f_S = f'_S$, $f_N = f'_N$ が成り立つ．

**証明** 定理 4.2.4 のように $f$ を各固有値 $\lambda_i$ の広義固有ベクトル空間上の線形変換たちの直和 $f_{\lambda_1} \oplus \cdots \oplus f_{\lambda_r}$ に分解する．このとき，$\tilde{W}_{\lambda_i}$ 上で

$$g_i = f_{\lambda_i} - \lambda_i 1_V$$

と置くと $g_i$ はベキ零であり，$\lambda_i 1_V$ と交換可能，かつ $f_{\lambda_i} = \lambda_i 1_V + g_i$ となる．そこで

$$f_S = \lambda_1 1_V \oplus \lambda_2 1_V \oplus \cdots \oplus \lambda_r 1_V, \quad f_N = g_1 \oplus g_2 \oplus \cdots \oplus g_r$$

と定める．このとき $f_S$, $f_N$ が求める性質をみたすことは容易にわかる．

次に一意性を示そう．まず $f = f_S + f_N$ を定理の条件をみたす分解とする．$\lambda$ を $f$ の固有値，$\boldsymbol{v}$ を固有値が $\lambda$ の $f$ の広義固有ベクトルとする．つまり，適当な自然数 $k$ に対し，$(f - \lambda 1_V)^k(\boldsymbol{v}) = \boldsymbol{o}$ をみたすとする．このとき $f_S$ と $f_N$ は交換可能だから普通の多項式のように二項展開できることに注意すると，$f_S$ と $f_N$ の適当な多項式で表わされる線形変換 $g$ を用いて

$$\boldsymbol{o} = (f_S - \lambda 1_V + f_N)^k(\boldsymbol{v}) = (f_S - \lambda 1_V)^k(\boldsymbol{v}) - f_N \circ g(\boldsymbol{v})$$

となり，$(f_S - \lambda 1_V)^k(\boldsymbol{v}) = f_N \circ g(\boldsymbol{v})$ が得られる．この式に現われる線形変換はすべて交換可能で，$f_N$ はベキ零だから，適当な自然数 $l$ が存在し

$$(f_S - \lambda 1_V)^{kl}(\boldsymbol{v}) = f_N^l \circ g^l(\boldsymbol{v}) = \boldsymbol{o}$$

となる．これは $\boldsymbol{v}$ が線形変換 $f_S$ の固有値 $\lambda$ に属する広義固有ベクトルであることを意味する．また，$f_S = f - f_N$ とみれば同様の議論から逆もいえる．$\lambda$ を固有値とする $f$ および $f_S$ の広義固有ベクトル空間をそれぞれ $\tilde{W}_\lambda(f)$, $\tilde{W}_\lambda(f_S)$ と書こう．$f_S$ は半単純だから広義固有ベクトル空間は固有ベクトル空間と一致することに注意すると，上の事実から

$$\tilde{W}_\lambda(f) = \tilde{W}_\lambda(f_S) = W_\lambda(f_S)$$

がわかる．さて，$f = f'_S + f'_N$ を他の分解とする．このとき，上の事実から $W_\lambda(f_S) = W_\lambda(f'_S)$ となるが，これはこの固有ベクトル空間上 $f_S = f'_S$ となっていることを意味する．$f_S$, $f'_S$ は半単純だから固有ベクトル空間の直和が全体となるからベクトル空間 $V$ の線形変換として $f_S = f'_S$ 従って $f_N = f'_N$ である． □

さて，$n$ 次複素正方行列 $A$ は $n$ 次元数ベクトル空間 $\boldsymbol{C}^n$ の線形変換と考えることができる．従って上に述べた事柄はすべて行列それ自身に適用できる．例えば行列 $A$ の広義固有ベクトル空間，最小多項式等は同様に定義される．以下，この節の諸定理の行列版を述べる．

**定理 4.2.14** (Hamilton-Cayley の定理)
$A$ は $n$ 次複素正方行列とし, $F_A(x)$ をその固有多項式とする. このとき行列の等式 $F_A(A)=0$ が成り立つ.

**定理 4.2.15** $n$ 次複素正方行列 $A$ に関し, 次の三つの条件は同値である.
(1) $A$ はベキ零である.
(2) $A$ の固有値は 0 だけである.
(3) $A^n=0$

**定理 4.2.16** $n$ 次複素正方行列 $A$ に対し次の条件は同値である.
(1) $A$ は対角化可能である, つまり $n$ 次正則行列 $P$ が存在し, $P^{-1}AP$ が対角行列となる.
(2) $A$ の相異なる固有値を $\lambda_1, \ldots, \lambda_r$ とすると,

$$(A-\lambda_1 E_n)\cdots(A-\lambda_r E_n)=0$$

ただし, $E_n$ は $n$ 次単位行列である.
(3) $A$ の最小多項式 $M_A(x)$ は重根を持たない.

**定理 4.2.17** 任意の複素正方行列 $A$ は Jordan 標準型と相似である. つまり, $P^{-1}AP$ が Jordan 標準型となるような正則行列 $P$ を選ぶことができる.

**定理 4.2.18** 任意の複素正方行列 $A$ に対し,

$$A=A_S+A_N$$

をみたし, 互いに交換可能な対角化可能な行列 $A_S$ とベキ零行列 $A_N$ が存在する. また, このような分解は一意的である.

## 第 4 章の章末問題

**問 4.1** 実正方行列 $P = (p_{ij})$ は，すべての成分 $\geq 0$ かつすべての $i$ について $\sum_{j=1}^{d} p_{ij} = 1$ をみたすとき，確率行列という．$P$ が確率行列なら $P^n$ $(n = 2, 3, \cdots)$ はすべて確率行列であることを示せ．

**問 4.2** $V$ は二次以下の実係数多項式たちのなすベクトル空間で，線形変換 $A : V \to V$ を $A(f(x)) = (x+p)f'(x)$ と定義する．$A$ の固有値とその固有ベクトルを求めよ．

**問 4.3** $A$ は実数を成分とする $n$-次正方行列とし，$A^2 - 2A + 2E = 0$ をみたすものとする．このとき $A$ の（複素行列としての）固有値を求めよ．また，$n$ が奇数ならこのような行列は存在しないことを示せ．

**問 4.4** 下三角行列 $A = \begin{pmatrix} \alpha_1 & 0 & 0 \\ * & \ddots & 0 \\ * & * & \alpha_n \end{pmatrix}$ の固有値を求めよ．

**問 4.5** $A$ は $n$ 次複素正方行列，$\boldsymbol{v}$ は $A$ の固有ベクトルで $\lambda$ をその固有値とする．$f(x)$ を複素係数の多項式とするとき，$\boldsymbol{v}$ は行列 $f(A)$ の固有ベクトルで，$f(\lambda)$ がその固有値であることを示せ．

**問 4.6** $A$, $B$ は $n$ 次複素正方行列で，$B$ は正則であるとする．この時 $A - \lambda B$ が正則となる複素数 $\lambda$ が存在することを示せ．

**問 4.7*** $A$, $B$ は $n$ 次複素正方行列とする．$AB$ の固有値は $BA$ の固有値でもあることを示せ．

**問 4.8** $A$ は複素正則行列とする．$A$ の固有多項式が $(x - \alpha_1) \cdots (x - \alpha_n)$ とすると $A^{-1}$ の固有多項式は $(x - \alpha_1^{-1}) \cdots (x - \alpha_n^{-1})$ で与えられることを示せ．

**問 4.9*** $A$ は $n$ 次複素正方行列とする．$\mathrm{rank}(A - \alpha E) < \mathrm{rank} A$ となる 複素数 $\alpha$ は有限個であることを示せ．ただし $E$ は単位行列である．

**問 4.10** $f : V \to V$ は複素ベクトル空間の線形変換とする．$V$ のすべての一次元部分ベクトル空間が $f$-不変であるなら，$f$ はスカラー倍写像であることを示せ．

**問 4.11** $V$ は三次元以上のベクトル空間，$f : V \to V$ は同型写像とする．$V$ のすべての二次元部分空間が $f$-不変なら $f$ はスカラー倍である．

**問 4.12*** $M_n(\boldsymbol{R})$ の部分ベクトル空間 $V$ であって，$\dim V \geq 2$ かつ $V$ の $0$ でない行列はすべて正則となるものが存在すれば，$n$ は偶数であることを示せ．

**問 4.13** $M_n(\boldsymbol{R})$ の部分ベクトル空間 $V$ が少なくとも一つの正則行列を含むとする．このとき，$V$ は正則行列からなる基底を持つことを示せ．

**問 4.14** $A$ は実正方行列，$x^2+px+q$ は実二次式で実根を持たないとする．$0$ でないベクトル $\boldsymbol{v}$ が $(A^2+pA+qE)\boldsymbol{v}=\boldsymbol{o}$ をみたせば，$<\boldsymbol{v}, A\boldsymbol{v}>$ は $A$ 不変な二次元部分ベクトル空間である．

**問 4.15*** $A$ は $n$ 次実正方行列とする．$A$ の固有多項式が虚数根を持つとする．このとき $\boldsymbol{R}^n$ の中に二次元の $A$-不変部分空間が存在することを示せ．

**問 4.16** 行列 $A=\begin{pmatrix}1&0&0\\a&1&0\\b&c&2\end{pmatrix}$ の最小多項式が重根を持たないための条件を求めよ．

**問 4.17** $A$ は $n$ 次複素正方行列で，$A^2=A$ をみたすものとする．このとき $\mathrm{tr}\ A=\mathrm{rank}\ A$ であることを示せ．ただし $\mathrm{tr}\ A$ は $A$ のトレースである．

**問 4.18** $A$ は $A^3=A$ をみたす $n$ 次複素正方行列とする．このとき $|\mathrm{tr}A| \leq \mathrm{rank}A$ を示せ．

**問 4.19** $A$ は三次複素正方行列で，$\det A=\mathrm{tr}\ A=0$ をみたすものとする．このとき，$A$ はベキ零かまたは対角化可能であることを示せ．ただし，$\mathrm{tr}\ A$ は $A$ のトレースである．

**問 4.20** $A$ は複素正則行列とする．適当な自然数 $m$ に対し $A^m$ が対角化可能なら $A$ も対角化可能であることを示せ．また，$A$ が実正則行列の場合はどうか？

**問 4.21** 逆対角行列（$i+j=n+1$ 以外の $(i,j)$ 成分がすべて $0$ の $n$ 次正方行列）は対角化可能であることを示せ．

**問 4.22** 二次の複素正方行列 $X$ で $X^2=E$ となるもので相似でないものは幾通りあるか？

**問 4.23** $A$ は $0$ ではないベキ零二次複素正方行列とする．このとき二次複素正方行列 $X$ で $X^2=A$ をみたすものは存在しないことを示せ．

**問 4.24*** $n$ 次複素正方行列 $A$, $B$ が $AB=2BA$ をみたし，$B$ は正則行列とする．

このとき，$A$ はベキ零であることを示せ．

**問 4.25**　最小多項式が $x^n$ であるような $n$ 次複素正方行列 $A$ の例を求めよ．またそのような行列は相似を除いて一意的であることをしめせ．

**問 4.26**　$A, B$ は $n$ 次複素正方行列で，交換可能 $AB = BA$ とする．このとき正則行列 $P$ が存在し，$P^{-1}AP$, $P^{-1}BP$ が同時に三角行列にできることを示せ．.

**問 4.27**　$A$, $B$ は $n$ 次複素正方行列で，交換可能（$AB = BA$）であるとする．このとき $A + B$ の固有値は $A$ のある固有値と $B$ のある固有値の和である．

**問 4.28**$^*$ $A$ は 正則な二次複素正方行列とする．このとき $X^2 = A$ をみたす二次複素正方行列 $X$ が存在することを示せ．$A$ が正則でないとき，そのような $X$ が存在しないような $A$ の例を求めよ．

**問 4.29**　$A$ は $n$ 次複素正方行列とする．このとき
(1)　$\exists m \leq n, \quad \operatorname{rank} A^m = \operatorname{rank} A^{m+1} = \cdots$
(2)　上の $\operatorname{rank} A^m$ は $A$ の $0$ でない固有値の個数（重複を込めて）に等しい．

**問 4.30**　$f(x)$ は $m$ 次の複素係数多項式で $m$ 次の係数は $1$ であるとする．$n$ は $n \geq m$ となる整数とする．
(1)　最小多項式が $f(x)$ であるような $n$ 次複素正方行列 $A$ が存在することを示せ．
(2)　$n = m$ のとき，そのような行列は互いに相似であることを示せ．

**問 4.31**$^*$ $A$ は $n$ 次複素正方行列とする．

$$T_A : M_n(\boldsymbol{C}) \to M_n(\boldsymbol{C})$$

を $T_A(B) := AB - BA$ で定義される線形写像とする．このとき，

$$T_A \text{がベキ零} \iff A \text{の固有値はすべて等しい}$$

であることを示せ．

**問 4.32**$^*$ $f$ はベクトル空間 $V$ の線形変換，$\dim V = n$ とする．

$$\operatorname{tr} f = \operatorname{tr} f^2 = \cdots = \operatorname{tr} f^n = 0$$

ならば $f^n = 0$ を示せ．

# 第5章

# 計量ベクトル空間

この章では，ベクトルの長さや内積について考察する．幾何ベクトルの場合は長さの概念の理解は容易であり，例えば三角形の辺の長さに関する三角不等式なども直感的に明らかである．しかし，多項式や連続関数といった「ベクトル」の長さをどのように定義すればよいのか，また，その性質は幾何ベクトルとどのような関係にあるのかを考えたい．さらに例えば Schwarz（シュワルツ）の不等式などの長さに関するよく知られた性質などが，内積の抽象的公理から一般的な形で導けることを示す．また，ベクトルの長さなどに関係の深い線形変換として，直交行列や対称行列，あるいはそれらの標準形についてもまとめて取り扱う．最後にそれらの結果を用いて二次形式の分類を行なう．

## 5.1　計量ベクトル空間

この節では，一般のベクトル空間においてベクトルの長さ，あるいは二つのベクトルの内積はどのように定義されるのか，また，その基本的な性質について考えよう．まず，数ベクトル空間の場合を考える．

複素数上の $n$ 次元数ベクトル空間のベクトル $\boldsymbol{C}^n$ の二つのベクトル

$$\boldsymbol{x} = \begin{pmatrix} x_1 \\ \vdots \\ x_n \end{pmatrix}, \qquad \boldsymbol{y} = \begin{pmatrix} y_1 \\ \vdots \\ y_m \end{pmatrix}$$

に対し，それらのベクトルの（標準的）**内積**を

$$\boldsymbol{x} \cdot \boldsymbol{y} = x_1\overline{y_1} + \cdots + x_n\overline{y_n} \in \boldsymbol{C}$$

と定義する．ただし $\overline{y_i}$ は複素数 $y_i$ の共役複素数である．$\boldsymbol{x} \cdot \boldsymbol{y}$ は $(\boldsymbol{x},\ \boldsymbol{y})$ と表わされることもあり，また物理学では異なる記法が用いられることもある．標準的内積は次のようにも表わすこともできる．

$$\boldsymbol{x} \cdot \boldsymbol{y} = (x_1, \ldots, x_n) \begin{pmatrix} \overline{y_1} \\ \vdots \\ \overline{y_n} \end{pmatrix} = {}^t\boldsymbol{x}\,\overline{\boldsymbol{y}}$$

ただし最後の項は ${}^t\boldsymbol{x}$ と $\overline{\boldsymbol{y}}$ をそれぞれ $(1, n)$, $(n, 1)$ 行列と考えて，行列としての積を取ったものである．次の命題は定義より直ちに示される．

**命題 5.1.1**　$\boldsymbol{C}^n$ の標準的内積は次の性質をみたす．ただし $\boldsymbol{x}$, $\boldsymbol{x}'$, $\boldsymbol{y}$ はベクトル，$a$, $a'$ は複素数である．

(1)　$(a\boldsymbol{x} + a'\boldsymbol{x}') \cdot \boldsymbol{y} = a(\boldsymbol{x} \cdot \boldsymbol{y}) + a'(\boldsymbol{x}' \cdot \boldsymbol{y})$

(2)　$\boldsymbol{x} \cdot \boldsymbol{y} = \overline{\boldsymbol{y} \cdot \boldsymbol{x}}$　特に $\boldsymbol{x} \cdot \boldsymbol{x}$ は実数．

(3)　$\boldsymbol{x} \cdot \boldsymbol{x} \geq 0$ かつ $\boldsymbol{x} \cdot \boldsymbol{x} = 0 \iff \boldsymbol{x} = \boldsymbol{o}$

**注 5.1**　第一の性質は内積が**第一変数につき線形**であるといっている．第二の性質を，内積の（Hermite）**エルミート** 性，第三の性質を**正定値性**という．(1) と (2) の性質より，第二変数について

$$\begin{aligned} \boldsymbol{x} \cdot (b\boldsymbol{y} + b'\boldsymbol{y}') &= \overline{(b\boldsymbol{y} + b'\boldsymbol{y}') \cdot \boldsymbol{x}} = \overline{b(\boldsymbol{y} \cdot \boldsymbol{x}) + b'(\boldsymbol{y}' \cdot \boldsymbol{x})} \\ &= \overline{b}\,\overline{(\boldsymbol{y} \cdot \boldsymbol{x})} + \overline{b'}\,\overline{(\boldsymbol{y}' \cdot \boldsymbol{x})} = \overline{b}\,(\boldsymbol{x} \cdot \boldsymbol{y}) + \overline{b'}\,(\boldsymbol{x} \cdot \boldsymbol{y}') \end{aligned}$$

が成り立つ．第二変数についてのこの性質を**共役線形**であるという．

実数上の数ベクトル空間 $\boldsymbol{R}^n$ の場合，ベクトル

$$\boldsymbol{x} = \begin{pmatrix} x_1 \\ \vdots \\ x_n \end{pmatrix}, \quad \boldsymbol{y} = \begin{pmatrix} y_1 \\ \vdots \\ y_n \end{pmatrix}$$

に対し，それらのベクトルの（標準的）内積を

$$\boldsymbol{x}\cdot\boldsymbol{y} = x_1y_1 + \cdots + x_ny_n \in \boldsymbol{R}$$

と定義する．複素数上の数ベクトルの場合と同様に次の命題が成り立つ．

**命題 5.1.2** $\boldsymbol{R}^n$ の標準的内積は次の性質をみたす．

(1) $(a\boldsymbol{x} + a'\boldsymbol{x}')\cdot\boldsymbol{y} = a(\boldsymbol{x}\cdot\boldsymbol{y}) + a'(\boldsymbol{x}'\cdot\boldsymbol{y})$

(2) $\boldsymbol{x}\cdot\boldsymbol{y} = \boldsymbol{y}\cdot\boldsymbol{x}$

(3) $\boldsymbol{x}\cdot\boldsymbol{x} \geq 0$ かつ $\boldsymbol{x}\cdot\boldsymbol{x} = 0 \iff \boldsymbol{x} = \boldsymbol{o}$

**注 5.2** この場合は，(1) と (2) より，双方の変数について共に線形であることがわかる．このような写像を一般に双一次形式と呼ぶ．従って実数上の数ベクトル空間の場合，内積とは対称かつ正定値な双一次形式であるといってよい．複素数上の数ベクトルの場合，第二変数につき線形ではないので双一次形式ではなく，Hermite 形式と呼ばれる．双一次形式および Hermite 形式については，本章 4 節で改めて解説する．

$V$ を複素（あるいは実ベクトル空間）とする．$V$ の二つのベクトルに対しスカラーを対応させる写像 $\varphi : V \times V \to \boldsymbol{C}$（実ベクトル空間のときは $\varphi : V \times V \to \boldsymbol{R}$）を考える．$\varphi(\boldsymbol{x}, \boldsymbol{y})$ を $\boldsymbol{x}\cdot\boldsymbol{y}$ と表わすとき，$\boldsymbol{x}\cdot\boldsymbol{y}$ が上の命題 5.1.1（実ベクトル空間のときは命題 5.1.2）と同じ性質をみたすとき，$\varphi$ を $V$ の一つの**内積**という．

**例 5.1** $P_n$ を $n$ 次以下の実係数多項式たちのなすベクトル空間とする．このとき，次のそれぞれは $P_n$ における内積である．

(1) $a < b$ を実数とするとき

$$\varphi_1(f(x), g(x)) = \int_a^b f(x)g(x)\ dx$$

(2) $f(x) = \sum_{i=0}^n a_ix^i$, $g(x) = \sum_{i=0}^n b_ix^i$ とするとき

$$\varphi_2(f(x), g(x)) = \sum_i a_ib_i$$

**注 5.3** 一般のベクトル空間には元々ベクトルの長さや角度をどう定めるかは決まっているわけではない．「ベクトル空間に内積を与えること」とは，「ベクトルの長さや角度の単位を定めること」であり，それによってベクトルの長さを一つの実数で表わすことができる訳である．数ベクトル空間 $\boldsymbol{R}^n$ には上で定義した標準的内積を考えればベクトルの長さや角度が定義され，その幾何学が考えられる．この内積を込めて考えるとき，$\boldsymbol{R}^n$ を $n$ 次元**ユークリッド空間**と呼ぶのである（これはやや不正確な言い方である．厳密な考え方については A.2 節を参照）．

**命題 5.1.3** $V$ を複素 (または実) ベクトル空間とし, $V$ の 基底 $\{\boldsymbol{v}_1, \ldots, \boldsymbol{v}_n\}$ を選ぶ. $V$ のベクトル $\boldsymbol{x} = x_1\boldsymbol{v}_1 + \cdots + x_n\boldsymbol{v}_n$, $\boldsymbol{y} = y_1\boldsymbol{v}_1 + \cdots + y_n\boldsymbol{v}_n$ に対し

$$\varphi(\boldsymbol{x}, \boldsymbol{y}) = x_1\overline{y_1} + \cdots + x_n\overline{y_n}$$

は $V$ における内積である. 特に, $V$ には無限に多くの内積が定義できる. (実ベクトル空間のときは $\boldsymbol{x} \cdot \boldsymbol{y} = x_1y_1 + \cdots + x_ny_n$ である)

**例 5.2** $n$ 次以下の実係数多項式たちのなすベクトル空間 $P_n$ において, 基底を $\{1, x, \ldots, x^n\}$ と選んだとき上の方法で定まる内積が, 例 5.1 の二番目の内積に他ならない. 次節において, どのような内積もこのような形で表わせるような基底を選べることを示す.

**例 5.3** $(m, n)$ 行列たちの集合 $M_{m,n}(\boldsymbol{C})$ は $mn$ 次元ベクトル空間で, その標準的な基底として行列単位たち $\{E_{i,j}\}$ がとれる. このとき定まる内積は, 行列 $A = (a_{i,j})$, $B = (b_{i,j})$ に対し

$$A \cdot B = \sum_{i,j} a_{i,j}\overline{b_{i,j}}$$

である. 行列 $A$, $B$ を列ベクトルで表わしたものを

$$A = (\boldsymbol{a}_1, \ldots, \boldsymbol{a}_n), \quad B = (\boldsymbol{b}_1, \ldots, \boldsymbol{b}_n)$$

とする. $B$ の複素共役行列を $\overline{B} = (\overline{b_{ij}})$ と表わすとき行列 ${}^t\!A\overline{B}$ はベクトルの内積 $\boldsymbol{a}_i \cdot \boldsymbol{b}_j$ を $(i, j)$ 成分とする $n$ 次正方行列

$${}^t\!A\overline{B} = (\boldsymbol{a}_i \cdot \boldsymbol{b}_j)$$

である. これを **Gram (グラム) の行列**という. このとき容易にわかるように上の内積は

$$A \cdot B = \mathrm{tr}\,({}^t\!A\overline{B})$$

で与えられる. また, $A$, $B$ が実行列であれば $A \cdot B = \mathrm{tr}\,({}^t\!AB)$ である. ただし, tr は行列のトレースである.

**問 5.1** $\boldsymbol{R}^n$ は $n$ 次元ユークリッド空間で, 二つのベクトル $\boldsymbol{x}$, $\boldsymbol{y}$ に対し, $\boldsymbol{x} \cdot \boldsymbol{y}$ は内積を表わすとする. $\boldsymbol{a}_1, \ldots, \boldsymbol{a}_n$ を $\boldsymbol{R}^n$ の線形独立なベクトルとするとき, $\boldsymbol{a}_i \cdot \boldsymbol{b}_j = \delta_{ij}$ をみたすベクトル $\boldsymbol{b}_1, \ldots, \boldsymbol{b}_n$ が存在することを示せ. ただし $\delta_{ij}$ は Kronecker (クロネッカー) のデルタである.

複素 (または実) ベクトル空間 $V$ に一つの内積 $\boldsymbol{x} \cdot \boldsymbol{y}$ が指定されているとき, $V$ を**計量ベクトル空間**という. $V$ のベクトル $\boldsymbol{x}$ に対し, $\boldsymbol{x} \cdot \boldsymbol{x}$ は非負の実数である. $\sqrt{\boldsymbol{x} \cdot \boldsymbol{x}}$ をベクトル $\boldsymbol{x}$ の**長さ**, あるいは**ノルム**といい, $\|\boldsymbol{x}\|$ と表

わす．$W$ を $V$ の部分ベクトル空間とするとき，$V$ の内積をそのまま $W$ のベクトルの内積と定義することにより，$W$ は計量ベクトル空間となる．このとき $W$ を $V$ の**計量部分ベクトル空間**と呼ぶ．

**定理 5.1.4** $V$ を複素計量ベクトル空間，$\boldsymbol{x}\cdot\boldsymbol{y}$ を内積とする．このとき

$$\mathrm{Re}\,(\boldsymbol{x}\cdot\boldsymbol{y}) = 1/2(||\boldsymbol{x}+\boldsymbol{y}||^2 - ||\boldsymbol{x}||^2 - ||\boldsymbol{y}||^2)$$
$$\mathrm{Im}\,(\boldsymbol{x}\cdot\boldsymbol{y}) = 1/2(||\boldsymbol{x}+i\boldsymbol{y}||^2 - ||\boldsymbol{x}||^2 - ||\boldsymbol{y}||^2)$$

が成り立つ．また，$V$ が実ベクトル空間のときは

$$\boldsymbol{x}\cdot\boldsymbol{y} = 1/2(||\boldsymbol{x}+\boldsymbol{y}||^2 - ||\boldsymbol{x}||^2 - ||\boldsymbol{y}||^2)$$

**証明** $t$ を複素数として，次の等式 $(*)$ を考える．

$$\begin{aligned}||\boldsymbol{x}+t\boldsymbol{y}||^2 &= (\boldsymbol{x}+t\boldsymbol{y})\cdot(\boldsymbol{x}+t\boldsymbol{y})\\ &= \boldsymbol{x}\cdot\boldsymbol{x} + \boldsymbol{x}\cdot(t\boldsymbol{y}) + (t\boldsymbol{y})\cdot\boldsymbol{x} + (t\boldsymbol{y})\cdot(t\boldsymbol{y})\\ &= ||\boldsymbol{x}||^2 + t\overline{(\boldsymbol{x}\cdot\boldsymbol{y})} + \bar{t}(\boldsymbol{x}\cdot\boldsymbol{y}) + |t|^2||\boldsymbol{y}||^2\end{aligned}$$

このとき，定理は上式にそれぞれ $t=1, i$ を代入して整理すれば得られる．□

**系 5.1.5** $V$ を複素（または実）計量ベクトル空間とする．このとき次の不等式が成り立つ．

(1) $|\boldsymbol{x}\cdot\boldsymbol{y}| \leq ||\boldsymbol{x}||\,||\boldsymbol{y}||$ **Schwarz の不等式**

(2) $||\boldsymbol{x}+\boldsymbol{y}|| \leq ||\boldsymbol{x}|| + ||\boldsymbol{y}||$ **三角不等式**

**証明** (1) $\boldsymbol{y}=\boldsymbol{o}$ なら両辺ともに 0 だから成り立つ．$\boldsymbol{y}\neq\boldsymbol{o}$ つまり $||\boldsymbol{y}||\neq 0$ のとき，上の等式 $(*)$ において $t = -\boldsymbol{x}\cdot\boldsymbol{y}/||\boldsymbol{y}||^2$ とおくと

$$\begin{aligned}||\boldsymbol{x}+t\boldsymbol{y}||^2 &= ||\boldsymbol{x}||^2 + \frac{|\boldsymbol{x}\cdot\boldsymbol{y}|^2}{||\boldsymbol{y}||^4}||\boldsymbol{y}||^2 - \frac{\boldsymbol{x}\cdot\boldsymbol{y}}{||\boldsymbol{y}||^2}\overline{(\boldsymbol{x}\cdot\boldsymbol{y})} - \frac{\overline{\boldsymbol{x}\cdot\boldsymbol{y}}}{||\boldsymbol{y}||^2}(\boldsymbol{x}\cdot\boldsymbol{y})\\ &= ||\boldsymbol{x}||^2 - \frac{|\boldsymbol{x}\cdot\boldsymbol{y}|^2}{||\boldsymbol{y}||^2} \geq 0\end{aligned}$$

であるから分母を払って整理すれば求める不等式を得る．

(2) 複素数の不等式（複素数平面でいえば直角三角形の斜辺と底辺の関係）$\mathrm{Re}\,z \leq |z|$ と Schwarz の不等式から次のように求める不等式が示される．

$$\begin{aligned}||\boldsymbol{x}+\boldsymbol{y}||^2 &= ||\boldsymbol{x}||^2+||\boldsymbol{y}||^2+2\mathrm{Re}(\boldsymbol{x}\cdot\boldsymbol{y})\\ &\le ||\boldsymbol{x}||^2+||\boldsymbol{y}||^2+2|\boldsymbol{x}\cdot\boldsymbol{y}|\\ &\le ||\boldsymbol{x}||^2+||\boldsymbol{y}||^2+2||\boldsymbol{x}||\,||\boldsymbol{y}|| = (||\boldsymbol{x}||+||\boldsymbol{y}||)^2\end{aligned}$$

□

**注 5.4** $V$ が実ベクトル空間のときは内積 $\boldsymbol{x}\cdot\boldsymbol{y}$ は実数であり，0 でないベクトルに対しては Schwarz の不等式から

$$-1 \le \frac{\boldsymbol{x}\cdot\boldsymbol{y}}{||\boldsymbol{x}||\,||\boldsymbol{y}||} \le 1$$

である．従って $\cos\theta = \frac{\boldsymbol{x}\cdot\boldsymbol{y}}{||\boldsymbol{x}||\,||\boldsymbol{y}||}$ をみたす $\theta\in[0,\pi)$ がただ一つ存在する．これをベクトル $\boldsymbol{x}, \boldsymbol{y}$ のなす角という．

**問 5.2** 実計量ベクトル空間において余弦定理

$$||\boldsymbol{a}-\boldsymbol{b}||^2 = ||\boldsymbol{a}||^2+||\boldsymbol{b}||^2-2||\boldsymbol{a}||\,||\boldsymbol{b}||\cos\theta$$

が成り立つことを示せ．ただし $\theta$ はベクトル $\boldsymbol{a}, \boldsymbol{b}$ のなす角である．

## 5.2 正規直交基底

$V$ は複素（あるいは実）計量ベクトル空間で $\boldsymbol{x}\cdot\boldsymbol{y}$ をその内積とする．二つの 0 でないベクトル $\boldsymbol{x}, \boldsymbol{y}$ は

$$\boldsymbol{x}\cdot\boldsymbol{y}=0$$

のとき**直交する**という．また 0 でないベクトル $\boldsymbol{v}_1,\ldots,\boldsymbol{v}_k$ は

$$\boldsymbol{v}_i\cdot\boldsymbol{v}_j=0 \qquad (\forall i\neq j)$$

のとき**直交系**であるという．直交系のベクトル $\boldsymbol{v}_1,\ldots,\boldsymbol{v}_k$ はさらにすべてのベクトルの長さが 1 のとき**正規直交系**であるという．これは

$$\boldsymbol{v}_i\cdot\boldsymbol{v}_j=\delta_{i,j}$$

が成り立つといってもよい．ただし

$$\delta_{i,j}=\begin{cases}1 & i=j \text{ のとき}\\ 0 & i\neq j \text{ のとき}\end{cases}$$

は Kronecker のデルタである．

**命題 5.2.1** $\boldsymbol{v}_1, \ldots, \boldsymbol{v}_k$ は直交系とする．$\boldsymbol{x} = x_1\boldsymbol{v}_1 + \cdots + x_k\boldsymbol{v}_k$ のとき

$$x_i = \frac{\boldsymbol{v}_i \cdot \boldsymbol{x}}{\boldsymbol{v}_i \cdot \boldsymbol{v}_i}$$

証明は容易である．また以下の三つの系もそれぞれ定義から直ちに示すことができる

**系 5.2.2** 直交系 $\boldsymbol{v}_1, \ldots, \boldsymbol{v}_k$ は線形独立である．

$\dim V = n$ とする．このとき，$n$ 個のベクトル $\boldsymbol{v}_1, \ldots, \boldsymbol{v}_n$ が（正規）直交系であれば，$\{\boldsymbol{v}_1, \ldots, \boldsymbol{v}_n\}$ は $V$ の基底である．これを $V$ の**（正規）直交基底**という．

**系 5.2.3** $\{\boldsymbol{v}_1, \ldots, \boldsymbol{v}_n\}$ は $V$ の直交基底とする．このとき $\forall \boldsymbol{x} \in V$ に対し

$$\boldsymbol{x} = \frac{\boldsymbol{v}_1 \cdot \boldsymbol{x}}{\boldsymbol{v}_1 \cdot \boldsymbol{v}_1}\boldsymbol{v}_1 + \cdots + \frac{\boldsymbol{v}_n \cdot \boldsymbol{x}}{\boldsymbol{v}_n \cdot \boldsymbol{v}_n}\boldsymbol{v}_n$$

また，$\{\boldsymbol{v}_1, \ldots, \boldsymbol{v}_n\}$ が $V$ の正規直交基底であれば

$$\boldsymbol{x} = (\boldsymbol{v}_1 \cdot \boldsymbol{x})\boldsymbol{v}_1 + \cdots + (\boldsymbol{v}_n \cdot \boldsymbol{x})\boldsymbol{v}_n$$

**系 5.2.4** $\{\boldsymbol{v}_1, \ldots, \boldsymbol{v}_n\}$ は $V$ の正規直交基底とする．このとき $V$ のベクトル $\boldsymbol{x} = \sum x_i\boldsymbol{v}_i$，$\boldsymbol{y} = \sum y_i\boldsymbol{v}_i$ に対し，

$$\boldsymbol{x} \cdot \boldsymbol{y} = x_1\overline{y_1} + \cdots + x_n\overline{y_n}$$

が成り立つ．

**注 5.5** 命題 5.1.3 とこの系より，ベクトル空間の正規直交基底と内積は 1 対 1 に対応していることがわかる．つまり，命題 5.1.3 の内積は，与えられた基底が正規直交基底となるように定まるといってよいのである．

**定理 5.2.5** **（Schmidt（シュミット）の直交化）**

$\boldsymbol{a}_1, \ldots \boldsymbol{a}_k$ を $V$ の線形独立なベクトルとする．このとき，次の性質をみたすベクトル $\boldsymbol{v}_1, \ldots, \boldsymbol{v}_k$ が存在する．

(1) $\boldsymbol{v}_1, \ldots, \boldsymbol{v}_k$ は正規直交系である．

(2) すべての $i$ に対し $\boldsymbol{v}_i \in <\boldsymbol{a}_1, \ldots, \boldsymbol{a}_i>$

(3) 最初の $l$ 個のベクトル $\boldsymbol{a}_1, \ldots \boldsymbol{a}_l$ が正規直交系であれば $\boldsymbol{v}_i = \boldsymbol{a}_i$ $(i \leq l)$ に取れる．

**証明** $\boldsymbol{v}_1 = \boldsymbol{a}_1/||\boldsymbol{a}_1||$ と置く．$i \leq k$ に対し，$\boldsymbol{v}_1, \ldots, \boldsymbol{v}_{i-1}$ が上の三つの性質をみたすように作れたとする．このとき順次

$$\boldsymbol{v}'_i = \boldsymbol{a}_i - \sum_{j=1}^{i-1} (\boldsymbol{a}_i \cdot \boldsymbol{v}_j)\boldsymbol{v}_j, \quad \boldsymbol{v}_i = \frac{\boldsymbol{v}'_i}{||\boldsymbol{v}'_i||}$$

と置けばよい． □

**系 5.2.6** （**正規直交基底の存在**） $\boldsymbol{v}_1, \ldots, \boldsymbol{v}_k$ を $V$ の正規直交系とする．このとき，これらにベクトル $\boldsymbol{v}_{k+1}, \ldots, \boldsymbol{v}_n$ を付け加えて $\{\boldsymbol{v}_1, \ldots, \boldsymbol{v}_n\}$ が $V$ の正規直交基底とできる．特に $V$ には正規直交基底が常に存在する．

**証明** $\boldsymbol{v}_1, \ldots, \boldsymbol{v}_k$ は線形独立であるから，基底の存在定理（定理 1.2.9）より，$\{\boldsymbol{v}_1, \ldots, \boldsymbol{v}_k, \boldsymbol{v}'_{k+1}, \ldots, \boldsymbol{v}'_n\}$ が $V$ の基底となるようにベクトル $\boldsymbol{v}'_i$ を選ぶことができる．これに Schmidt の直交化を行えばよい． □

**問 5.3** 三次元数ベクトル空間 $\boldsymbol{R}^3$ の次の三つのベクトルは線形独立であることを示し，またこれらのベクトルから Schmidt の直交化によって得られる正規直交系を求めよ．

$$\boldsymbol{a}_1 = \begin{pmatrix} 1 \\ 0 \\ 0 \end{pmatrix} \qquad \boldsymbol{a}_2 = \begin{pmatrix} 2 \\ 3 \\ 4 \end{pmatrix} \qquad \boldsymbol{a}_3 = \begin{pmatrix} 1 \\ 5 \\ 5 \end{pmatrix}$$

**例 5.4** $n$ 次以下の実係数多項式たちのベクトル空間 $P_n$ を考えよう．ここで内積を $f, g \in P_n$ に対し

$$f \cdot g = \int_{-1}^{1} f(x)g(x)\,dx$$

と定義する．

$$F_k(x) = \frac{d^k}{dx^k}(x^2-1)^k \qquad (k = 0, 1, 2, \ldots, n)$$

とおく．$F_k(x)$ は $k$ 次式だから，これらは $P_n$ の基底となる．$g(x)$ が $l$ 次式で $l < k$ のとき，部分積分を繰り返せばわかるように

$$F_k \cdot g = \int_{-1}^{1} F_k(x)g(x)\,dx = 0$$

である．従って $F_k(x)$ は直交系であり，定理 5.2.5 からわかるように，標準基底 $1, x, \ldots, x^n$ から Schmidt の直交化により得られる正規直交系と定数倍を除いて一致する．

$$P_k(x) = \frac{1}{2^k k!} F_k(x)$$

を Legendre（ルジャンドル）の多項式という．これは $P_k(1) = 1$ となるよう正規化したものである．

**問 5.4** 上と同じベクトル空間 $P_n$ で異なる内積を考えよう．

(1) $f, g \in P_n$ に対し

$$(f \cdot g)_\infty = \int_0^\infty e^{-x} f(x) g(x)\, dx$$

は内積であることを確かめよ．

(2) Laguerre（ラゲール）の多項式

$$L_k(x) = \frac{e^x}{k!} \frac{d^k}{dx^k}(e^{-x} x^k)$$

はこの内積に関する直交系であることを示せ．

$f : V \to W$ を計量ベクトル空間の間の線形写像とする．$V$ の任意のベクトル $\boldsymbol{x}, \boldsymbol{y}$ に対し

$$f(\boldsymbol{x}) \cdot f(\boldsymbol{y}) = \boldsymbol{x} \cdot \boldsymbol{y}$$

が成り立つとき，$f$ は内積を保つという．また $f$ が内積を保ち，ベクトル空間の写像として同型写像のとき**計量同型写像**であるという．

**問 5.5** $f$ が計量同型写像なら，逆写像 $f^{-1}$ も計量同型写像である．また，$V \xrightarrow{f} W \xrightarrow{g} U$ がともに計量同型写像なら，合成 $g \circ f$ もそうである．

**問 5.6** 写像 $f : V \to W$ は任意のベクトル $\boldsymbol{x}$，$\boldsymbol{y} \in V$ に対し $f(\boldsymbol{x}) \cdot f(\boldsymbol{y}) = \boldsymbol{x} \cdot \boldsymbol{y}$ をみたすとする．このとき $f$ は線形写像であることを示せ．

**定理 5.2.7** $f : V \to W$ が計量同型 $\iff$ $f$ は $V$ の正規直交基底を $W$ の正規直交基底に写す．

**証明** $f : V \to W$ が計量同型とすると，正規直交基底 $\{\boldsymbol{v}_1, \ldots, \boldsymbol{v}_n\}$ に対し

$$f(\boldsymbol{v}_i) \cdot f(\boldsymbol{v}_j) = \boldsymbol{v}_i \cdot \boldsymbol{v}_j = \delta_{i,j}$$

だから，$\{f(\boldsymbol{v}_1), \ldots, f(\boldsymbol{v}_n)\}$ も正規直交基底である．

逆は $V$ の正規直交基底 $\{\boldsymbol{v}_1, \ldots, \boldsymbol{v}_n\}$ に対して $\{f(\boldsymbol{v}_1), \ldots, f(\boldsymbol{v}_n)\}$ が $W$ の正規直交基底になるとする．$V$ のベクトル $\boldsymbol{x} = \sum x_i \boldsymbol{v}_i$，$\boldsymbol{y} = \sum y_i \boldsymbol{v}_i$ に対し，$f(\boldsymbol{x}) = \sum x_i f(\boldsymbol{v}_i)$，$f(\boldsymbol{y}) = \sum y_i f(\boldsymbol{v}_i)$ であるから

$$\boldsymbol{x} \cdot \boldsymbol{y} = x_1 \overline{y_1} + \cdots + x_n \overline{y_n} = f(\boldsymbol{x}) \cdot f(\boldsymbol{y})$$

従って $f$ は計量同型である． □

**系 5.2.8**　$\dim V = \dim W$ なら，計量同型 $f : V \to W$ が存在する．

**注 5.6**　ここで述べたことは，第 1 章 2 節で示したベクトル空間の基底や同型写像の性質が，計量ベクトル空間においてもまったく同様に成り立つことを示している．第 1 章 2 節では，基底を選ぶことと，成分ベクトルを定める同型写像を選ぶことが 1 対 1 に対応することを見た．

$$V \text{ の基底} \quad \Longleftrightarrow \quad \text{同型} \quad \varphi : V \to K^n$$

同じことは，計量ベクトル空間でもいえる．

$$V \text{ の正規直交基底} \quad \Longleftrightarrow \quad \text{計量同型} \quad \varphi : V \to K^n$$

従って，正規直交基底を選べば，成分ベクトルを対応させる同型 $\varphi$ によって，計量ベクトル空間 $V$ の計量を込めたすべての性質は，標準内積を持つユークリッド空間に完全に翻訳されるのである．

計量ベクトル空間 $U$ が二つの部分ベクトル空間の和 $U = U_1 + U_2$ であって，部分ベクトル空間として直交している，つまり

$$\boldsymbol{v}_1 \cdot \boldsymbol{v}_2 = 0, \quad \forall \boldsymbol{v}_1 \in U_1,\ \boldsymbol{v}_2 \in U_2$$

をみたしているとする．このとき容易にわかるように $U_1 \cap U_2 = \{\boldsymbol{o}\}$ であり，従って部分ベクトル空間の和は直和

$$U = U_1 \oplus U_2$$

である．このようなとき，計量ベクトル空間 $U$ は部分計量ベクトル空間 $U_1, U_2$ の直和であるといい，

$$U = U_1 \oplus_{\perp} U_2$$

と表わす．

$V, W$ を二つの計量ベクトル空間とする．ベクトル空間の直和 $V \oplus W$ に内積を

$$(\boldsymbol{x}, \boldsymbol{y}),\ (\boldsymbol{x}', \boldsymbol{y}') \in V \oplus W$$

に対し

$$(\boldsymbol{x}, \boldsymbol{y}) \cdot (\boldsymbol{x}', \boldsymbol{y}') = (\boldsymbol{x} \cdot \boldsymbol{x}') + (\boldsymbol{y} \cdot \boldsymbol{y}')$$

と定めると $V \oplus W$ は計量ベクトル空間である．これも計量ベクトル空間の直和という．$V$ と $W$ は自然に $V \oplus W$ の部分ベクトル空間と考えることができるが，このとき二つの部分ベクトル空間 $V$ と $W$ は明らかに直交している．従って，このような直和は上の意味の直和と同じと考えてよいのである．

$V$ を計量ベクトル空間とし，$S$ を $V$ の部分集合とする．

$$S^{\perp} = \{\boldsymbol{x} \in V;\ \boldsymbol{x} \cdot \boldsymbol{y} = 0,\ \forall \boldsymbol{y} \in S\}$$

と置く．明らかに $S^{\perp}$ は $V$ の部分ベクトル空間である．これを $S$ の**直交補空間**という．

**問 5.7** 部分集合 $S$ で生成された部分ベクトル空間を $< S >$ とする．このとき

$$(S^{\perp})^{\perp} =< S > \quad \text{および} \quad (< S >)^{\perp} = S^{\perp}$$

を示せ．

**問 5.8** $W_1, W_2$ が計量ベクトル空間 $V$ の部分ベクトル空間であるとき，次の関係を示せ．

(1) $(W_1 + W_2)^{\perp} = W_1^{\perp} \cap W_2^{\perp}$

(2) $(W_1 \cap W_2)^{\perp} = W_1^{\perp} + W_2^{\perp}$

**定理 5.2.9** $V$ を計量ベクトル空間，$W$ を部分ベクトル空間とする．このとき

$$V = W \oplus_{\perp} W^{\perp} \quad \text{計量ベクトル空間の直和}$$

**証明** $V$ の正規直交基底 $\{\boldsymbol{v}_1, \ldots, \boldsymbol{v}_n\}$ として，最初の $m$ 個 $\{\boldsymbol{v}_1, \ldots, \boldsymbol{v}_m\}$ が $W$ の正規直交基底となるように選べる．それには系 5.2.6 より，まず $W$ の正規直交基底 $\{\boldsymbol{v}_1, \ldots, \boldsymbol{v}_m\}$ を選び，もう一度系 5.2.6 を用いればよい．このとき，

$$W^{\perp} =< \boldsymbol{v}_{m+1}, \ldots, \boldsymbol{v}_n >$$

であることは容易に確かめられる．これより定理は明らかである． □

**系 5.2.10** $\{\boldsymbol{v}_1, \ldots, \boldsymbol{v}_n\}$，$\{\boldsymbol{v}'_1, \ldots, \boldsymbol{v}'_n\}$ を計量ベクトル空間 $V$ の二つの正規直交基底とする．このとき

$$\boldsymbol{v}'_i = \pm \boldsymbol{v}_i \quad (i < n) \quad \Rightarrow \quad \boldsymbol{v}'_n = \pm \boldsymbol{v}_n$$

証明は容易である．

## 5.3　ユニタリー行列と直交行列

**■双対ベクトル空間**　$V$ は $K$ 上のベクトル空間とする．二つの線形写像 $\alpha, \beta : V \to K$ に対し，それらの和が

$$(\alpha + \beta)(\boldsymbol{v}) = \alpha(\boldsymbol{v}) + \beta(\boldsymbol{v})$$

によって定義され，またスカラー $r \in K$ に対しスカラー倍

$$(r\alpha)(\boldsymbol{v}) = r(\alpha)(\boldsymbol{v})$$

が定義される．これらの和とスカラー倍によって，線形写像たちの集合

$$V^* = \{\alpha : V \to K\}$$

がベクトル空間となることは容易に確かめられる．$V^*$ の元，つまり線形写像 $\alpha : V \to K$ を $V$ の**双対ベクトル**といい，$V^*$ を $V$ の**双対ベクトル空間**という．$\alpha : V \to K$ のような形の線形写像は，一次形式といったり，関数空間などの場合は線形汎関数ということもある．

$f : V \to W$ を二つのベクトル空間の間の線形写像とする．$\beta : W \to K$ を $W$ の双対ベクトルとすると，線形写像の合成

$$\beta \circ f : V \to W \to K$$

は $V$ の双対ベクトルである．$\beta \circ f$ を $f^*(\beta)$ と表わせば，写像

$$f^* : W^* \to V^*$$

が得られる．これが双対ベクトル空間の間の線形写像になっていることは容易に確かめられる．双対ベクトルをスカラーの体への線形写像とみたとき

$$f^*(\beta)(\boldsymbol{v}) = \beta(f(\boldsymbol{v})) \qquad (\boldsymbol{v} \in V)$$

であることは定義から直ちにわかる．

ここで大事なことは，線形写像たちを個々に考えるのではなく，まとめて一つの集合として考えるところにある．そのとき，まず，その集合が再びベクトル空間になっており，従ってベクトル空間の色々な理論を適用することができ，また以下に述べる双対性の考えによってベクトルと線形写像を同時に扱うことが可能になるのである．

**例題 5.1** $V$ はベクトル空間，$W$ は部分ベクトル空間とする．$V$ の双対ベクトル $\alpha : V \to K$ に対し，$W$ 上への制限 $\alpha|_W : W \to K$ は $W$ の双対ベクトルである．これにより線形写像 $\varphi : V^* \to W^*$ が定まる．この写像 $\varphi$ は全射である．

**解答** ベクトル空間 $V$ の基底 $\{\boldsymbol{v}_1, \ldots, \boldsymbol{v}_n\}$ として，最初の $\boldsymbol{v}_1, \ldots, \boldsymbol{v}_m$ が $W$ の基底となるように取る（系 1.2.10）．$W^*$ の任意の元 $\beta : W \to K$ に対し，$\alpha : V \to K$ として

$$\alpha(\boldsymbol{v}_i) = \beta(\boldsymbol{v}_i) \quad (i \leq m), \qquad \alpha(\boldsymbol{v}_i) = \boldsymbol{o} \quad (m+1 \leq i \leq n)$$

と置けば $\varphi(\alpha) = \beta$ である．

**例 5.5** $P_n$ を $n$ 次以下の実係数多項式たちのなすベクトル空間とする．次の例はいずれも $P_n$ の双対ベクトルである．

(1) $\boldsymbol{R} \ni a$ に対し，$\alpha_a(f) = f(a)$ で定義される $\alpha_a : P_n \to \boldsymbol{R}$

(2) $\boldsymbol{R} \ni a, b$ に対し，$\beta_{a,b}(f) = \int_a^b f(x)dx$ で定義される $\beta_{a,b} : P_n \to \boldsymbol{R}$

(3) $0 \leq i \leq n$ に対し，多項式の $i$ 次の係数を対応させる写像 $\gamma_i : P_n \to \boldsymbol{R}$

**定理 5.3.1** $\{\boldsymbol{v}_1, \ldots, \boldsymbol{v}_n\}$ を $V$ の基底とする．このとき

$$\boldsymbol{v}_i^*(a_1\boldsymbol{v}_1 + \cdots + a_n\boldsymbol{v}_n) = a_i$$

つまり，$\boldsymbol{v}_i^*(\boldsymbol{v}_j) = \delta_{ij}$ で定まる $V$ の双対ベクトル $\{\boldsymbol{v}_1^*, \ldots, \boldsymbol{v}_n^*\}$ たちは $V^*$ の基底である．これを $\{\boldsymbol{v}_1, \ldots, \boldsymbol{v}_n\}$ の**双対基底**という．特に $\dim V = \dim V^*$ である．

**証明** $\alpha \in V^*$ を双対ベクトルとする．$a_i = \alpha(\boldsymbol{v}_i)$ とおくと

$$(\textstyle\sum a_i \boldsymbol{v}_i^*)(\boldsymbol{v}_j) = a_j = \alpha(\boldsymbol{v}_j)$$

だから，$\alpha = \sum a_i \boldsymbol{v}_i^*$，つまり，$\boldsymbol{v}_i^*$ たちは $V^*$ を生成する．また，線形関係式 $\sum a_i \boldsymbol{v}_i^* = \boldsymbol{o}$ があれば，$\boldsymbol{v}_i$ での値を見ればわかるように，すべての $i$ に対し $a_i = 0$ だから，$\boldsymbol{v}_i^*$ たちは線形独立である． □

さて，双対という言葉の意味を考えてみよう．$V$ と $V^*$ を平等に見るため，$\Phi(\boldsymbol{v}, \alpha) = \alpha(\boldsymbol{v})$ で定義される写像

$$\Phi : V \times V^* \to \boldsymbol{K}$$

を考える．$\alpha$ を固定すれば，これは $V$ から $K$ への線形写像 $\alpha$ を考えることに他ならないが，逆に $\boldsymbol{v} \in V$ を固定すれば，これは線形写像 $V^* \to K$，つま

り $V^*$ の双対ベクトルを定める．従って $\lambda(\boldsymbol{v})(\alpha)=\alpha(\boldsymbol{v})$ によって定義される写像

$$\lambda : V \to (V^*)^*$$

が得られる．これは線形写像であることは容易にわかるが，さらに次の定理が成り立つ．

**定理 5.3.2** $\lambda : V \to (V^*)^*$ はベクトル空間の同型写像である．

**証明** すぐ前の定理よりベクトル空間 $V$ と $(V^*)^*$ の次元は等しいことがわかる．従って $\lambda$ が同型であることを示すには単射であることをいえばよいが，$\lambda(\boldsymbol{v})=\boldsymbol{o}$ とすると，定義より $\alpha(\boldsymbol{v})=0$ がすべての $\alpha$ に対し成り立つ．これは明らかに $\boldsymbol{v}=\boldsymbol{o}$ を導く． □

この定理より，$V^*$ の双対ベクトル空間は元のベクトル空間 $V$ であると考えてよい．この意味で $V$ と $V^*$ は双対の関係にあるというのである．さて，ここまでは体 $K$ はどんな体でもよいのであるが，ここからは体は $\boldsymbol{C}$ または $\boldsymbol{R}$ とし，ベクトル空間 $V$ は計量ベクトル空間であるとする．また，以下の議論で実ベクトル空間の場合は複素ベクトル空間と同様であるから，複素ベクトル空間の場合について考える．

$V$ は複素計量ベクトル空間とする．ベクトル $V \ni \boldsymbol{v}$ が与えられたとき，

$$\alpha_{\boldsymbol{v}}(\boldsymbol{x})=\boldsymbol{x}\cdot\boldsymbol{v}$$

によって定まる写像 $\alpha_{\boldsymbol{v}} : V \to K$ は線形写像，つまり，$V$ の一つの双対ベクトルである．そこで $\gamma(\boldsymbol{v})=\alpha_{\boldsymbol{v}}$ によって定まる写像

$$\gamma : V \to V^*$$

を考えよう．

**補題 5.3.3** 二つのベクトル $\boldsymbol{v}, \boldsymbol{w} \in V$ に対して

$$\gamma(\boldsymbol{v}+\boldsymbol{w})=\gamma(\boldsymbol{v})+\gamma(\boldsymbol{w})$$

が成り立つ．また複素数 $a \in \boldsymbol{C}$ に対し

$$\gamma(a\boldsymbol{v})=\bar{a}\gamma(\boldsymbol{v})$$

が成り立つ．

**証明**　前半は容易にわかる．後半についても，定義よりベクトル $\boldsymbol{x} \in V$ に対し

$$\gamma(a\boldsymbol{v})(\boldsymbol{x}) = \boldsymbol{x} \cdot (a\boldsymbol{v}) = \bar{a}(\boldsymbol{x} \cdot \boldsymbol{v}) = \bar{a}\gamma(\boldsymbol{v})(\boldsymbol{x})$$

である．□

上の補題より，複素ベクトル空間 $V, V^*$ を実ベクトル空間と考えれば $\gamma$ は線形写像である．このとき

**命題 5.3.4**　$\gamma : V \to V^*$ は実ベクトル空間の同型写像である．

**証明**　$V, V^*$ は複素ベクトル空間として次元が等しい（定理 5.3.1 ）ので，実ベクトル空間としてもそうである．従って $\gamma$ が単射であることをいえばよい（系 1.3.9）．$\gamma(\boldsymbol{v}) = \boldsymbol{o}$ とすれば定義より，$\boldsymbol{x} \cdot \boldsymbol{v} = 0$ がすべての $\boldsymbol{x}$ に対し成り立つが，特に $\boldsymbol{x} = \boldsymbol{v}$ の場合よりわかる通り，$\boldsymbol{v} = \boldsymbol{o}$ となる．□

**■随伴写像**　$V, W$ は複素計量ベクトル空間とする．命題 5.3.4 の同型写像を区別するため，それぞれ

$$\gamma_V : V \to V^*, \quad \gamma_W : W \to W^*$$

と表わす．線形写像

$$f : V \to W$$

が与えられたとき，写像の合成 $(\gamma_V)^{-1} \circ f^* \circ \gamma_W$ を

$$\mathrm{Ad}(f) : W \to V$$

と表わし，$f$ の**随伴写像**と呼ぶ．次の図式を考えよう．

$$\begin{array}{ccc} W & \xrightarrow{\mathrm{Ad}(f)} & V \\ \downarrow \gamma_W & & \downarrow \gamma_V \\ W^* & \xrightarrow{f^*} & V^* \end{array}$$

定義より

$$\mathrm{Ad}(f) = (\gamma_V)^{-1} \circ f^* \circ \gamma_W$$

であるが，これは

$$\gamma_V \circ \mathrm{Ad}(f) = f^* \circ \gamma_W$$

と同値であり，上の図式は可換になっている．言い換えると $\mathrm{Ad}(f)$ は上の図式が可換になるような写像であると定義してもよいのである．

**定理 5.3.5** $f : V \to W$ は複素ベクトル空間の間の線形写像とする．このとき $\mathrm{Ad}(f) : W \to V$ は複素ベクトル空間の線形写像であって，すべてのベクトル $\boldsymbol{v} \in V, \boldsymbol{w} \in W$ に対し，内積についての等式

$$f(\boldsymbol{v}) \cdot \boldsymbol{w} = \boldsymbol{v} \cdot \mathrm{Ad}(f)(\boldsymbol{w})$$

が成り立つ．また，$\mathrm{Ad}(f)$ は次の意味で一意的である．線形写像 $g : W \to V$ が，すべてのベクトル $\boldsymbol{v} \in V, \boldsymbol{w} \in W$ に対し

$$f(\boldsymbol{v}) \cdot \boldsymbol{w} = \boldsymbol{v} \cdot g(\boldsymbol{w})$$

をみたすならば $g = \mathrm{Ad}(f)$ である．

**証明**　$\gamma_V, \gamma_W$ はともに複素数 $a$ 倍を $\bar{a}$ 倍に変えるが，$\mathrm{Ad}(f)$ はこれを二度繰り返すので複素線形写像である．次にベクトル $\boldsymbol{w} \in W$ に対し上の図式の可換性より

$$\gamma_V(\mathrm{Ad}(f)(\boldsymbol{w})) = f^*(\gamma_W(\boldsymbol{w}))$$

である．これは $V$ の双対ベクトルとしての等式であるから，ベクトル $\boldsymbol{v} \in V$ での値についても等式

$$\gamma_V(\mathrm{Ad}(f)(\boldsymbol{w}))(\boldsymbol{v}) = f^*(\gamma_W(\boldsymbol{w}))(\boldsymbol{v})$$

が得られる．定義に戻って考えれば左辺は

$$\gamma_V(\mathrm{Ad}(f)(\boldsymbol{w}))(\boldsymbol{v}) = \boldsymbol{v} \cdot \mathrm{Ad}(f)(\boldsymbol{w})$$

であり，右辺は $f(\boldsymbol{v}) \cdot \boldsymbol{w}$ である．最後に一意性については，仮定よりすべてのベクトル $\boldsymbol{v} \in V, \boldsymbol{w} \in W$ に対し

$$\boldsymbol{v} \cdot g(\boldsymbol{w}) = \boldsymbol{v} \cdot \mathrm{Ad}(f)(\boldsymbol{w})$$

である．従って $\boldsymbol{v} \cdot (\mathrm{Ad}(f) - g)(\boldsymbol{w}) = 0$ である．特に $\boldsymbol{v} = (\mathrm{Ad}(f) - g)(\boldsymbol{w})$ とおいてわかるようにすべての $\boldsymbol{w}$ に対し $(\mathrm{Ad}(f) - g)(\boldsymbol{w}) = \boldsymbol{o}$ が成り立ち，従って $\mathrm{Ad}(f) = g$ である．□

**補題 5.3.6**　$\mathrm{Ad}(\mathrm{Ad}(f)) = f$

**証明**　任意の $\boldsymbol{v} \in V, \boldsymbol{w} \in W$ に対して次の等式が成り立つから上と同様の議論により補題が示される．

$$
\begin{aligned}
f(\boldsymbol{v}) \cdot \boldsymbol{w} = \boldsymbol{v} \cdot \mathrm{Ad}(f)(\boldsymbol{w}) &= \overline{\mathrm{Ad}(f)(\boldsymbol{w}) \cdot \boldsymbol{v}} \\
&= \overline{\boldsymbol{w} \cdot \mathrm{Ad}(\mathrm{Ad}(f))(\boldsymbol{v})} = \mathrm{Ad}(\mathrm{Ad}(f))(\boldsymbol{v}) \cdot \boldsymbol{w}
\end{aligned}
$$

□

**定理 5.3.7** $V, W$ は計量ベクトル空間，$f : V \to W$ は線形写像とする．このとき次の直交する直和分解が得られる．

$$V = \mathrm{Ker}\, f \oplus \mathrm{Im}\, \mathrm{Ad}(f)$$

**証明** まず，$V$ の二つの部分ベクトル空間 $\mathrm{Ker}\, f$ と $\mathrm{Im}\, \mathrm{Ad}(f)$ が直交していることを示す．実際，$\boldsymbol{v} \in \mathrm{Ker}\, f$ と $\mathrm{Ad}(f)(\boldsymbol{w})$ に対し，

$$\boldsymbol{v} \cdot \mathrm{Ad}(f)(\boldsymbol{w}) = f(\boldsymbol{v}) \cdot \boldsymbol{w} = \boldsymbol{o} \cdot \boldsymbol{w} = 0$$

である．従って $\mathrm{Ker}\, f \cap \mathrm{Im}\, \mathrm{Ad}(f) = \{\boldsymbol{o}\}$ であり，次元について次の不等式が得られる．

$$\dim V \geq \dim(\mathrm{Ker}\, f) + \dim(\mathrm{Im}\, \mathrm{Ad}(f))$$

定理を示すにはこれが等号であることをいえばよいが，一方，$\mathrm{Ad}(\mathrm{Ad}(f)) = f$ を用い，同じことを $\mathrm{Ad}(f)$ に適用すれば

$$\dim W \geq \dim(\mathrm{Ker}\, \mathrm{Ad}(f)) + \dim(\mathrm{Im}\, f)$$

である．この二つの不等式を辺々加えると次元公式より等号になる．従ってそれぞれの不等式は等式でなければならない． □

**定理 5.3.8** $V, W$ は計量ベクトル空間，$f : V \to W$ は線形写像とする．このとき次が成り立つ．

$$f \text{ は内積を保つ} \iff \mathrm{Ad}(f) \circ f = id_V$$

証明は定義に従えば容易に得られる．

複素 $(m, n)$ 行列 $A$ を線形写像 $A : \boldsymbol{C}^n \to \boldsymbol{C}^m$ と考える．$A$ の転置行列の複素共役 $\overline{{}^tA} = {}^t\bar{A}$ を $A$ の**随伴行列**といい，$A^*$ と表わす．$A^*$ は線形写像 $\boldsymbol{C}^m \to \boldsymbol{C}^n$ と考えることができる．$A$ が実行列のときはその随伴行列は $A$ の転置行列に他ならないことに注意する．

**定理 5.3.9** $A$ を複素 $(m,n)$ 行列とする．線形写像 $A: \boldsymbol{C}^n \to \boldsymbol{C}^m$ に対し，その随伴写像は随伴行列 $A^*$ で与えられる．

**証明** 次の等式より明らかである．

$$A\boldsymbol{x}\cdot\boldsymbol{y} = {}^t(A\boldsymbol{x})\overline{\boldsymbol{y}} = ({}^t\boldsymbol{x}\,{}^tA)\overline{\boldsymbol{y}} = {}^t\boldsymbol{x}({}^tA\overline{\boldsymbol{y}}) = {}^t\boldsymbol{x}\cdot(A^*\boldsymbol{y})$$

□

**問 5.9** $A$ は $n$ 次複素正方行列，$\lambda$ は $A$ の固有値とする．このとき共役複素数 $\bar{\lambda}$ は $A$ の随伴行列 $A^* = {}^t\bar{A}$ の固有値であることを示せ．

**定理 5.3.10** $n$ 次複素正方行列 $A$ について次の五つの条件は互いに同値である．

(1) 線形写像 $A: \boldsymbol{C}^n \to \boldsymbol{C}^n$ は計量同型である．

(2) $A^*A = E_n$

(3) $A$ の列ベクトルたちは $\boldsymbol{C}^n$ の正規直交基底をなす．

(4) $AA^* = E_n$

(5) $A$ の行ベクトルたちは $\boldsymbol{C}^n$ の正規直交基底をなす．

**証明** (1) $\Longleftrightarrow$ (2) は上の定理より明らかである．また，定理 2.1.9 から条件 (2)，(4) は共に $A^*$ が $A$ の逆行列であることをいっているから同値である．(1) $\Longleftrightarrow$ (3) は定理 5.2.7 から明らかである．最後に，(4) であることと $A^*$ が計量同型であることは同値だから，$A^*$ の列ベクトルが正規直交基底をなすことと同値である．これは $A$ の行ベクトルの複素共役であり，従って $A$ の行ベクトルが正規直交基底をなすことと同値であることは容易にわかる． □

この定理において，$A$ が実正方行列の場合を考えると次の定理が得られる．

**定理 5.3.11** $n$ 次実正方行列 $A$ について次の五つの条件は互いに同値である．

(1) 線形写像 $A: \boldsymbol{R}^n \to \boldsymbol{R}^n$ は計量同型である．

(2) ${}^tAA = E_n$

(3) $A$ の列ベクトルたちは $\boldsymbol{R}^n$ の正規直交基底をなす．

(4) $A\,{}^t\!A = E_n$

(5) $A$ の行ベクトルたちは $\boldsymbol{R}^n$ の正規直交基底をなす．

上の定理 5.3.10 のいずれかの条件をみたす $n$ 次複素正方行列 $A$ を $n$ 次**ユニタリー行列**という．また，実行列 $A$ が定理 5.3.11 のいずれかの条件をみたすときは $n$ 次**直交行列**という．

**例題 5.2** 任意の $n$ 次複素正則行列 $A$ はユニタリー行列 $U$ と上三角行列 $T$ の積 $A = UT$ に表わすことができる．同様に任意の $n$ 次実正則行列 $A$ は直交行列 $O$ と上三角実行列 $T$ の積 $A = OT$ に表わすことができる．

**解答** これは Schmidt の直交化の言い換えである．行列 $A$ の列ベクトルを $\boldsymbol{a}_1, \ldots, \boldsymbol{a}_n$ とし，これから Schmidt の直交化で得られた正規直交基底を $\boldsymbol{v}_1, \ldots, \boldsymbol{v}_n$ とする．定理 5.2.5 の (2) の条件から

$$(\boldsymbol{v}_1, \ldots, \boldsymbol{v}_n) = (\boldsymbol{a}_1, \ldots, \boldsymbol{a}_n)T'$$

によって定まる行列 $T'$ は上三角行列である．$T'$ の逆行列を右から掛ければ求める結果を得る．

さて計量ベクトル空間での線形変換の標準形を考える際には，基底の取替えは正規直交基底たちの中で行わなければならない．言い換えると行列の変形

$$A \longrightarrow P^{-1}AP$$

において，正則行列 $P$ がユニタリー行列あるいは直交行列に取れなければならない．そこで，そのような標準化が可能であるような行列として正規行列を考えよう．

$n$ 次複素正方行列 $A$ が $AA^* = A^*A$ をみたすとき**正規行列**という．特に $A = A^*$ のとき，$A$ を **Hermite**（エルミート）**行列**（自己随伴行列ということもある）という．$A$ が実正方行列のときは，$A\,{}^t\!A = {}^t\!AA$ のとき正規行列である．また， Hermite 行列が実行列，つまり，${}^t\!A = A$ のとき $A$ を**対称行列**という．

**例 5.6** ユニタリー行列あるいは直交行列は定義より明らかに正規行列である．$A^* = -A$ をみたす複素行列は**歪 Hermite 行列**と呼ぶ．歪 Hermite 行列 $A$ が実行列のときは，${}^t\!A = -A$ であって，**交代行列**と呼ぶ．

**定理 5.3.12** $n$ 次複素正方行列 $A$ が正規であるための必要十分条件は，適当な $n$ 次ユニタリー行列 $U$ によって $U^{-1}AU$ が対角行列にできることである．

**証明** まず，$A$ が正規であれば，ユニタリー行列によって対角化できることを示そう．$\lambda$ を $A$ の一つの固有値，$W_\lambda$ をその固有ベクトル空間とする．$B = A - \lambda E_n$ と置き，線形変換 $B : \boldsymbol{C}^n \to \boldsymbol{C}^n$ を考える．このとき定理 5.3.7 より，直交する直和分解

$$\boldsymbol{C}^n = \mathrm{Ker}\ B \oplus_\perp \mathrm{Im}\ B^*$$

が得られる．定義より $\mathrm{Ker}\ B = W_\lambda$ である．$AA^* = A^*A$ より，

$$AB^* = A(A - \lambda E_n)^* = (A - \lambda E_n)^* A = B^* A$$

が成り立つ．$\mathrm{Im}\ B^*$ のベクトル $B^*\boldsymbol{v}$ に対し，$AB^*\boldsymbol{v} = B^*A\boldsymbol{v}$ だから $A\boldsymbol{v} \in \mathrm{Im}\ B^*$ となり，$\mathrm{Im}\ B^*$ は $A$-不変であることがわかる．従って上の直和分解は $A$ 不変な部分ベクトル空間による直和分解である．$\mathrm{Im}\ B^*$ 上では，$\lambda$ が $A$ の固有値にならないことも容易にわかる．従って $\mathrm{Im}\ B^*$ 上で同じ議論を繰り返せば，$\boldsymbol{C}^n$ は固有ベクトル空間たちの互いに直交する直和

$$\boldsymbol{C}^n = W_{\lambda_1} \oplus \cdots \oplus W_{\lambda_k}$$

になることがわかる．各固有ベクトル空間の正規直交基底を集めれば $\boldsymbol{C}^n$ の正規直交基底が得られるが，このとき基底の変換の行列はユニタリー行列であり，この基底による行列表示が対角行列であることは明らかである．

逆に，ユニタリー行列 $U$ があって $U^{-1}AU = D$ が対角行列になるとする．このとき $A = UDU^{-1} = UDU^*$ である．対角行列は正規であるから

$$AA^* = (UDU^*)(UDU^*)^* = UDD^*U^* = UD^*DU^* = A^*A$$

が成り立つ． □

**問 5.10** 二次正方行列 $A$ で，半単純（正則行列によって対角化可能）であるが，正規ではない例を挙げよ．

上の定理を少し別の見方で考えよう．$V$ は複素計量ベクトル空間，$W$ はその部分ベクトル空間とする．$W$ の直交補空間を $W^\perp$ とすると直和分解 $V = W \oplus W^\perp$ が得られる．$V$ のベクトル $\boldsymbol{v}$ は

$$\boldsymbol{v} = \boldsymbol{w} + \boldsymbol{w}' \qquad (\boldsymbol{w} \in W,\ \boldsymbol{w}' \in W^\perp)$$

の形に一意的に表わされるので，$V$ の線形変換

$$P_W : V \to V$$

を $P_W(\boldsymbol{v}) = \boldsymbol{w}$ と定義し，これを部分ベクトル空間 $W$ への直交射影，あるいは**射影作用素**と呼ぶ．

**定理 5.3.13** $A$ は $n$ 次正規行列とする．$\lambda_1, \ldots, \lambda_k$ を $A$ の相異なるすべての固有値とし，$P_{\lambda_i}$ を $\lambda_i$ の固有ベクトル空間 $W_{\lambda_i}$ への射影作用素とする．このとき

$$A = \lambda_1 P_{\lambda_1} + \cdots + \lambda_k P_{\lambda_k}$$

が成り立つ．これを行列 $A$ の**スペクトル分解**という．

**証明** 前の定理の証明のように，$A$ の固有ベクトル空間たちによる互いに直交する直和分解

$$\boldsymbol{C}^n = W_{\lambda_1} \oplus \cdots \oplus W_{\lambda_k}$$

が得られる．上の線形変換

$$\lambda_1 P_{\lambda_1} + \cdots + \lambda_k P_{\lambda_k}$$

を固有ベクトル $W_{\lambda_i}$ に制限すれば，$\lambda_i$ 倍写像であることは明らかである．$A$ 自身も同じ性質を持つから定理が示される． □

**例 5.7** 複素対称行列 $A$ は一般に正規行列ではない．例えば $A = \begin{pmatrix} 2 & i \\ i & 0 \end{pmatrix}$ は $A^*A \neq AA^*$ である．従ってユニタリー行列で対角化できないが，さらに最小多項式は $(x-1)^2$ だから正則行列によっても対角化できない．

**例題 5.3** $A$ が正規行列であるための必要十分条件は，任意のベクトル $\boldsymbol{x}$ に対し，$||A\boldsymbol{x}|| = ||A^*\boldsymbol{x}||$ となることであることを示せ．

**解答** 実行列の場合を示す．複素行列の場合も同様である．定理 5.1.4 より

$$\boldsymbol{x} \cdot \boldsymbol{y} = \frac{1}{2}(||\boldsymbol{x}+\boldsymbol{y}||^2 - ||\boldsymbol{x}||^2 - ||\boldsymbol{y}||^2)$$

が成り立つ．任意のベクトル $\boldsymbol{x}$ に対し $||A\boldsymbol{x}|| = ||A^*\boldsymbol{x}||$ が成り立つとする．このとき

$$\begin{aligned}(A\boldsymbol{x}) \cdot (A\boldsymbol{y}) &= \frac{1}{2}(||A(\boldsymbol{x}+\boldsymbol{y})||^2 - ||A\boldsymbol{x}||^2 - ||A\boldsymbol{y}||^2) \\ &= \frac{1}{2}(||A^*(\boldsymbol{x}+\boldsymbol{y})||^2 - ||A^*\boldsymbol{x}||^2 - ||A^*\boldsymbol{y}||^2) \\ &= (A^*\boldsymbol{x}) \cdot (A^*\boldsymbol{y})\end{aligned}$$

が成り立つ，従って $\boldsymbol{x} \cdot (A^*A\boldsymbol{y}) = \boldsymbol{x} \cdot (AA^*\boldsymbol{y})$ がすべての $\boldsymbol{x}$，$\boldsymbol{y}$ について成り立つが，これは $A^*A = AA^*$ を導く．逆は容易である．

**例題 5.4** $P$ は複素計量ベクトル空間 $V$ の線形変換とする．$P$ がある部分ベクトル空間 $W$ への直交射影であるための必要十分条件は次の三つの性質が成り立つことである．

$$P \circ P = P, \quad \mathrm{Ad}(P) = P, \quad \mathrm{Im}(P) = W$$

**解答** $V = W \oplus_{\perp} W^{\perp}$ を直交分解とする．まず $P$ が上の三つの性質をみたすとする．$V$ の正規直交基底による $P$ の行列表示を $A$ とすると，$A$ は $A^2 = A, A^* = A, \mathrm{Im}\, A = W$ をみたす．従って必要なら正規直交基底を取り替えれば，$A$ は対角行列で，$A^2 = A$ からわかるように固有値は 0 か 1 である．このような写像は明らかに $W$ への直交射影である．逆も同様に示される．

**問 5.11** $A$ は $n$ 次正規行列とする．上の定理の射影作用素 $P_{\lambda_i}$ は次の式で与えられる．

$$P_{\lambda_i} = \frac{\prod_{j \neq i}(A - \lambda_j E)}{\prod_{j \neq i}(\lambda_i - \lambda_j)}$$

**定理 5.3.14** $A$ は正規行列とする．このとき次が成り立つ．

(1) $A$ はユニタリー行列 $\iff$ $A$ の固有値の絶対値はすべて 1

(2) $A$ は Hermite 行列 $\iff$ $A$ の固有値はすべて実数

**証明** 正規行列 $A$ のユニタリー行列 $U$ による変換 $U^{-1}AU$ により，$A$ がユニタリー，あるいは Hermite であるという性質は保たれる．従って $A$ は対角型と仮定してよい．このとき定理は明らかである． □

**問 5.12** 任意の複素正方行列 $X$ は二つの Hermite 行列 $A$, $B$ により $X = A + iB$ の形に一意的に表わされることを示せ．またこのとき，$X$ が正規行列であるための必要十分条件は $AB = BA$ であることを示せ．ただし $i$ は虚数単位である．

**問 5.13** 「正規行列 $A$ が歪 Hermite 行列 $\iff$ 固有値はすべて純虚数」を示せ．

実行列が正規行列の場合，上の事柄からユニタリー行列によって対角化可能であるが，実行列の範囲内，つまり**直交行列によって対角化**できるかを考える．定理 5.3.12 の証明において，$W_\lambda$ を正規行列 $A$ の固有ベクトル空間とするとき，$W_\lambda$ の直交補空間が $A$-不変となることがポイントであった．$A$ が実行列であって，固有値 $\lambda$ が実数であれば，その議論は実ベクトル空間においても成り立つ．実対称行列は Hermite 行列だから，固有値はすべて実数，従って次の定理が得られる．

**定理 5.3.15** $A$ は実対称行列とする．このとき，$T^{-1}AT$ が対角行列となるような直交行列 $T$ が存在する．

この節の最後に直交行列について考えよう．定理 5.3.12 からわかるようにユニタリー行列で変形すれば直交行列も対角化可能であるが，直交行列の固有値は一般に実数でないから，実ベクトル空間の線形変換としては対角化可能ではない．

**定理 5.3.16** $A$ は直交行列とする．このとき，直交行列 $T$ が存在し，$T^{-1}AT$ は次の形の行列にできる．(これを直交行列の標準形という)

$$\begin{pmatrix} D & 0 & \dots & 0 \\ 0 & R_1 & \ddots & \vdots \\ \vdots & \ddots & \ddots & 0 \\ 0 & \dots & 0 & R_k \end{pmatrix}$$

ただし，$D$ は対角成分が 1 または $-1$ の対角行列，また，$R_i$ は回転を表わす $2\times 2$ 行列 $\begin{pmatrix} \cos\theta_i & -\sin\theta_i \\ \sin\theta_i & \cos\theta_i \end{pmatrix}$ である．

**証明** $A$ は実行列だから固有方程式は実係数，従って，その解である固有値は実数であるか，または共役な複素数の対で現われる．また，$A$ は直交行列だから，定理 5.3.14 から固有値の絶対値は 1 ，従って固有値は 1, $-1$ あるいは $\cos\theta \pm i\sin\theta$ の形である．

定理 5.3.12 の証明からわかるように，$A$ を複素ベクトル空間の線形変換と考えれば各固有ベクトル空間の直和に分かれ，上に述べたように固有値が実数であればその固有ベクトル空間は実ベクトル空間において存在するから，定理における標準形の $D$ の部分が示される．

さて，$\lambda = \cos\theta + i\sin\theta$ を $A$ の複素固有値，$\boldsymbol{w}$ を複素ベクトル空間 $\boldsymbol{C}^n$ における固有ベクトル，つまり $A\boldsymbol{w} = \lambda\boldsymbol{w}$ が成り立つとする．これの複素共役を取れば $A$ が実行列だから，

$$A\overline{\boldsymbol{w}} = \overline{A\boldsymbol{w}} = \overline{\lambda\boldsymbol{w}} = \overline{\lambda}\,\overline{\boldsymbol{w}}$$

である．つまり $\overline{\boldsymbol{w}}$ が固有ベクトルで $\overline{\lambda} = \cos\theta - i\sin\theta$ がその固有値である．$A$ を複素行列と見れば，定理 5.3.12 より固有ベクトルからなる正規直交基底

が取れるのであるが，複素固有値に対応する基底のベクトルとしては，上のように $\boldsymbol{w}$ と $\overline{\boldsymbol{w}}$ の対の形で取れることに注意する．

$\boldsymbol{w}$ を実ベクトルを用いて，$\boldsymbol{w}=\boldsymbol{u}+i\boldsymbol{v}$ と表わすことができる．このとき，$A$ が実行列であることに注意すると，$A\boldsymbol{w}=(\cos\theta+i\sin\theta)\boldsymbol{w}$ から

$$A\boldsymbol{u}+iA\boldsymbol{v}=(\cos\theta\,\boldsymbol{u}-\sin\theta\,\boldsymbol{v})+i(\sin\theta\,\boldsymbol{u}+\cos\theta\,\boldsymbol{v})$$

が得られ，実部，虚部の等式から実ベクトルの関係式

$$A(\boldsymbol{u},\,\boldsymbol{v})=(\boldsymbol{u},\,\boldsymbol{v})\begin{pmatrix}\cos\theta & \sin\theta\\ -\sin\theta & \cos\theta\end{pmatrix}$$

が得られる．一方 $\overline{\boldsymbol{w}}=\boldsymbol{u}-i\boldsymbol{v}$ だから，$\boldsymbol{u}$, $\boldsymbol{v}$ を逆に解いて

$$\boldsymbol{u}=\frac{\boldsymbol{w}+\overline{\boldsymbol{w}}}{2},\quad \boldsymbol{v}=\frac{\boldsymbol{w}-\overline{\boldsymbol{w}}}{2i}$$

である．$\boldsymbol{w}$, $\overline{\boldsymbol{w}}$ は直交していて長さはともに 1 だから，$\boldsymbol{u}$ と $\boldsymbol{v}$ も直交しており，長さは $1/\sqrt{2}$ である．従って正規直交基底として，各 $\boldsymbol{w}$, $\overline{\boldsymbol{w}}$ の代わりに $\sqrt{2}\boldsymbol{u}$, $\sqrt{2}\boldsymbol{v}$ を取ることができるが，上のように $\sqrt{2}\boldsymbol{u}$, $\sqrt{2}\boldsymbol{v}$ 上では $A$ は $\theta$ だけの回転を表わす行列になっている．複素固有ベクトルの上のような対 $\boldsymbol{w}$, $\overline{\boldsymbol{w}}$ ごとにこのような基底の取替えをすれば，$A$ の行列表示は求める形である． □

直交行列 $A$ は ${}^tAA=E$ であるから $\det A=\pm1$ である．$\det A=1$ の直交行列は一般に回転と呼ばれる．それはこのとき上の定理より次が成立つからである．

**系 5.3.17** $A$ は $n$ 次直交行列で $\det A=1$ とする．このとき直交行列 $T$ が存在し，$T^{-1}AT$ は次の形の行列にできる．

$$\begin{pmatrix}1 & 0 & \dots & 0\\ 0 & R_1 & \ddots & \vdots\\ \vdots & \ddots & \ddots & 0\\ 0 & \dots & 0 & R_k\end{pmatrix}\quad(n=2k+1),\qquad \begin{pmatrix}R_1 & 0 & \dots & 0\\ 0 & R_2 & \ddots & \vdots\\ \vdots & \ddots & \ddots & 0\\ 0 & \dots & 0 & R_k\end{pmatrix}\quad(n=2k)$$

**証明** $\det A=1$ だから，定理 5.3.16 における対角行列 $D$ は $-1$ は偶数個現われる．行列 $\begin{pmatrix}1 & 0\\ 0 & 1\end{pmatrix}$ および $\begin{pmatrix}-1 & 0\\ 0 & -1\end{pmatrix}$ はともに $0, \pi$ の回転であるから定理 5.3.16 における $R_i$ に含めれば求める結果を得る． □

**例 5.8** $\boldsymbol{R}^n$ の長さ 1 のベクトル $\boldsymbol{a}$ が与えられたとする．このとき $n$ 次正方行列 $D_{\boldsymbol{a}}$ を

$$D_{\boldsymbol{a}}(\boldsymbol{v}) = \begin{cases} -\boldsymbol{v} & ; \boldsymbol{v} = \boldsymbol{a} \text{ のとき} \\ \boldsymbol{v} & ; \boldsymbol{v} \text{ が } \boldsymbol{a} \text{ と直交するとき} \end{cases}$$

によって定めることができる．このような行列を $\boldsymbol{a}$ 方向の**反射行列**と呼ぶ．ベクトル $\boldsymbol{a}$ を $(n,1)$ 行列，その転置 ${}^t\boldsymbol{a}$ を $(1,n)$ 行列と考えると行列の積 $\boldsymbol{a}\,{}^t\boldsymbol{a}$ は $n$ 次正方行列である．$\boldsymbol{a} = {}^t(a_1, \ldots, a_n)$ とすると上の行列は成分で表わせば $\boldsymbol{a}\,{}^t\boldsymbol{a} = (a_i a_j)$ である．このとき

$$D_{\boldsymbol{a}} = E - 2\,\boldsymbol{a}\,{}^t\boldsymbol{a}$$

であることは容易に確かめられる．$D_{\boldsymbol{a}}$ は ベクトル $\boldsymbol{a}$ を含むような正規直交基底を正規直交基底に写すので直交行列である．$T$ を直交行列とすると，$T^{-1}D_{\boldsymbol{a}}T = D_{T^{-1}\boldsymbol{a}}$ であることも直ちに確かめられる．逆に任意の $n$ 次直交行列 $A$ はいくつかの反射行列の積に表わすことができることを示そう．

まず，$A$ が定理 5.3.16 の標準形をしている場合を考えよう．容易にわかるように，対角行列部分の $D$ はいくつかの反射行列の合成である．残りはいくつかの二次元平面での回転たちの直和であるが，よく知られているように二次元平面での回転は二つの反射行列の合成で表わせるから，全体としてもいくつかの反射行列の合成となる．一般の直交行列 $A$ については上の定理 5.3.16 より直交行列 $T$ が存在して $T^{-1}AT$ が標準形にできるので，上より $T^{-1}AT = D_{\boldsymbol{a}_1} \cdots D_{\boldsymbol{a}_s}$ と表わせる．このとき，$A = (TD_{\boldsymbol{a}_1}T^{-1}) \cdots (TD_{\boldsymbol{a}_s}T^{-1})$ はやはり反射行列の合成である．

**例 5.9** 複素正方行列についても同様の反射行列を定義できる．$\boldsymbol{C}^n$ の長さ 1 のベクトル $\boldsymbol{a}$ と，絶対値は 1 で，1 とは異なる複素数 $\lambda$ が与えられたとする．このとき $n$ 次正方行列 $A$ を

$$A\boldsymbol{v} = \begin{cases} \lambda\boldsymbol{v} & ; \boldsymbol{v} = \boldsymbol{a} \text{ のとき} \\ \boldsymbol{v} & ; \boldsymbol{v} \text{ が } \boldsymbol{a} \text{ と直交するとき} \end{cases}$$

によって定めることができる．このような行列をやはり $\boldsymbol{a}$ 方向の反射行列と呼び，$D_{(\boldsymbol{a},\lambda)}$ と表わす．反射行列はユニタリー行列であって，固有多項式が $(x-\lambda)(x-1)^{n-1}$ となるものであることは容易にわかる．また直交行列と同様に，任意のユニタリー行列はいくつかの反射行列の積に表わされることも容易に示される．

**■4 元数** Hamilton の 4 元数について述べておこう．複素数 $a + bi$ は実数上の二次元数ベクトルと考えることができ，また $\begin{pmatrix} a & -b \\ b & a \end{pmatrix}$ の形の正方行列とも同一視でき，それらは複素数のさまざまな性質の理解に有用であった．実数上の四次元数ベクトルについても似たことが成り立つのである．Hamilton に倣って，基本ベクトル $\boldsymbol{e}_1$ を 1，$\boldsymbol{e}_2$ を $i$，$\boldsymbol{e}_3$ を $j$，$\boldsymbol{e}_4$ を $k$ という記号で表わ

すとする．このとき四次元数ベクトルは $a1+bi+cj+dk$ の形に一意的に表わせる．このように表わされたものを，**4 元数**と呼び，ベクトルのような太字ではなく $q$ のような記号で表わす．4 元数たちの集合を $\boldsymbol{H}$ と表わす．ベクトル空間としては　$\boldsymbol{H}=\boldsymbol{R}^4$ である．

二つの 4 元数の積を

$$\begin{aligned}&(a1+bi+cj+dk)(a'1+b'i+c'j+d'k)\\&=(aa'-bb'-cc'-dd')1+(ab'+ba'+cd'-dc')i\\&+(ac'-bd'+ca'+db')j+(ad'+bc'-cb'+da')k\end{aligned}$$

と定義する．任意の 4 元数 $q$ に対し，$1q=q1=q$ だから，$a1+bi+cj+dk$ を $a+bi+cj+dk$ と表わしても誤解は生じない．また，

$$ii=jj=kk=-1,\quad ij=-ji=k,\quad jk=-kj=i,\quad ki=-ik=j$$

である．容易にわかるように，4 元数の積はそれぞれの成分について一次式だから双線形である．特に 4 元数 $q=a+bi+cj+dk$ を固定したとき，4 元数 $x$ に対し $f_q(x)=qx$ で定義される写像 $f_q:\boldsymbol{R}^4\to\boldsymbol{R}^4$ は線形写像である．その行列表示を $A_q$ とすると

$$A_q=\begin{pmatrix}a&-b&-c&-d\\b&a&-d&c\\c&d&a&-b\\d&-c&b&a\end{pmatrix}$$

である．さらに次の命題も簡単な計算で確かめられる．

**命題 5.3.18**　$q,q'$ を二つの 4 元数とするとき次式が成り立つ．

$$A_{qq'}=A_qA_{q'}$$

**系 5.3.19**　4 元数の積は推移律 $q(q'q'')=(qq')q''$ をみたす．

**証明**　$q$ に対し $A_q$ を対応させるのは 1 対 1 であるから

$$A_{q(q'q'')}=A_qA_{q'q''}=A_q(A_{q'}A_{q''})=(A_qA_{q'})A_{q''}=A_{(qq')q''}$$

より求める結果を得る．　□

4 元数 $q = a + bi + cj + dk$ に対し，$\mathrm{Re}\, q = a$，$\mathrm{Im}\, q = bi + cj + dk$ をそれぞれ $q$ の実部，虚部という．$b = c = d = 0$ である 4 元数は実数と同一視できる．逆に $a = 0$ の場合は純虚 4 元数と呼ぶ．$q = a + bi + cj + dk$ に対し，

$$\bar{q} = a - bi - cj - dk$$

を $q$ の共役 4 元数という．$q$ が実数，あるいは純虚 4 元数であることと，$\bar{q} = q$ あるいは $\bar{q} = -q$ が成り立つことはそれぞれ同値である．二つの 4 元数 $q = a + bi + cj + dk$, $q' = a' + b'i + c'j + d'k$ に対し

$$\mathrm{Re}(\bar{q}q') = aa' + bb' + cc' + dd'$$

は $q, q'$ を数ベクトルと見たときの内積に他ならない．特に $\mathrm{Re}(\bar{q}q) = \bar{q}q = a^2 + b^2 + c^2 + d^2$ で，その平方根 $\sqrt{a^2 + b^2 + c^2 + d^2}$ は $q$ の長さ，あるいは絶対値といい，$|q|$ と表わす．

さて，体の公理（A 2 節）において，積の可換性（A 6）以外の公理をすべてみたすものを斜体と呼ぶ．

**定理 5.3.20** 4 元数の集合 $\boldsymbol{H}$ は斜体である．

**証明** 上で見たように 4 元数の積は分配律（双線形である）および推移律をみたす．$q \neq 0$ なら $\bar{q}q = a^2 + b^2 + c^2 + d^2 \neq 0$ であり，逆元は次のように与えられる．

$$q^{-1} = \frac{\bar{q}}{\bar{q}q} = \frac{a - bi - cj - dk}{a^2 + b^2 + c^2 + d^2}$$

体のその他の公理（A 6 を除く）をみたすことは容易にわかる． □

**補題 5.3.21** 4 元数 $q$ に対し定められた正方行列 $A_q$ は次の性質をみたす．

(1) $A_{\bar{q}} = {}^tA_q$

(2) $\mathrm{Re}(\bar{q}q') = \frac{1}{4}\mathrm{tr}\,(A_q A_{q'})$

証明は容易である．(2) の左辺は $q, q'$ を数ベクトルと見たときの内積であり，右辺は行列たちのベクトル空間での内積（5 章 1 節）であることに注意する．また，4 元数 $q$ が実数あるいは純虚 4 元数であることは，$A_q$ が対称行列，あるいは交代行列であることとそれぞれ同値であることも容易にわかる．

最後に純虚4元数の積と，三次元ベクトルのベクトル積の関係を述べる．三次元ベクトル $\boldsymbol{v} = {}^t(a,b,c)$, $\boldsymbol{v}' = {}^t(a',b',c')$ をそれぞれ純虚4元数

$$q = bi + cj + dk, \quad q' = b'i + c'j + d'k$$

と同一視する．このときベクトル積の成分表示（命題 3.3.5）より次の命題が容易に確かめられる．

**命題 5.3.22** $\boldsymbol{v}\cdot\boldsymbol{v}'$ を内積，$\boldsymbol{v}\times\boldsymbol{v}'$ をベクトル積とするとき，次が成り立つ．

$$qq' = \begin{pmatrix} -\boldsymbol{v}\cdot\boldsymbol{v}' \\ \boldsymbol{v}\times\boldsymbol{v}' \end{pmatrix}$$

**例題 5.5** $q = a + bi + cj + dk$ のとき $\det A_q = (a^2 + b^2 + c^2 + d^2)^2$ である．

**解答** ${}^tA_qA_q = A_{\bar{q}}A_q = A_{\bar{q}q} = \bar{q}qE$ より明らかである．

## 5.4 二次形式

5章1節において内積の定義とその性質を調べた．特に実ベクトル空間の場合，内積は特別な性質（対称かつ正定値）を持つ双一次形式であった．この節では，より一般にベクトル空間上で定義された双一次形式，あるいはそれに付随する二次形式について考える．形式的な議論としては係数体は何でもよいのであるが，実数体の場合が二次曲面の幾何学的性質に関連して最も重要なので，実ベクトル空間を主に考察する．

$V$ は $n$ 次元実ベクトル空間とする．$V$ のベクトル $\boldsymbol{u}, \boldsymbol{v}$ に対し，実数 $B(\boldsymbol{u}, \boldsymbol{v}) \in \boldsymbol{R}$ を対応させる写像

$$B : V \times V \to \boldsymbol{R}$$

が次の性質（双一次性）

$$B(a\boldsymbol{u} + a'\boldsymbol{u}', \boldsymbol{v}) = aB(\boldsymbol{u},\boldsymbol{v}) + a'B(\boldsymbol{u}',\boldsymbol{v})$$
$$B(\boldsymbol{u}, b\boldsymbol{v} + b'\boldsymbol{v}') = bB(\boldsymbol{u}, \boldsymbol{v}) + b'B(\boldsymbol{u}, \boldsymbol{v}')$$

をみたすとき，**双一次形式**という．さらに，$B$ はすべての $\boldsymbol{u}, \boldsymbol{v}$ に対し，

$$B(\boldsymbol{u}, \boldsymbol{v}) = B(\boldsymbol{v}, \boldsymbol{u})$$

をみたすとき対称な双一次形式という．

$B(\boldsymbol{u}, \boldsymbol{v})$ を対称双一次形式とするとき，$B$ に付随する**二次形式**とは

$$\varphi(\boldsymbol{v}) = B(\boldsymbol{v}, \boldsymbol{v})$$

で定義される写像 $\varphi : V \to \boldsymbol{R}$ である．

**注 5.7** 対称双一次形式が正定値であればベクトル空間 $V$ の内積に他ならない．

ベクトル空間 $V$ 上の対称双一次形式を調べるために基底 $\{\boldsymbol{v}_1, \ldots, \boldsymbol{v}_n\}$ を選んで $V$ のベクトルをその成分ベクトルで表わそう．つまり，$\boldsymbol{u}, \boldsymbol{v} \in V$ に対して

$$\boldsymbol{u} = x_1\boldsymbol{v}_1 + \cdots + x_n\boldsymbol{v}_n, \quad \boldsymbol{v} = y_1\boldsymbol{v}_1 + \cdots + y_n\boldsymbol{v}_n$$

とすれば

$$\boldsymbol{x} = {}^t(x_1, \ldots, x_n), \quad \boldsymbol{y} = {}^t(y_1, \ldots, y_n) \in \boldsymbol{R}^n$$

が $\boldsymbol{u}$ および $\boldsymbol{v}$ の成分ベクトルである．このとき

$$a_{ij} = B(\boldsymbol{v}_i, \boldsymbol{v}_j)$$

と置き，対称行列 $A = (a_{ij})$ を考える．

**定理 5.4.1** $B : V \times V \to \boldsymbol{R}$ を $V$ 上の対称双一次形式とする．上のように基底を選んで行列 $A$ を定めると

$$B(\boldsymbol{u}, \boldsymbol{v}) = {}^t\boldsymbol{x}A\boldsymbol{y} = \sum_{i,j} a_{ij}x_iy_j$$

が成り立つ．

**証明** $B(\boldsymbol{u}, \boldsymbol{v})$ の中に $\boldsymbol{u} = x_1\boldsymbol{v}_1 + \cdots + x_n\boldsymbol{v}_n$，$\boldsymbol{v} = y_1\boldsymbol{v}_1 + \cdots + y_n\boldsymbol{v}_n$ を代入し，双一次性を用いて展開すればよい． □

これを対称双一次形式の**行列表示**という．また，$B$ に付随する二次形式を $\varphi : V \to \boldsymbol{R}$ とすると

$$\varphi(\boldsymbol{u}) = \sum_{i,j} a_{ij}x_ix_j = {}^t\boldsymbol{x}A\boldsymbol{x}$$

と表わすことができる．これを二次形式 $\varphi$ の行列表示といい，$A[\boldsymbol{x}]$ と表わす．$A$ を $\varphi$ の表示行列という．

この式は，実数 $c_{ij}$ を $c_{ii} = a_{ii}$ および $i \neq j$ のときは $c_{ij} = 2a_{ij}$ と置けば，$n$ 個の変数 $x_1, \ldots, x_n$ の二次の項だけからなる式（斉次二次式）

$$\varphi = \sum_{i \geq j} c_{ij} x_i x_j$$

であると考えられる．逆にこのような斉次二次式は，$x_i x_j = x_j x_i$ だから $c_{ii} = a_{ii}$ 及び $i > j$ のとき $c_{ij}/2 = a_{ij} = a_{ji}$ と書き直すと上のような二次形式 $\sum_{i,j} a_{ij} x_i x_j$ となる．例えば

$$a x_1^2 + b x_1 x_2 + c x_2^2 = (x_1, x_2) \begin{pmatrix} a & b/2 \\ b/2 & c \end{pmatrix} \begin{pmatrix} x_1 \\ x_2 \end{pmatrix}$$

ベクトル空間 $V$ の二次形式を上のように表わす行列は線形変換のときと同じように基底の取り方で異なってくる．その変換公式を考えてみよう．$\{\boldsymbol{v}'_1, \ldots, \boldsymbol{v}'_n\}$ を $V$ の他の基底とし，$P$ を基底の変換の行列とする．このとき

$$(\boldsymbol{v}'_1, \ldots, \boldsymbol{v}'_n) = (\boldsymbol{v}_1, \ldots, \boldsymbol{v}_n) P$$

である．$V$ のベクトル $\boldsymbol{u}$ の基底 $\{\boldsymbol{v}_1, \ldots, \boldsymbol{v}_n\}$ 及び $\{\boldsymbol{v}'_1, \ldots, \boldsymbol{v}'_n\}$ による成分ベクトルを各々 $\boldsymbol{x}$, $\boldsymbol{x}'$ とすれば

$$\boldsymbol{u} = (\boldsymbol{v}_1, \ldots, \boldsymbol{v}_n) \boldsymbol{x} = (\boldsymbol{v}'_1, \ldots, \boldsymbol{v}'_n) \boldsymbol{x}'$$

だから成分ベクトルの変換は $\boldsymbol{x} = P\boldsymbol{x}'$ で与えられる．同様にベクトル $\boldsymbol{v}$ の成分ベクトルについても $\boldsymbol{y} = P\boldsymbol{y}'$ が成り立つ．

**定理 5.4.2** $B : V \times V \to \boldsymbol{R}$ をベクトル空間 $V$ の双一次形式とする．上のような二つの基底による $B$ の表示行列を各々 $A$, $A'$ とすれば $A' = {}^tPAP$ が成り立つ．

**証明** 次の式変形から明らかである．

$$B(\boldsymbol{u}, \boldsymbol{v}) = {}^t\boldsymbol{x} A \boldsymbol{y} = {}^t(P\boldsymbol{x}') A P \boldsymbol{y}' = {}^t\boldsymbol{x}' \, {}^tPAP \boldsymbol{y}' = {}^t\boldsymbol{x}' A' \boldsymbol{y}'$$

□

従って双一次形式や二次形式をできるだけ簡単な形で表わすには，与えられた対称行列 $A$ に対し適当な正則行列 $P$ を選んで ${}^tPAP$ を簡単な形にすればよい．

**定理 5.4.3** $A$ は $n$ 次実対称行列とする．双一次形式 ${}^t\boldsymbol{x} A \boldsymbol{y}$ に対し，適当な直交行列 $T$ による変換 $\boldsymbol{x} = T\boldsymbol{x}'$, $\boldsymbol{y} = T\boldsymbol{y}'$ を行えば

$${}^t\boldsymbol{x} A \boldsymbol{y} = \alpha_1 x'_1 y'_1 + \cdots + \alpha_n x'_n y'_n$$

となる．ここで $\alpha_i$ は $A$ の固有多項式の根である．

**証明**　$A$ は実対称行列だから，定理 5.3.15 より $n$ 次直交行列 $T$ が存在し，$T^{-1}AT = {}^tTAT = D$ が対角行列となる．このとき変数変換を行なった双一次形式は求める形である．　□

**定理 5.4.4**　(**Sylvester**（**シルベスター**）**の慣性法則**) $\varphi = A[\boldsymbol{y}] = \sum a_{ij}y_iy_j$ をベクトル空間 $\boldsymbol{R}^n$ の二次形式とする．このとき $\varphi$ は，適当な正則行列 $P$ による変換 $\boldsymbol{y} = P\boldsymbol{x}$ によって

$$x_1^2 + \cdots + x_r^2 - x_{r+1}^2 - \cdots - x_{r+s}^2$$

の形に表わされる．ここで非負整数 $(r, s)$ は二次形式から一意に決まる．これを二次形式 $\varphi$ の**符号数**という．

**証明**　上の定理において，必要ならさらに基底の順序を取り替えて，固有根 $\alpha_i$ は最初の $r$ 個が正，次の $s$ 個が負であるとしてよい．このとき二次形式は

$$A[\boldsymbol{x}] = \alpha_1x_1^2 + \cdots + \alpha_rx_r^2 + \alpha_{r+1}x_{r+1}^2 + \cdots + \alpha_{r+s}x_{r+s}^2$$

の形である．正の実数 $d_i$ を

$$d_i = \begin{cases} 1/\sqrt{\alpha_i} & i \le r \text{ のとき} \\ 1/\sqrt{-\alpha_i} & r < i \le r+s \text{ のとき} \\ 1 & r+s < i \text{ のとき} \end{cases}$$

によって定める．対角成分が $d_i$ たちである対角行列を $S$ と置き，変換 $\boldsymbol{x} = S\boldsymbol{y}$ を行ない，変数 $y_i$ を改めて $x_i$ に書き直せば，二次形式は

$$x_1^2 + \cdots + x_r^2 - x_{r+1}^2 - \cdots x_{r+s}^2$$

となる．符号数の一意性は明らかである．　□

**問 5.14**　二次形式 $(x_1 + x_2)^2 + x_3x_4 + x_4x_5$ の符号数を求めよ．

**問 5.15**　$A$ は実対称行列とする．二次形式 $A[\boldsymbol{x}]$ が正定値であるための必要十分条件は，$A$ の固有値がすべて正であることである．

二次形式を上の定理（Sylvester の慣性法則）のような形で表わしたものを標準型と呼ぼう．例えば $n = 2$ であれば二次形式の標準型は

$$x_1^2 + x_2^2, \quad x_1^2 - x_2^2, \quad -x_1^2 - x_2^2, \quad x_1^2, \quad -x_1^2, \quad 0$$

の6通りである．二次形式 $A[\boldsymbol{x}]$ の標準型を求めるには，対称行列 $A$ の固有値問題を解いて固有ベクトルを求め，固有ベクトルを並べて得られる直交行列で座標変換を行なえばよいのである．しかし固有値を求めることが困難な場合は，次のような **Lagrange**（ラグランジュ）の直接的方法がある．

**例題 5.6** 二次形式 $x_1^2 + 2x_1x_2 + 4x_3x_4 + 4x_3x_5$ の符号数を求めよ．

**解答** 平方完成と，等式 $xy = \frac{1}{4}\{(x+y)^2 - (x-y)^2\}$ を用いて変形していく．まず，$x_1$ の二次式とみて

$$(x_1 + x_2)^2 - x_2^2 + 2x_3x_4 + 2x_3x_5$$

次に $4x_3(x_4 + x_5) = (x_3 + x_4 + x_5)^2 - (x_3 - x_4 - x_5)^2$ だから，$y_1 = x_1 + x_2$，$y_2 = x_2$，$y_3 = x_3 + x_4 + x_5$，$y_4 = x_3 - x_4 - x_5$，$y_5 = x_5$ と置けば，二次形式は

$$y_1^2 - y_2^2 + y_3^2 - y_4^2$$

と表わされるから符号数は $(2, 2)$ である．

**問 5.16** $A$ は $n$ 次実対称行列とする．このとき適当な正則行列 $P$ により ${}^tPAP$ が対角行列となるようにできることを Lagrange の方法を用いて示せ．

■ **Hermite（エルミート）形式** 上で述べてきた二次形式の議論を複素ベクトル空間上に拡張するのは2通りの考え方がある．まず，$c_{ij}$ を複素数とするとき，複素変数の二次式

$$\sum_{i \geq j} c_{ij} z_i z_j$$

を考えよう．これを複素二次形式と呼ぼう．ここで $c_{ii} = a_{ii}$ 及び $i > j$ のとき $c_{ij}/2 = a_{ij} = a_{ji}$ と書き直すと，これまでと同様に**複素**対称行列 $A = (a_{ij})$ を用いて ${}^t\boldsymbol{z}A\boldsymbol{z}$ と表わすことができる．この場合も実二次形式と同様にラグランジュの方法を用いれば標準形に直すことができる．つまり，$\operatorname{rank} A = r$ とすると，適当な変数変換を行なえば0でない $r$ 個の複素数 $\alpha_i$ があって

$${}^t\boldsymbol{z}A\boldsymbol{z} = \alpha_1 y_1^2 + \cdots + \alpha_r y_r^2$$

となる．ここで，$\alpha_i = \beta_i^2$ となる複素数 $\beta_i$ が取れることに注意すると，$w_i = \beta_i y_i$ と置くことにより

$${}^t\boldsymbol{z}A\boldsymbol{z} = w_1^2 + \cdots + w_r^2$$

と表わされる．従って複素二次形式の標準形は階数のみで定まり，実二次形式のような符号数は意味がなくなるのである．

実二次形式の複素ベクトル空間の上へのもう一つの拡張は **Hermite 形式**である．$H$ を Hermite 行列として

$$H[\boldsymbol{z}] = \boldsymbol{z} \cdot H\boldsymbol{z} = {}^t\boldsymbol{z}\overline{H}\overline{\boldsymbol{z}}$$

の形の式を Hermite 形式という．$H$ が単位行列のときは標準的内積に他ならない．内積の Hermite 性（命題 5.1.1）より

$$\overline{\boldsymbol{z} \cdot H\boldsymbol{z}} = H\boldsymbol{z} \cdot \boldsymbol{z} = \boldsymbol{z} \cdot H\boldsymbol{z}$$

だから $H[\boldsymbol{z}]$ は実数に値を取る．Hermite 形式に対しては Sylvester の慣性法則が実二次形式と同じ形で成り立つことが容易に確かめられる．つまり，適当な**複素**正則行列 $P$ による変換 $\boldsymbol{z} = P\boldsymbol{w}$ によって

$$|w_1|^2 + \cdots + |w_r|^2 - |w_{r+1}|^2 - \cdots - |w_{r+s}|^2$$

の形に表わされる．

## 5.5 二次曲面

$n$ 個の変数 $x_1, x_2, \ldots, x_n$ についての実係数の二次方程式

$$f(x_1, x_2, \ldots, x_n) = \sum_{i=1}^{n}\sum_{j=1}^{n} a_{ij}x_ix_j + \sum_{i=1}^{n} 2b_ix_i + c = 0$$

を考えよう．ただし $a_{ij} = a_{ji}$ である．二次形式と同様に

$$A = \begin{pmatrix} a_{11} & \ldots & a_{1n} \\ \vdots & \ldots & \vdots \\ a_{n1} & \ldots & a_{nn} \end{pmatrix}, \quad \boldsymbol{x} = \begin{pmatrix} x_1 \\ \vdots \\ x_n \end{pmatrix}, \quad \boldsymbol{b} = \begin{pmatrix} b_1 \\ \vdots \\ b_n \end{pmatrix}$$

とおくと，上の方程式は

$$f(\boldsymbol{x}) = {}^t\boldsymbol{x}A\boldsymbol{x} + 2\,{}^t\boldsymbol{b}\boldsymbol{x} + c = A[\boldsymbol{x}] + 2\,{}^t\boldsymbol{b}\boldsymbol{x} + c = 0$$

と表わすことができる．ただし，二次の部分の係数である行列 $A$ は $0$ ではないものとする．$n$ 次元ユークリッド空間 $\boldsymbol{R}^n$ において上の方程式をみたす点の集合

$$C = \{\boldsymbol{x}; f(\boldsymbol{x}) = 0\}$$

を**二次超曲面**という．特に $n = 2$ のときは**二次曲線**，$n = 3$ のときは**二次曲面**という．このような二次超曲面の分類を考えよう．ただし，ユークリッ

ド空間 $\boldsymbol{R}^n$ の合同変換，つまり直交変換と平行移動によって移りあう図形は同じであるとみなすのである．別の見方をすれば，ユークリッド空間の座標 $(x_1, \ldots, x_n)$ を合同変換によって $(y_1, \ldots, y_n)$ に取り替えて同じ図形を眺めるといってもよい．また，より粗い分類として，直交行列とは限らない正則行列による座標変換を用いることもできる．このときは Sylvester の慣性法則より，二次形式あるいは対称行列の符号数による分類といってもよいのである．

さて，一次元高い $\boldsymbol{R}^{n+1}$ のなかでは，上の非斉次方程式を次のような斉次方程式と見ることができる．

$$\tilde{A} = \begin{pmatrix} A & \boldsymbol{b} \\ {}^t\boldsymbol{b} & c \end{pmatrix}, \quad \tilde{\boldsymbol{x}} = \begin{pmatrix} \boldsymbol{x} \\ x_{n+1} \end{pmatrix} \in \boldsymbol{R}^{n+1}$$

とおけば，元の方程式は連立方程式

$$\tilde{A}[\tilde{\boldsymbol{x}}] = 0, \quad x_{n+1} = 1$$

と同値である．

$T$ を $n$ 次直交行列，$\boldsymbol{d} \in \boldsymbol{R}^n$ とするとき

$$\boldsymbol{x} = T\boldsymbol{y} + \boldsymbol{d}$$

の形の変換を**合同変換**（ユークリッド変換ともいう）という．これは $T$ による直交変換と $\boldsymbol{d}$ だけの平行移動の合成である．この変換を行うと

$$\begin{aligned} f(\boldsymbol{x}) &= {}^t(T\boldsymbol{y} + \boldsymbol{d})A(T\boldsymbol{y} + \boldsymbol{d}) + 2\,{}^t\boldsymbol{b}(T\boldsymbol{y} + \boldsymbol{d}) + c \\ &= {}^t\boldsymbol{y}({}^tTAT)\boldsymbol{y} + 2\,{}^t({}^tT(A\boldsymbol{d} + \boldsymbol{b}))\boldsymbol{y} + f(\boldsymbol{d}) \end{aligned}$$

だから，

$$A' = {}^tTAT, \quad \boldsymbol{b}' = T(A\boldsymbol{d} + \boldsymbol{b})), \quad c' = f(\boldsymbol{d})$$

とおけば，変数 $\boldsymbol{y}$ で表わした方程式は

$$f'(\boldsymbol{y}) = A'[\boldsymbol{y}] + 2\,{}^t\boldsymbol{b}'\boldsymbol{y} + c'$$

である．ここで

$$\tilde{T} = \begin{pmatrix} T & \boldsymbol{d} \\ \boldsymbol{o} & 1 \end{pmatrix}$$

とおけば $\tilde{T}$ は正則行列で，

$$\tilde{A}' = \begin{pmatrix} A' & \boldsymbol{b}' \\ {}^t\boldsymbol{b}' & c' \end{pmatrix} = {}^t\tilde{T}\tilde{A}\tilde{T}$$

であることは容易に確かめられる．従って，行列 $A$ および $\tilde{A}$ の階数や符号数は合同変換を施しても変わらない．直交行列 $T$ として，$A' = {}^tTAT = T^{-1}AT$ が対角行列となる場合を考える．これは $T$ の列ベクトルとして $A$ の固有ベクトルたちからなる正規直交基底 $\{\boldsymbol{v}_1, \ldots, \boldsymbol{v}_n\}$ をとった場合である．このとき

$$f'(\boldsymbol{y}) = \alpha_1 y_1^2 + \cdots + \alpha_n y_n^2 + 2\,{}^t\boldsymbol{b}'\boldsymbol{y} + c'$$

となる．このような変換を**主軸変換**という．二次超曲面の分類を考えるときは，予め主軸変換されて上のような形になっていると思ってよい．

まず行列 $A$ が正則行列かどうかで区別しよう．行列 $A$ が正則のとき，二次超曲面は**有心**であるといい，正則でないときは**無心**であるという．超曲面を適当な平行移動により**原点対称**な形

$$f'(\boldsymbol{y}) = A'[\boldsymbol{y}] + c'$$

つまり一次の項が消えるようにできるかどうかは，$A\boldsymbol{d} + \boldsymbol{b} = \boldsymbol{o}$ をみたすベクトル $\boldsymbol{d}$ がとれるかどうかである．またそのような対称の中心がただ一つである，つまり，そのような $\boldsymbol{d}$ が唯一つであるためには，$A$ が正則であることが必要十分であるが，ちょうどこれが二次超曲面に**中心がある**ということを意味するのである．$A$ が正則であれば固有値 $\alpha_i$ はすべて $0$ でなく，主軸変換した形は

$$f'(\boldsymbol{y}) = \alpha_1 y_1^2 + \cdots + \alpha_n y_n^2 + c'$$

である．

次に行列 $\tilde{A}$ が正則のとき，二次超曲面は**固有**であるといい，正則でないときは非固有であるという．非固有であるということの意味は次の通り，その分類が次元の低い曲面の分類に帰着されるからである．

**有心かつ非固有な場合**　原点対称な形で考えたとき，$A$ が正則，$\tilde{A}$ が非正則であるのは定数項 $c = 0$ が必要十分である．つまり方程式は

$$\alpha_1 x_1^2 + \cdots + \alpha_n x_n^2 = 0$$

の形である．これは 1 点（$\alpha_i$ が同符号）であるか，錐と呼ばれる超曲面である．原点からこの超曲面の点を結ぶ直線上の点はまたこの超曲面に含まれる．従って例えば $x_1 = 1$ という超平面との切り口を見れば超曲面は完全に決定される．つまり一次元低いユークリッド空間の二次超曲面の分類に帰着される．

**無心かつ非固有な場合**　$A$ の階数を $m(<n)$ とし，$\alpha_1, \ldots, \alpha_m$ を $A$ の 0 でない固有値とする．このとき，主軸変換と平行移動を選べば方程式は

$$\alpha_1 x_1^2 + \cdots + \alpha_m x_m^2 + b_{m+1}x_{m+1} + \cdots + b_n x_n + c = 0$$

となる．$D$ を $\alpha_i$ たちを対角成分とする $m$ 次対角行列とすると

$$\tilde{A} = \begin{pmatrix} D & 0 \\ 0 & B \end{pmatrix}, \quad B = \begin{pmatrix} 0 & \ldots & 0 & b_{m+1} \\ \vdots & \ldots & \vdots & \vdots \\ 0 & \ldots & 0 & b_n \\ b_{m+1} & \ldots & b_n & c \end{pmatrix}$$

である．まず $m+1<n$ としよう．このとき $B$ は 三次以上の非正則行列であって，容易にわかるように変数 $x_{m+1}, \ldots, x_n$ の適当な変換によって $b_n = 0$ と思ってよい．また，$m+1=n$ のときは $\tilde{A}$ が非正則であることと $b_n = 0$ であることは同値である．いずれの場合も方程式は $x_n$ に関係しない形に表わせる．つまり超曲面は柱面

$$\{\boldsymbol{R}^{n-1}\text{の超曲面}\} \times \boldsymbol{R}$$

の形である．従って一次元低い超曲面の分類に帰着する．

さて，$n=2,3$ の場合の分類を考えよう．$n=2$ のときは二次曲線，$n=3$ のときは二次曲面と呼ばれる．

**二次曲線**

(i) **有心で固有**なものは

$$\alpha_1 x_1^2 + \alpha_2 x_2^2 + c = 0, \quad \alpha_i \neq 0, c \neq 0$$

で，楕円（円を含む），双曲線，空集合の 3 種．

(ii) **無心で固有**なものは

$$\alpha_1 x_1^2 + b_2 x_2 + c = 0, \quad \alpha_1 \neq 0, b_2 \neq 0$$

で，放物線である．

(iii) **有心で非固有**なものは，1 点か，交わる 2 直線．

(iv) **無心で非固有**なものは，$b_2 = 0$ の場合で空集合，1 直線，あるいは平行 2 直線である．

## 二次曲面

(i) **有心で固有**なものは

$$\alpha_1 x_1^2 + \alpha_2 x_2^2 + \alpha_3 x_3^2 + c = 0, \quad \alpha_i \neq 0,\, c \neq 0$$

必要なら $-1$ 倍して $c < 0$ としてよい．このときは二次形式 $A[\boldsymbol{x}]$ の符号数 $\operatorname{sgn} A$ で分類される．

(1) $\operatorname{sgn} A = (3, 0)$ のときは楕円面

(2) $\operatorname{sgn} A = (2, 1)$ のときは一葉双曲面

(3) $\operatorname{sgn} A = (1, 2)$ のときは二葉双曲面

(4) $\operatorname{sgn} A = (0, 3)$ のときは空集合

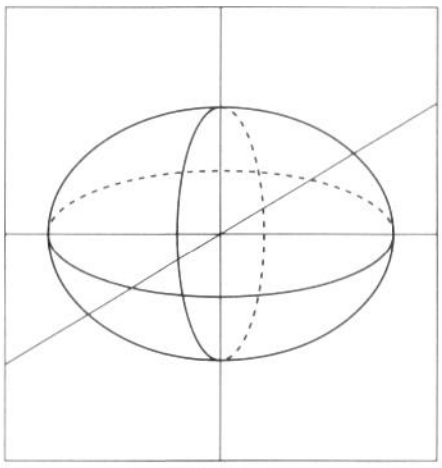
楕円面

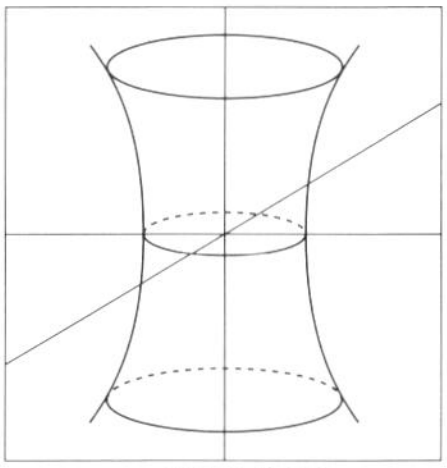
一葉双曲面

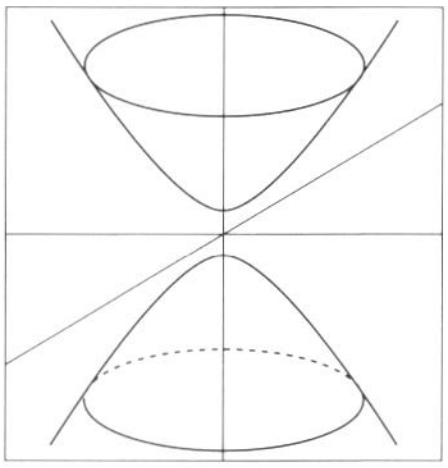
二葉双曲面

(ii) **有心で非固有**なものは

$$\alpha_1 x_1^2 + \alpha_2 x_2^2 + \alpha_3 x_3^2 = 0, \quad \alpha_i \neq 0$$

だから

(1) $\operatorname{sgn} A = (3, 0), (0, 3)$ のときは 1 点

(2) $\operatorname{sgn} A = (2, 1), (1, 2)$ のときは楕円錐面（特別の場合が円錐）と呼ばれる．

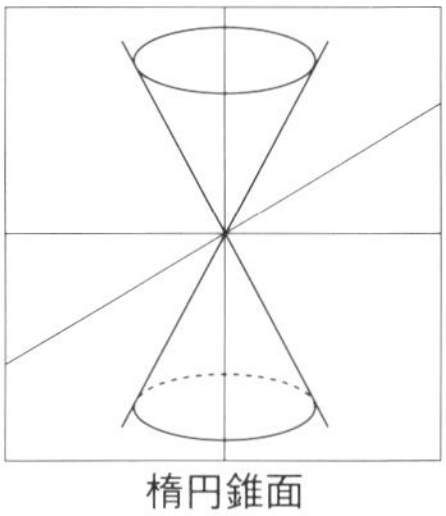
楕円錐面

(iii) **無心で固有**なものは rank$(A) = 2$ のときのみで

$$\alpha_1 x_1^2 + \alpha_2 x_2^2 + b_3 x_3 + c = 0, \quad \alpha_i \neq 0,\, b_3 \neq 0$$

である．

(1) sgn $A = (2, 0), (0, 2)$ のときは楕円放物面と呼ばれる．

(2) sgn $A = (1, 1)$ のときは双曲放物面と呼ばれる．

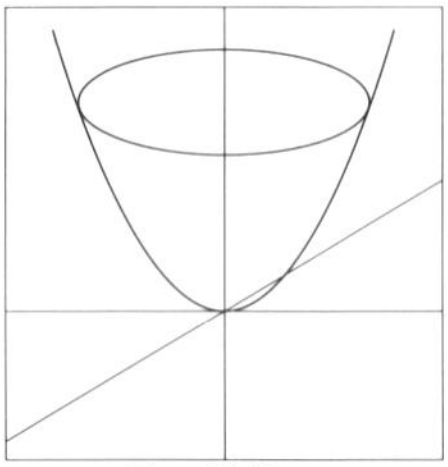

楕円放物面

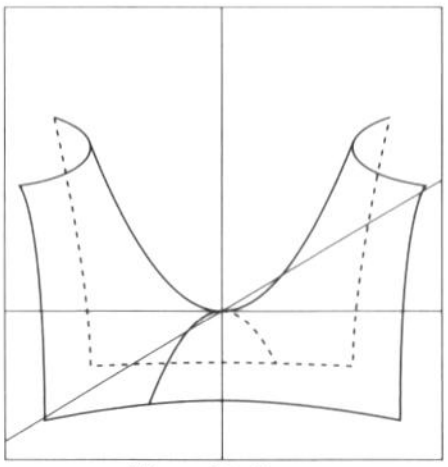

楕円放物面

(iv) **無心で非固有**なものは

(1) rank$(A) = 2$ のときは

$$\alpha_1 x_1^2 + \alpha_2 x_2^2 + c = 0, \quad \alpha_i \neq 0$$

で，5 種類の有心二次曲線（楕円，双曲線，空集合，1 点，交わる 2 直線）のそれぞれを底とする柱面である．

(2) rank$(A) = 1$ のときは

$$\alpha_1 x_1^2 + b_2 x_2 + c = 0, \quad \alpha_1 \neq 0$$

で，4 種類の無心二次曲線（放物線，空集合，直線，平行 2 直線）のそれぞれを底とする柱面である．

# 第5章の章末問題

**問 5.1** 次の三つのベクトルからシュミットの直交化によって得られる正規直交系を求めよ．

$$\boldsymbol{a}_1 = \begin{pmatrix} 2 \\ 0 \\ 0 \end{pmatrix} \qquad \boldsymbol{a}_2 = \begin{pmatrix} 1 \\ 1 \\ 1 \end{pmatrix} \qquad \boldsymbol{a}_3 = \begin{pmatrix} 1 \\ 3 \\ 1 \end{pmatrix}$$

**問 5.2** 三次元数ベクトル空間 $\boldsymbol{R}^3$ の部分ベクトル空間 $W = \{r \begin{pmatrix} 1 \\ 1 \\ 1 \end{pmatrix} | r \in \boldsymbol{R}\}$ の直交補空間 $W^{\perp}$ の正規直交基底を1組求めよ．

**問 5.3** $V$ は $n$ 次元複素計量ベクトル空間で，$\boldsymbol{x} \cdot \boldsymbol{y}$ をその内積とする．$\{\boldsymbol{v}_1, \ldots, \boldsymbol{v}_n\}$ を $V$ のベクトルとするとき，正方行列 $A = (a_{ij})$ を $a_{ij} := \boldsymbol{v}_i \cdot \boldsymbol{v}_j$ と定義する．このとき，$\{\boldsymbol{v}_1, \ldots, \boldsymbol{v}_n\}$ が線形独立であるための必要十分条件は，$A$ が正則行列であることを示せ．

**問 5.4** $A$ は $n$ 次複素正方行列で，$A^* = A^2$ をみたすものとする．ただし，$A^*$ は $A$ の随伴行列である．このとき，$A$ の 0 でない固有値は 1 の 3 乗根であることを示せ．

**問 5.5** $A$ は正規行列とする．ベクトル $\boldsymbol{v}$ が適当な自然数 $m$ に対し $A^m\boldsymbol{v} = \boldsymbol{o}$ をみたすなら $A\boldsymbol{v} = \boldsymbol{o}$ であることを示せ．

**問 5.6** $A$ は $n$ 次対称行列で，$n$ 個の相異なる固有値を持つとする．$n$ 次正方行列 $B$ が $AB = BA$ をみたせば $B$ も対称行列である．

**問 5.7** Hermite 行列 $A$ の固有値がすべて 0 または正の実数であるための必要十分条件は，適当な複素正方行列 $B$ によって $A = B^*B$ と表わされることであることを示せ．

**問 5.8***  $X$ は歪 Hermite 行列（$X^* = -X$）とする．このとき次を示せ．

(1) $X - E$ は正則行列である．ただし $E$ は単位行列．

(2) $(X + E)(X - E)^{-1}$ はユニタリー行列である．

(3) 単位行列と異なる任意のユニタリー行列は上のような形に一意的に表わせる．

**問 5.9***  $A = (a_{ij})$ は Hermite 行列，$\alpha, \beta$ はそれぞれ最大，最小の固有値とする．このとき，$\alpha \geq a_{ii} \geq \beta, \quad \forall i$ を示せ．

**問 5.10** $A$ は $n$ 次 Hermite 行列で，$A^3 = E$ をみたすとする．このとき $A = E$ であることを示せ．ただし，$E$ は単位行列である．

**問 5.11**$^*$ $A$ は $(m, n)$ 行列とする．このとき $\operatorname{rank} A = \operatorname{rank}(A\,{}^tA)$ であることを示せ．

**問 5.12**$^*$ $A_i$ は Hermite 行列とする．このとき

$$A_1^2 + A_2^2 + \cdots + A_m^2 = 0 \;\Rightarrow\; A_i = 0$$

**問 5.13** 次の行列

$$A = \begin{pmatrix} a & b & c \\ 0 & 1/\sqrt{2} & d \\ e & 0 & f \end{pmatrix}$$

は直交行列で $\det A = 1$ とする．実数 $a, b, c, d, e, f$ を求めよ．ただし $b$, $c$ は負ではないとする．

**問 5.14** $A$ は $n$ 次対称行列，$F_A(x) = x^n - a_1x^{n-1} + \cdots + (-1)^n a_n$ は $A$ の固有多項式とする．このとき $A$ が正定値，つまり $A[\boldsymbol{x}] = {}^t\boldsymbol{x}A\boldsymbol{x} > 0$ $(\forall \boldsymbol{x} \neq \boldsymbol{o})$ であるための必要十分条件は $a_i > 0$ $(\forall i)$ であることを示せ．

**問 5.15** $A$ は $n$ 次実正方行列とする．すべての $n$ 次元数ベクトル $\boldsymbol{x}$ に対し $\boldsymbol{x}{\cdot}A\boldsymbol{x} = 0$ が成り立つための必要十分条件は $A$ が交代行列であることである．

**問 5.16** $A$ は $n$ 次実対称行列とし，二次形式 $A[\boldsymbol{x}] = \boldsymbol{x} \cdot A\boldsymbol{x}$, $\boldsymbol{x} \in \boldsymbol{R}^n$ を考える．$A$ の固有値のなかで最大のものを $\lambda_M$ とするとき，次の問いに答えよ．

(1) 任意のベクトル $\boldsymbol{x}$に対し，つぎの不等式が成り立つことを示せ．

$$A[\boldsymbol{x}] \leq \lambda_M \parallel \boldsymbol{x} \parallel^2$$

(2) 上の不等式において，0 でないベクトル $\boldsymbol{x}$に対し等号が成立するための必要十分条件は，ベクトル$\boldsymbol{x}$が $\lambda_M$ に属する $A$ の固有ベクトルであることを示せ．

**問 5.17** $x_1^2 + x_2^2 + x_3^2 = 1$ のとき，二次形式

$$A[\boldsymbol{x}] = 2x_1^2 + 2mx_1x_2 + x_2^2 + 2mx_2x_3$$

の最大値が 4 となるように $m$ を定めよ．

**問 5.18** $\boldsymbol{R}^3$ 内の次の二次曲面はそれぞれどのような形状か？

(1) $xy + yz + zx - \frac{2}{\sqrt{3}}(x + y + z) = 0$

(2) $x^2 + y^2 + z^2 - 2yz - 4 = 0$

# 第6章

# 行列の指数関数

三次元空間の中の質点の運動を考えてみよう．このような質点は三次元のベクトルに値を持つ時間 $t$ の関数として記述される．このような質点の速度や加速度はベクトル値関数の微分や 2 階微分で与えられる．本章ではこのようなベクトル値，あるいは行列値関数の解析的性質を調べる．特に正方行列を変数とするベキ級数を用いて，正方行列の指数関数を定義する．これは連立線形微分方程式の解の公式を始め，Lie 群論のような行列の幾何的，あるいは解析的研究に欠かすことができないものである．

## 6.1　ベクトルと行列の無限列と級数

最初に実数のある区間上で定義されたベクトル値関数 $\boldsymbol{x}(t)$ や実行列値関数 $A(t)$ の極限や微分について考えよう．$n$ 次元数ベクトルは $(1, n)$ 型あるいは $(n, 1)$ 型行列と考えられるので，ベクトル値関数 $\boldsymbol{x}(t)$ については行列についての記述で代用する．

**定義 6.1.1**　実数のある区間上で定義され，$(m, n)$ 実行列に値を取る関数 $A(t)$ の $(i,\, j)$ 成分を $a_{ij}(t)$ とする．すべての $(i,\, j)$ に対し，$a_{ij}(t)$ が点 $p$ で連続であるとき，$A(t)$ は点 $p$ で連続であるといい

$$\lim_{t \to p} A(t) = A(p)$$

と表わす．また，すべての $(i, j)$ に対し，$a_{ij}(t)$ が点 $p$ で微分可能（あるいは連続的微分可能，無限回微分可能等）のとき，$A(t)$ は点 $p$ で**微分可能**（あるいは連続的微分可能，無限回微分可能等）であるという．このとき

$$A'(p) = (a'_{ij}(p))$$

とおき，$A(t)$ の $p$ における**微係数**という．$A(t)$ が実数のある区間の各点で微分可能のとき，$A'(t)$ を $A(t)$ の**導関数**という．$A'(t)$ は $\frac{dA(t)}{dt}$ とも表わされる．

**命題 6.1.2**　(1)　$(n, m)$ 行列値関数 $A(t), B(t)$ がともに微分可能で，実数値関数 $r(t)$ が微分可能なら，$A(t) + B(t)$ および $r(t)A(t)$ も微分可能で，

$$(A(t) + B(t))' = A'(t) + B'(t)$$
$$(r(t)A(t))' = r'(t)A(t) + r(t)A'(t)$$

(2)　$A(t), B(t)$ は微分可能で，積 $A(t)B(t)$ が定義されるとする．このとき $A(t)B(t)$ は微分可能で，

$$(A(t)B(t))' = A'(t)B(t) + A(t)B'(t)$$

(3)　$A(t)$ が正則行列に値を持ち，微分可能のとき，$A(t)^{-1}$ も微分可能で

$$(A(t)^{-1})' = -A(t)^{-1}A'(t)A(t)^{-1}$$

**証明**　(3) のみ示せば十分であろう．$A(t)$ の余因子行列を $\tilde{A}(t)$ とすると，逆行列は

$$A(t)^{-1} = \frac{1}{\det A(t)}\tilde{A}(t)$$

である．$\det A(t)$ も $\tilde{A}(t)$ の各成分も $A(t)$ の成分たちの多項式だから微分可能である．また $\det A(t)$ は 0 にならないから $\frac{1}{\det A(t)}$ も微分可能であり，$A(t)^{-1}$ も微分可能である．後半については $A(t)A(t)^{-1} = E$ の微分

$$A'(t)A(t)^{-1} + A(t)(A(t)^{-1})' = 0$$

より明らかである．　□

**問 6.1** $\boldsymbol{x}(t)$, $\boldsymbol{y}(t)$ は $n$ 次元数ベクトルに値をとる微分可能関数とする．このとき内積 $\boldsymbol{x}(t) \cdot \boldsymbol{y}(t)$ は微分可能で，次の等式が成り立つことを示せ．

$$(\boldsymbol{x}(t) \cdot \boldsymbol{y}(t))' = \boldsymbol{x}(t) \cdot \boldsymbol{y}'(t) + \boldsymbol{x}'(t) \cdot \boldsymbol{y}(t)$$

**問 6.2** $\boldsymbol{x}(t)$ は $n$ 次元数ベクトルに値をとる微分可能関数で，ベクトルの長さ $||\boldsymbol{x}(t)||$ は一定であるとする．このとき，二つのベクトル $\boldsymbol{x}(t)$, $\boldsymbol{x}'(t)$ は直交することを示せ．

**問 6.3** $(m, n)$ 実行列に値を取る関数 $A(t)$ は連続であるとする．点 $p$ において $\operatorname{rank} A(p) = r$ のとき，正数 $\delta$ が存在し，$|x - p| < \delta$ であれば $\operatorname{rank} A(x) \geq r$ であることを示せ．

**注 6.1** 複素数ベクトルや複素行列に値を持つ関数については，実部，虚部ごとに考える．例えば複素行列値関数

$$Z(t) = A(t) + iB(t)$$

については，実行列 $A(t)$, $B(t)$ がともに微分可能のとき，微分可能と定める．

**注 6.2** 一般のベクトル空間 $V$ に値を持つ関数 $\boldsymbol{x}(t)$ については，適当な基底を導入して，成分の数ベクトルについて考えればよい．異なる基底を取ったとき，基底の変換の行列を $P$ とすれば成分ベクトルの間には $\boldsymbol{y}(t) = P\boldsymbol{x}(t)$ の関係がある．従って微分可能性は基底の選び方によらない．また導関数の間の関係も上式から直ちに得られる．

次に $(m, n)$ 行列の無限列 $A_1$, $A_2$, $\ldots$ について考えよう．行列 $A_p$ の $(i, j)$ 成分を $(a_p)_{ij}$ と表わすとき，無限列 $A_1$, $A_2$, $\ldots$ が行列 $A$ に収束する

$$\lim_{p \to \infty} A_p = A$$

とは各 $(i, j)$ 成分 $(a_p)_{ij}$ について

$$\lim_{p \to \infty} (a_p)_{ij} = a_{ij}$$

が成り立つことと定義する．ただし $a_{ij}$ は行列 $A$ の $(i, j)$ 成分である．

**例題 6.1** すべての $n$ 次実正方行列 $A$ は正則行列たちの列の極限として表わすことができる．

**解答** $A$ の固有多項式 $F_A(x) = \det(xE - A)$ は $n$ 次多項式だから，実根は高々有限個である．従って正数 $c$ があって開区間 $(0, c)$ の中には実根はない．このときこの区間内の点列 $p_1, p_2, \ldots$ であって 0 に収束するものをとれば，行列の列 $A - p_1E, A - p_2E, \ldots$ が求めるものである．

一般のベクトル空間 $V$ では，上で述べた方法以外にも，ベクトルのノルムを用いて収束や連続を考えることができる．実あるいは複素ベクトル空間 $V$

上で定義された写像

$$|| \quad || : V \to \boldsymbol{R}$$

が次の三つの条件をみたすとき**ノルム**であるという．

(1) $||\boldsymbol{x}|| \geq 0$ であり，さらに $||\boldsymbol{x}|| = 0$ ならば $\boldsymbol{x} = \boldsymbol{o}$

(2) $||\boldsymbol{x} + \boldsymbol{y}|| \leq ||\boldsymbol{x}|| + ||\boldsymbol{y}||$ （三角不等式）

(3) $c$ が複素数のとき $||c\boldsymbol{x}|| = |c|\,||\boldsymbol{x}||$

**例 6.1** ベクトル空間 $V$ に計量（内積）が与えられているとしよう．このときベクトル $\boldsymbol{x}$ に対しその長さ $||\boldsymbol{x}|| = \sqrt{\boldsymbol{x} \cdot \boldsymbol{x}}$ はノルムである．特に $n$ 次元数ベクトル空間の標準的内積の場合

$$||\boldsymbol{x}||_2 = \sqrt{|x_1|^2 + |x_2|^2 + \cdots + |x_n|^2}$$

は 2 -ノルムと呼ばれる．

内積から導かれないノルムとしては，$n$ 次元数ベクトル $\boldsymbol{x}$ に対し

$$||\boldsymbol{x}||_1 = |x_1| + |x_2| + \cdots + |x_n|$$
$$||\boldsymbol{x}||_\infty = \max(|x_1|, |x_2|, \cdots, |x_n|)$$

などがある．

ベクトル空間 $V$ に一つのノルムが与えられたとする．ベクトルの無限列 $\boldsymbol{x}_1, \boldsymbol{x}_2, \ldots$ と ベクトル $\boldsymbol{x}$ が

$$\lim_{i \to \infty} ||\boldsymbol{x} - \boldsymbol{x}_i|| = 0$$

をみたすとき，無限列 $\boldsymbol{x}_1, \boldsymbol{x}_2, \ldots$ は ベクトル $\boldsymbol{x}$ に**ノルム収束する**という．

ベクトル空間 $V$ の二つのノルム $|| \quad ||$ と $|| \quad ||'$ は，正の定数 $c < 1$ があって，任意のベクトル $\boldsymbol{a}$ に対し

$$||\boldsymbol{a}|| \geq ||\boldsymbol{a}||' \geq c||\boldsymbol{a}||$$

をみたすとき同値であるという．このとき容易にわかるようにベクトルの列がノルム収束するかどうかは，どちらのノルムで考えても同じである．

**問 6.4** 例 6.1 の三つのノルムについて次の不等式を示せ．

$$||\boldsymbol{a}||_1 \geq ||\boldsymbol{a}||_2 \geq ||\boldsymbol{a}||_\infty \geq \frac{1}{n}||\boldsymbol{a}||_1$$

**命題 6.1.3** 数ベクトルの列 $\boldsymbol{x}_1, \boldsymbol{x}_2, \ldots$ が収束するための必要十分条件は，例 6.1 のいずれかのノルムについてノルム収束することである．

**証明** 上の不等式より三つのノルムは互いに同値である．従って 2-ノルムで示せばよい．$n$ 次元数ベクトルの無限列 $\boldsymbol{x}_1, \boldsymbol{x}_2, \ldots$ がベクトル $\boldsymbol{x}$ に収束するための必要十分条件は，任意の正数 $\epsilon$ に対し自然数 $M$ があって，$i \geq M$ であれば任意の $k$ に対し $|x_k - x_{i,k}| < \epsilon$ が成り立つことである．ただし，$x_k$, $x_{i,k}$ はそれぞれベクトル $\boldsymbol{x}$, $\boldsymbol{x}_i$ の第 $k$ 成分を表わす．これが条件

$$\lim_{i \to \infty} ||\boldsymbol{x} - \boldsymbol{x}_i||_2 = 0$$

と同値であることは容易にわかる． □

**注 6.3** この命題は各点収束とノルム収束が一致することをいっている．これは有限次元ベクトル空間の特徴であって，連続関数たちのベクトル空間のような無限次元のベクトル空間では上のような主張は一般に成り立たない．

数ベクトルの列 $\boldsymbol{x}_1, \boldsymbol{x}_2, \ldots$ は，任意の正数 $\epsilon$ に対し自然数 $M$ があって，$i, j \geq M$ であれば

$$||\boldsymbol{x}_i - \boldsymbol{x}_j||_2 \leq \epsilon$$

をみたすとき（ノルム $||\boldsymbol{x}||_2$ について）コーシー列であるという．実数列，あるいは複素数列の場合はよく知られるようにコーシー列[*1] は収束する．このことを実数の集合 $\boldsymbol{R}$ あるいは複素数の集合 $\boldsymbol{C}$ は**完備**であると称するのである．容易にわかるように，数ベクトル空間のコーシー列の各成分もコーシー列である．従って次が成り立つ．

**命題 6.1.4** 数ベクトル空間のコーシー列は収束する．つまりベクトル空間 $\boldsymbol{R}^n$ および $\boldsymbol{C}^n$ は完備である．

**問 6.5** 行列 $A$ と $B$ の積が定義できるとき，次の不等式を示せ．

$$||AB||_2 \leq ||A||_2 ||B||_2$$

**注 6.4** 行列たちのベクトル空間 $M_{mn}(K)$ のノルムが問 6.5 のような性質をみたすとき，**作用素ノルム**という．$||\quad||_2$ ノルムのほかに例えば

$$||A||_0 = \sup\{||A\boldsymbol{x}||_2 \mid \boldsymbol{x} \in K^n, ||\boldsymbol{x}||_2 = 1\}$$

もそうである．

---

*1 例えば，笠原晧司著 『微分積分学』（サイエンス社）参照

**問 6.6** $A$ は $n$ 次実正方行列とし，$||A|| = \sqrt{\sum a_{ij}^2}$ とする．

$$\lim_{p\to\infty} ||A^p||^{1/p} = 0$$

であれば $A$ はベキ零行列であることを示せ．

**■行列のベキ級数** $A_p\,(p = 0, 1, \ldots)$ を実あるいは複素 $(m, n)$ 行列とする．このとき行列の級数

$$\sum_{p=0}^{\infty} A_p = A_0 + A_1 + A_2 + \cdots$$

は，部分和 $S_m = \sum_{p=0}^{m} A_p$ が収束するとき，収束するという．$P$ は $m$ 次正方行列とする．このとき $PA_p$ の各成分は $A_p$ の成分たちの定数係数の線形結合だから，級数 $\sum_{p=0}^{\infty} A_p$ が収束すれば $\sum_{p=0}^{\infty} PA_p$ も収束し

$$\sum_{p=0}^{\infty} PA_p = P\sum_{p=0}^{\infty} A_p$$

が成り立つ．特に $P$ が正則であれば逆もいえる．右からの積についても同様である．

さて，$X$ が $n$ 次実あるいは複素正方行列のとき，次の形の級数

$$\sum_{p=0}^{\infty} a_p X^p = a_0 E + a_1 X + a_2 X^2 + \cdots$$

を行列 $X$ の**ベキ級数**という．ただし $a_i$ は実数あるいは複素数である．このとき上に述べたことから次の補題が直ちに得られる．

**補題 6.1.5** $X$ は $n$ 次正方行列，$P$ は $n$ 次正則行列とする．$X$ のベキ級数 $\sum_{p=0}^{\infty} a_p X^p$ が収束するなら，ベキ級数 $\sum_{p=0}^{\infty} a_p (P^{-1}XP)^p$ も収束し

$$\sum_{p=0}^{\infty} a_p (P^{-1}XP)^p = P^{-1}\left(\sum_{p=0}^{\infty} a_p X^p\right)P$$

が成り立つ．

さて，$a_p$ を実数あるいは複素数とするとき，変数 $x$ のベキ級数 $\sum_{p=0}^{\infty} a_p x^p$ の収束半径を $\rho$ とする．このとき，次の事柄[*2] が知られている．

(1) $|x| < \rho$ ならベキ級数は絶対収束し，$|x| > \rho$ なら発散する．

---

[*2] 例えば，笠原晧司著 『微分積分学』（サイエンス社）参照

(2) $|x| < \rho$ のとき，上のベキ級数の和で定義される関数は微分可能であり，導関数は項別微分で与えられる．

(3) 項別微分で得られるベキ級数の収束半径は不変である．

**定理 6.1.6** 正方行列 $X$ のベキ級数

$$\sum_{p=0}^{\infty} a_p X^p$$

に対し，ベキ級数 $\sum_{p=0}^{\infty} a_p x^p$ の収束半径を $\rho$ とする．正方行列 $X$ の固有値の絶対値がすべて $\rho$ より小さければ，正方行列のベキ級数は収束し，大きいものが一つでもあれば発散する．

**証明** まず，$\rho$ より大きな固有値 $\lambda$ があるとしよう．適当な複素正則行列 $P$ によって，$P^{-1}XP$ を上三角行列とできる．上の補題より収束，発散は $P^{-1}XP$ で考えればよいが，そのとき $\lambda$ の現われる対角成分は明らかに発散する．

次に，定理 4.2.18 により，対角化可能な行列 $S$ とベキ零行列 $N$ によって $X$ は

$$X = S + N, \quad SN = NS$$

と表わされる．このとき，定理 4.2.13 の証明にあるように $X$ の固有値と $S$ の固有値は一致する．$S$ を対角化する正則行列 $P$ を用い

$$P^{-1}XP = P^{-1}SP + P^{-1}NP$$

を考えれば，上の補題から収束，発散を問題にするには $S$ は始めから対角行列としてよい．$S$ と $N$ は可換であるから二項定理が使えて，$N^{d+1} = 0$ とすれば $p > d$ のとき

$$X^p = (S+N)^p = S^p + pNS^{p-1} + \cdots + \binom{p}{d} N^d S^{p-d}$$

である．$i = 0, 1, \ldots, d$ を止めておいて，正方行列 $S$ のベキ級数

$$\sum_p \binom{p}{i} a_p N^i S^{p-i} = N^i (\sum_p \binom{p}{i} a_p S^{p-i})$$

を考えよう．もしすべての $i$ に対し，ベキ級数 $\sum_p \binom{p}{i} a_p S^{p-i}$ が収束すれば，この段落の最初に述べたことから上のベキ級数も収束し定理が示される．

ここで $x$ のベキ級数 $\sum a_p x^p$ の $i$ 階項別微分を考えると

$$\frac{1}{(i!)}(\sum a_p x^p)^{(i)} = \sum \binom{p}{i} a_p x^{p-i}$$

であるが，その収束半径は上の (3) より，$\sum a_p x^p$ の収束半径と同じ $\rho$ である．正方行列 $X$ の固有値の絶対値がすべて $\rho$ より小さいとすれば，対角行列 $S$ の対角成分はすべて収束半径内にある．従って対角行列 $S$ のベキ級数 $\sum_p \binom{p}{i} a_p S^{p-i}$ は収束する．従って定理が示された． □

**例 6.2** 等比級数

$$\sum_{p=0}^{\infty} X^p = E + X + X^2 + \cdots$$

は固有値の絶対値がすべて 1 より小さければ収束し，1 より大きいものがあれば発散する．固有値の絶対値がすべて 1 より小さければ，明らかに $E - X$ は正則行列で，部分和

$$E + X + X^2 + \cdots + X^{n-1} = (E - X^n)/(E - X)$$

だから $\sum_{p=0}^{\infty} X^p = (E - X)^{-1}$ である．

## 6.2 行列の指数関数

次のベキ級数

$$\sum_{p=0}^{\infty} \frac{1}{p!} X^p = E + X + \frac{1}{2!} X^2 + \cdots$$

を $X$ の指数級数という．対応する級数 $\sum_{p=0}^{\infty} \frac{1}{p!} x^p$ は常に収束するから，指数級数はすべての実あるいは複素正方行列 $X$ に対して収束する．この級数の和を $\exp X$ と表わす．$X$ が一次の実正方行列，つまり実数 $x$ のときはよく知られているように $\exp x = e^x$ は指数関数である．一般の正方行列 $X$ に対しても対応

$$X \to \exp X$$

を行列 $X$ の**指数関数**と呼ぶ．

**命題 6.2.1** $n$ 次正方行列 $X, Y$ が $XY = YX$ をみたすならば

$$\exp(X + Y) = \exp X \exp Y$$

が成り立つ．

**証明**　$X$ と $Y$ は可換であるから二項定理が使えて

$$\sum_{p=0}^{2N}\frac{1}{p!}(X+Y)^p = \sum_{p=0}^{2N}\sum_{k+m=p}\frac{1}{k!m!}X^kY^m$$
$$= (\sum_{k=0}^{N}\frac{1}{k!}X^k)(\sum_{m=0}^{N}\frac{1}{m!}Y^m) + R_N$$

となる．ここで剰余項は

$$R_N = \sum\frac{1}{k!m!}X^kY^m, \qquad (\mathrm{Max}\{k,\, m\} > N,\, k+m \leq 2N)$$

である．$||X||$ を 2-ノルムとし，$c = \mathrm{Max}\{||X||,\, ||Y||\}$ とする．上の剰余項における項の数は $N(N+1)$ に注意する．このとき

$$||R_N|| \leq \sum\frac{1}{k!m!}||X||^k||Y||^m \leq N(N+1)\frac{1}{N!}c^{2N}$$

であるが最後の項は 0 に収束する．従って剰余項が 0 行列に収束するので求める結果が得られる． □

**命題 6.2.2**　$n$ 次正方行列 $X$ に対し次の事柄が成り立つ．

(1)　$\exp X$ は正則行列であり，$(\exp X)^{-1} = \exp(-X)$.

(2)　$P$ を正則行列とすると $\exp(P^{-1}XP) = P^{-1}(\exp X)P$.

(3)　行列の複素共役について $\overline{\exp X} = \exp\overline{X}$.

(4)　${}^t(\exp X) = \exp({}^tX)$.

(5)　$\alpha$ を $X$ の固有多項式の根とすると，$\exp\alpha$ は $\exp X$ の固有多項式の根である．

(6)　$\det(\exp X) = \exp(\mathrm{tr}\, X)$

**証明**　(1) $X$ が 0 行列のとき $\exp 0 = E$ であり，

$$\exp(X+(-X)) = \exp X \exp(-X) = E$$

より明らかである．(2) は補題 6.1.5 で示されている．(3)，(4) は明らかである．(5) 正則行列 $P$ を選び $P^{-1}XP$ が上三角行列とできる（定理 4.1.18）．この対角成分が $X$ の固有根である．このとき $\exp(P^{-1}XP)$ はやはり上三角行列で対角成分は元の対角成分の exp である．従って (5) は (2) より従う．$\det(\exp X)$ は固有根の積であるから，(6) は (5) から示される． □

**問 6.7**　次の行列を求めよ．

$$(1)\quad \exp\begin{pmatrix}0 & 1\\ 1 & 0\end{pmatrix}\qquad\qquad (2)\quad \exp\begin{pmatrix}1 & 1\\ 0 & 1\end{pmatrix}$$

さて，実あるいは複素正方行列 $A$ を固定し，$t$ を実変数とするとき行列に値を持つ関数

$$X(t) = \exp tA$$

を考えよう．

**定理 6.2.3**　行列値関数 $\exp tA$ は微分可能で

$$(\exp tA)' = A\exp tA$$

**証明**　このベキ級数はすべての実数 $t$ に対し収束するので，$\exp tA$ の各成分は $t$ のベキ級数として収束半径は $\infty$ である．従って $\exp tA$ は微分可能で導関数は項別微分によって与えられるから，定理は明らかである．□

**■三角関数**　二次正方行列 $\begin{pmatrix}0 & -1\\ 1 & 0\end{pmatrix}$ を $J$ と表わす．$t$ を実数とするとき

$$\exp tJ = \begin{pmatrix}\cos t & -\sin t\\ \sin t & \cos t\end{pmatrix}$$

が成り立つことを示そう．これにはいくつかの証明方法があるが，ここでは三角関数の幾何学的定義に基づいて考えよう．$(x, y)$ 平面の原点を中心とする単位円上で，点 $(1, 0)$ からの弧長が $t$ である点を $P(x, y)$ とすれば，cos, sin は

$$\cos t = x,\quad \sin t = y$$

によって定義される．さて，指数関数の定義から容易にわかるように適当な関数 $a(t), b(t)$ によって

$$\exp tJ = \begin{pmatrix}a(t) & -b(t)\\ b(t) & a(t)\end{pmatrix}$$

の形に表わされる．定理 6.2.3 より $a(t), b(t)$ は微分可能で

$$\begin{pmatrix}a'(t) & -b'(t)\\ b'(t) & a'(t)\end{pmatrix} = \begin{pmatrix}0 & -1\\ 1 & 0\end{pmatrix}\begin{pmatrix}a(t) & -b(t)\\ b(t) & a(t)\end{pmatrix}$$

が成り立つ．従って等式

$$a'(t) = -b(t),\quad b'(t) = a(t)$$

が得られる．また $\det(\exp tJ) = \exp(\mathrm{tr}\,(tJ)) = 1$ より

$$a(t)^2 + b(t)^2 = 1$$

である．従って点 $(a(t), b(t))$ は単位円周上にある．また $(1, 0)$ からの弧長は

$$\int_0^t \sqrt{a'(t)^2 + b'(t)^2}dt = t$$

である．従って定義より $a(t) = \cos t$, $b(t) = \sin t$ が示された．

上に述べたことから，逆に三角関数を解析的に関数 $a(t)$, $b(t)$ によって定義してもよいのである．つまりそれが三角関数の幾何的な定義の要件をみたしていることがいえるからである．三角関数をこのように定義すると，三角関数の**加法公式**をユークリッド幾何を用いず，次のように示すこともできる．

**命題 6.2.4** 次の加法公式が成り立つ．

$$\cos(s+t) = \cos s \cos t - \sin s \sin t$$
$$\sin(s+t) = \cos s \sin t + \sin s \cos t$$

**証明** 命題 6.2.1 より

$$\exp(s+t)J = (\exp sJ)(\exp tJ)$$

が成り立つ．行列の成分の等式から命題は明らかである． □

さて，A.3 節で述べたように複素数 $z = a + bi$ と $\begin{pmatrix} a & -b \\ b & a \end{pmatrix}$ の形の実正方行列たちは 1 対 1 に対応し，複素数の和や積は行列の和，積に対応する．この対応を

$$\varphi : \boldsymbol{C} \to \{\begin{pmatrix} a & -b \\ b & a \end{pmatrix} ; a, b \in \boldsymbol{R}\}$$

と表わそう．このとき容易にわかるように，複素数 $z$ に対し

$$\varphi(\exp z) = \exp \varphi(z)$$

が成り立つ．特に虚数単位 $i$ に対し $\varphi(i) = J$ に注意すれば，実数 $t$ に対し

$$\varphi(\exp ti) = \exp tJ$$

である．$\exp ti$ を $e^{ti}$ と表わすことにすれば **Euler（オイラー）の公式**

$$e^{ti} = \cos t + i \sin t$$

が得られる．また単位円の円周の長さを $2\pi$ と置けば次の公式

$$e^{\pi i} = -1$$

が得られる．整数 $n$ に対し $e^{nti} = (e^{ti})^n$ に注意すれば **de Moivre**（ド・モアブル）の公式

$$\cos nt + i \sin nt = (\cos t + i \sin t)^n$$

が得られる．

**■直交行列** 前項では二次正方行列 $J = \begin{pmatrix} 0 & -1 \\ 1 & 0 \end{pmatrix}$ を考えたが，これは ${}^tA = -A$ をみたす実正方行列（交代行列）である．ここでは一般の次数の交代行列 $A$ の指数関数を見てみよう．

**命題 6.2.5** $A$ を交代行列とすると，$\exp A$ は直交行列で $\det(\exp A) = 1$ である．

**証明** 条件より $A$ と ${}^tA$ は可換であって $A + {}^tA = 0$ である．従って命題 6.2.1 と命題 6.2.2 の (4) より，

$$\exp A \exp {}^tA = \exp A\, {}^t(\exp A) = E$$

だから $\exp A$ は直交行列である．また $\mathrm{tr}\, A = 0$ だから命題 6.2.2 の (6) より $\det(\exp A) = 1$ である． □

$n$ 次交代行列たちの集合を $\mathcal{A}_n$ と表わし，$n$ 次直交行列で $\det = 1$ である行列たちの集合を $SO(n)$ と表わす．

**定理 6.2.6** 写像

$$\exp : \mathcal{A}_n \to SO(n)$$

は全射である．

**証明** $n$ が偶数 $2m$ のときと，奇数 $2m+1$ のときに分けて考える．$P$ は $2m$ 次の直交行列で $\det = 1$ とする．このとき系 5.3.17 より直交行列 $T$ を選べば

$$T^{-1}PT = \begin{pmatrix} R_1 & 0 & \dots & 0 \\ 0 & R_2 & \ddots & \vdots \\ \vdots & \ddots & \ddots & 0 \\ 0 & \dots & 0 & R_k \end{pmatrix}$$

とできる．ここで $R_i$ は回転を表わす二次正方行列である．このとき前項の結果より交代行列 $X$ であって

$$\exp X = \begin{pmatrix} R_1 & 0 & \dots & 0 \\ 0 & R_2 & \ddots & \vdots \\ \vdots & \ddots & \ddots & 0 \\ 0 & \dots & 0 & R_k \end{pmatrix}$$

をみたすものが取れる．従って

$$P = T(\exp X)T^{-1} = \exp(TXT^{-1})$$

である．$TXT^{-1} = TX\,{}^tT$ は交代行列だから exp は全射である．$n$ が奇数のときも同様である． □

**■岩沢分解**　複素数の極表示 $z = r(\cos\theta + i\sin\theta)$ は 0 でない任意の複素数が正の実数と絶対値が 1 の複素数の積に表わせるといっている．複素行列についても同様のことが成り立つのである．行列の固有値に注目すれば，正の実数に対応するのは固有値がすべて正の Hermite 行列であり，絶対値 1 の複素数に対応するのはユニタリー行列である（定理 5.3.14）．固有値がすべて正の実数であるような Hermite 行列を正定値であるという．これは任意の 0 でない複素ベクトル $\boldsymbol{x}$ に対し内積 $H\boldsymbol{x}\cdot\boldsymbol{x} > 0$ となるからである．

次の定理を複素正則行列の極分解（岩沢分解）という．

**定理 6.2.7**　$A$ は $n$ 次複素正則行列とする．このときユニタリー行列 $U$ と正定値 Hermite 行列 $P$ が存在し

$$A = PU$$

の形に分解される．またこのような表わし方は一意的である．

証明のために次の命題を考えよう．$n$ 次 Hermite 行列たちの集合を $\mathcal{H}$，正定値 Hermite 行列たちの集合を $\mathcal{P}$ とする．実数上の指数関数 $e^x$ は実数の集

合 $\boldsymbol{R}$ から正の実数の集合 $\boldsymbol{R}_{>0}$ への全単射写像であるが，行列についても次が成り立つ．

**命題 6.2.8**　指数関数

$$\exp : \mathcal{H} \to \mathcal{P}$$

は全単射写像である．

**証明**　$H$ が Hermite 行列のとき，$\exp H \in \mathcal{P}$ は明らかであろう．まず全射を示そう．$S \in \mathcal{P}$ を正定値 Hermite 行列とする．適当なユニタリー行列 $U$ によって $D = U^{-1}SU$ が対角行列とでき，その対角成分はすべて正の実数である．その対角成分の log を取った行列を $\log D$ と表わす．$H = U(\log D)U^{-1}$ は Hermite 行列であって，

$$\exp H = U \exp(\log D)U^{-1} = UDU^{-1} = S$$

だから exp は全射である．

次に単射を示すため，二つの Hermite 行列 $H, H'$ は $\exp H = \exp H'$ をみたすとする．適当なユニタリー行列 $P$ によって $P^{-1}HP = D$ を対角行列とする．このとき $H = PDP^{-1}$ だから $\exp H = \exp H'$ は

$$\exp D = \exp(P^{-1}H'P)$$

と同値である．従って上の仮定で初めから $H$ が対角行列としてよい．このとき容易にわかるように，$H$ と $H'$ の固有値たちは一致しなければならない．$H, H'$ は Hermite だから正規直交基底をそれぞれうまく選べば同じ対角行列で表示できる．従って $H$ と $H'$ は適当なユニタリー行列 $V$ によって同値 $H' = V^{-1}HV$ となる．このとき

$$\exp H = \exp H' = \exp(V^{-1}HV) = V^{-1}(\exp H)V$$

だから

$$(\exp H)V = V(\exp H)$$

が成り立つ．$V = (a_{ij})$ とし，対角行列 $H$ の対角成分を $\lambda_i$ とすると，上の可換性の条件は，すべての $i, j$ に対し

$$a_{ij}(e^{\lambda_i} - e^{\lambda_j}) = 0$$

が成り立つことと同値である．しかしこれは

$$a_{ij}(\lambda_i - \lambda_j) = 0$$

と同値であり, $HV = VH$ が示される. $H' = V^{-1}HV$ であったから $H = H'$ が成り立ち exp は単射である. □

**定理の証明** $A$ は $n$ 次複素正則行列とする. Hermite 行列 $A^*A$ は正定値である. 実際, $A^*A\boldsymbol{x}\cdot\boldsymbol{x} = A\boldsymbol{x}\cdot A\boldsymbol{x} \geq 0$ である. 命題 6.2.8 より $\exp : \mathcal{H} \to \mathcal{P}$ は全単射だから, その逆写像を log と表わそう. このとき一意的に定まる行列

$$P = \sqrt{A^*A} = \exp\left(\frac{1}{2}\log(A^*A)\right)$$

を考えよう. 明らかに $P \in \mathcal{P}$ であり, $AP^{-1} = U$ はユニタリーである. 実際

$$(AP^{-1})^*AP^{-1} = (P^{-1})^*A^*AP^{-1} = E$$

である. 従って $A = PU$ と求める分解を得る.

逆にこのような分解 $A = PU$ があれば

$$AA^* = PUU^*P^* = P^2$$

だから $P = \sqrt{AA^*}$ となり, $A$ から一意的に定まる. 従って $U$ も一意的である. □

**注 6.5** 同様の証明で, $A$ が実正則行列なら, 直交行列 $O$ と正定値対称行列 $P$ によって $A = PO$ の形に一意的に分解されることが示される.

## 6.3 空間曲線

空間 $\boldsymbol{R}^3$ に値をとる可微分関数 $\boldsymbol{x}(t)$ で定義される曲線 $C$ について考えよう. $\boldsymbol{x}(t) = (x_1(t), x_2(t), x_3(t))$ とするとき, Wronski の行列式 (3 章 5 節参照)

$$\det\begin{pmatrix} x_1'(t) & x_2'(t) & x_3'(t) \\ x_1''(t) & x_2''(t) & x_3''(t) \\ x_1'''(t) & x_2'''(t) & x_3'''(t) \end{pmatrix}$$

はいたるところ 0 ではないと仮定する. 従って, 特に三つの関数 $x_1(t), x_2(t), x_3(t)$ は線形独立であり, $C$ は平面内の曲線にはならない. 曲線 $C$ のある点からの弧長

$$s(t) = \int_{t_0}^{t} ||\boldsymbol{x}'(t)||\, dt$$

は上の仮定から $||\boldsymbol{x}'(t)|| > 0$ だから狭義単調増加関数であり，逆関数 $t = t(s)$ がとれる．このとき $\boldsymbol{x}(t(s))$ とおけば同じ曲線 $C$ のパラメータを弧長 $s$ に置き換えることができる．

以下では，曲線 $C$ は弧長をパラメータに取っておく．このとき明らかに $||\boldsymbol{x}'(s)|| = 1$ である．また一般にベクトル値関数 $\boldsymbol{v}(s)$ が球面上を動く，つまり $||\boldsymbol{v}(s)||$ が定数であれば $\boldsymbol{v}(s)$ と $\boldsymbol{v}'(s)$ は直交する（問 6.2）．さて，最初の仮定よりすべての $s$ について，三つのベクトル $\boldsymbol{x}'(s), \boldsymbol{x}''(s), \boldsymbol{x}'''(s)$ は線形独立である．この三つのベクトルから Schmidt の直交化により得られるベクトルを $\boldsymbol{a}_1(s), \boldsymbol{a}_2(s), \boldsymbol{a}_3(s)$ と置く．Schmidt の直交化の形から容易にわかるように $\boldsymbol{a}_i(s)$ は $s$ の可微分関数である．$||\boldsymbol{x}'(s)|| = 1$ より

$$\boldsymbol{a}_1(s) = \boldsymbol{x}'(s)$$

である．また上に述べたことより $\boldsymbol{x}''(s)$ は $\boldsymbol{a}_1(s) = \boldsymbol{x}'(s)$ と直交する．従って $||\boldsymbol{x}''(s)|| = \kappa(s)$ とおけば

$$\boldsymbol{a}_2(s) = \frac{1}{\kappa(s)}\boldsymbol{x}''(s) = \frac{1}{\kappa(s)}\boldsymbol{a}_1'(s)$$

である．$\kappa(s)$ を $\boldsymbol{x}(s)$ における $C$ の**曲率**という．次に直交関係 $\boldsymbol{a}_1(s)\cdot\boldsymbol{a}_3(s) = 0$ の微分より

$$\boldsymbol{a}_1'(s)\cdot\boldsymbol{a}_3(s) + \boldsymbol{a}_1(s)\cdot\boldsymbol{a}_3'(s) = 0$$

であるが，$\boldsymbol{a}_3(s)$ は $\boldsymbol{a}_1'(s) = \kappa(s)\boldsymbol{a}_2(s)$ と直交するので，上式より $\boldsymbol{a}_3'(s)$ は $\boldsymbol{a}_1(s)$ と直交する．一方，$\boldsymbol{a}_3(s)$ は長さ一定だから，$\boldsymbol{a}_3'(s)$ は $\boldsymbol{a}_3(s)$ とも直交する．従ってスカラー関数 $\tau(s)$ が存在し

$$\boldsymbol{a}_3'(s) = -\tau(s)\boldsymbol{a}_2(s)$$

と表わすことができる．$\tau(s)$ を $C$ の**捩率**という．また，三つのベクトル $\boldsymbol{a}_1(s), \boldsymbol{a}_2(s), \boldsymbol{a}_3(s)$ をそれぞれ接線ベクトル，主法線ベクトルおよび従法線ベクトルという．三つのベクトルを並べた

$$F(t) = (\boldsymbol{a}_1(s), \boldsymbol{a}_2(s), \boldsymbol{a}_3(s))$$

は直交行列であり，$C$ の各点で正規直交基底を与える．これを **Frenet**（**フレネー**）**枠**といい，$C$ の各点で定義されたベクトル値関数はこの Frenet 枠をを

用いて表わすことができる．$F(t)$ は直交行列だから ${}^tF(s)F(s) = E$ の微分を取れば

$$ {}^tF'(s)F(s) + {}^tF(s)F'(s) = 0 $$

となる．従って

$$ A(s) = F(s)^{-1}F'(s) = {}^tF(s)F'(s) $$

は交代行列，つまり ${}^tA(s) = -A(s)$ である．$A(s) = {}^tF(s)F'(s)$ の $(i, j)$ 成分は $\boldsymbol{a}_i(s) \cdot \boldsymbol{a}'_j(s)$ で与えられる．従って上に与えた結果と反対称性より

$$ A(s) = \begin{pmatrix} 0 & -\kappa(s) & 0 \\ \kappa(s) & 0 & -\tau(s) \\ 0 & \tau(s) & 0 \end{pmatrix} $$

従って次の **Frenet-Serret**（フレネー・セレ）の公式を得る．

$$ F'(s) = F(s) \begin{pmatrix} 0 & -\kappa(s) & 0 \\ \kappa(s) & 0 & -\tau(s) \\ 0 & \tau(s) & 0 \end{pmatrix} $$

## 6.4 線形微分方程式

定数係数の $n$ 階斉次線形微分方程式

$$ \frac{d^ny}{dx^n} + a_{n-1}\frac{d^{n-1}y}{dx^{n-1}} + \cdots + a_1\frac{dy}{dx} + a_0y = 0 $$

を考えよう．ただし，$a_i$ は実数または複素数である．実数のある区間上定義され，$n$ 階微分可能な関数たちのなすベクトル空間 $V$ と，その線形変換として微分作用素 $D = d/dx$ を考える．多項式

$$ f(x) = x^n + a_{n-1}x^{n-1} + \cdots a_1x + a_0 $$

をこの微分方程式の特性多項式というのであるが，このとき上の微分方程式は

$$ f(D)(y) = 0 $$

と表わされる．微分作用素の線形性から，解の集合 $K$ は $V$ の部分ベクトル空間であり，$D$ はベクトル空間 $K$ の線形変換になっている．

このような微分方程式は $n$ 次元ベクトル $\boldsymbol{b} = {}^t(b_1, \ldots b_n)$ が与えられたとき，区間内の 1 点 $x_0$ における初期条件

$$\begin{pmatrix} y(x_0) \\ \frac{dy}{dx}(x_0) \\ \vdots \\ \frac{d^{n-1}y}{dx^{n-1}}(x_0) \end{pmatrix} = \begin{pmatrix} b_1 \\ b_2 \\ \vdots \\ b_n \end{pmatrix}$$

をみたす解が唯一つ存在する[*3] ことが知られている．従って解の空間 $K$ は初期値 $\boldsymbol{b}$ たちのなす $n$ 次元ベクトル空間と同型であり，特に基本ベクトル $\boldsymbol{e}_i$ たちを初期値とする解 $y_i$ たちが基底（**基本解**と呼ぶ）となる．

**命題 6.4.1** (1) 行列 $A = \begin{pmatrix} 0 & 1 & 0 & & \\ \vdots & & \ddots & \ddots & \\ \vdots & & & \ddots & 0 \\ 0 & & & & 1 \\ -a_0 & -a_1 & \dots & \dots & -a_{n-1} \end{pmatrix}$ と置くと次式が成り立つ．

$$D \begin{pmatrix} y_1 \\ \vdots \\ y_n \end{pmatrix} = A \begin{pmatrix} y_1 \\ \vdots \\ y_n \end{pmatrix}$$

(2) $f(x)$ は線形変換 $D : K \to K$ の最小多項式である．

**証明** (1) $i < n$ のとき，初期値から直ちに $Dy_i = y_{i+1}$ がわかる．また，

$$\begin{aligned} 0 = f(D)y_1 &= D^n y_1 + a_{n-1}D^{n-1}y_1 + \cdots + a_0 y_1 \\ &= Dy_n + a_{n-1}y_n + a_{n-2}y_{n-1} + \cdots + a_0 y_1 \end{aligned}$$

だから求める結果を得る．

(2) もし $k(< n)$ 次多項式 $h(x) = x^k + b_{k-1}x^{k-1} + \cdots + b_0$ があって $h(D) = 0$ であれば $\{y_1, y_2, \dots, y_{k+1}\}$ は線形従属であり矛盾である． □

この命題は線形変換 $D : K \to K$ の行列表示が $A$ であるといっている．ただし，4章1節とは違って基底のベクトルたちを縦に並べて考えているので，4章1節のような行列表示を得るには $A$ の転置行列をとればよい．

[*3] 例えば，笠原晧司著 『微分積分学』（サイエンス社）参照

さて次のようなベクトル値関数 $\boldsymbol{y} = \begin{pmatrix} y \\ \frac{dy}{dx} \\ \vdots \\ \frac{d^{n-1}y}{dx^{n-1}} \end{pmatrix}$ を考えよう．このとき上の命題より求める微分方程式は次の連立1階線形微分方程式

$$\frac{d\boldsymbol{y}}{dx} = A\boldsymbol{y}$$

に帰着される．このとき指数関数の性質（定理 6.2.3）より次の定理を得る．

**定理 6.4.2** 上の連立線形微分方程式の，初期値 $\boldsymbol{b}$ に対する解は

$$\boldsymbol{y} = (\exp xA)\boldsymbol{b}$$

で与えられる．

さて，$\lambda$ を行列 $A$，従って線形変換 $D : K \to K$ の固有値とし，$y$ を $D$ の固有ベクトル，つまり $Dy = \lambda y$ をみたすとする．このとき $f(D)y = f(\lambda)y = 0$ だから $y$ は元の微分方程式の解である．従って行列 $A$ が対角化可能であれば，その固有ベクトルたちを求めることにより，微分方程式を解くことができる．

**例題 6.2** 2階の微分方程式

$$\frac{d^2y}{dx^2} + y = 0$$

の一般解を求めよ．

**解答** 特性多項式 $x^2+1$ は重解を持たない．従って複素数値関数としての基本解は $\frac{dy}{dx} = \pm y$ を解いて $y = e^{\pm ix}$，一般解は複素数 $p, q$ を用いて

$$pe^{ix} + qe^{-ix}$$

と表わされる．これが実数値関数となるのは $q = \bar{p}$ のときで，独立な解としては $\cos x, \sin x$ が取れる．

**例 6.3** 実数列，あるいは複素数列 $\{x_k\}_{k=0,1,\dots}$ についての $n+1$ 項線形漸化式

$$x_{k+n} + a_{n-1}x_{k+n-1} + \cdots + a_1 x_{k+1} + a_0 x_k = 0$$

を考えよう．ここで $a_i$ は実数列，あるいは複素数列に応じて実数，あるいは複素数の定数である．数列たちのなすベクトル空間における番号のシフト作用素

$$T(x_0, x_1, x_2, \dots) = (x_1, x_2, \dots)$$

を考えよう．このとき上の漸化式をみたす数列 $\{x_k\}$ とは

$$(T^n + a_{n-1}T^{n-1} + \cdots + a_1 T + a_0 E)\{x_k\} = 0$$

の解に他ならない．このような数列は最初の $n$ 項 $x_0, x_1, \ldots, x_{n-1}$（微分方程式での初期値に対応）で一意的に定まるから，例えば最初の $n$ 項が行基本ベクトル ${}^t\boldsymbol{e}_i = (0,\ \ldots, 1,\ \ldots,\ 0)$ である数列を $\{u_i\}$ とすれば

$$\{u_1\}, \{u_2\}, \ldots, \{u_n\}$$

たちは解空間の基底である．従って一般項の求め方は微分方程式での場合とほぼ同じである．特性多項式 $f(x) = x^n + a_{n-1}x^{n-1} + \cdots + a_1x + a_0$ の根 $\lambda$ は $T$ の固有値であり，固有ベクトル

$$T\{x_k\} - \lambda\{x_k\} = 0$$

とは，$(x_0,\ \lambda x_0,\ \lambda^2 x_0,\ \ldots)$ である．特に特性多項式 $f(x)$ が重根を持たなければ（複素数列としては）このような固有ベクトルたちの線形結合が一般項となる．

**例題 6.3** 3 項漸化式

$$x_{n+2} = x_{n+1} + x_n$$

をみたし最初の 2 項が $(1,\ 1)$ である実数列（フィボナッチ数列）の一般項を求めよ．

**解答** 特性多項式は $f(x) = x^2 - x - 1$ であるから根は $\alpha = \frac{1+\sqrt{5}}{2}$ と $\beta = \frac{1-\sqrt{5}}{2}$ である．従って一般解は実数 $p, q$ に対し $\{p\alpha^k + q\beta^k\}$ で与えられる．最初の 2 項の条件は

$$(p,\ q)\begin{pmatrix} 1 & \alpha \\ 1 & \beta \end{pmatrix} = (1,\ 1)$$

である．これを解けば一般項は $\frac{1}{2^k}\{(1+\sqrt{5})^k + (1-\sqrt{5})^k\}$ である．

# 第7章

# テンソル積と外積ベクトル空間

第5章4節においてベクトル空間の二次形式や双一次形式を考察した．実計量ベクトル空間における内積も，このような双一次形式の一種であった．さらに，行列式の定義の出発点として，多重線形写像（第3章1節）の概念を用いた．このような二つ，あるいはそれ以上のベクトルの組に関わる問題を統一的に取り扱うことができる量がテンソルなのである．

外積ベクトルは交代的な性質を持つテンソルの一種である．その特別の場合としては第3章で行列式の定義に用いられたのであるが，ここでは一般の次元の外積ベクトルについて少し詳しく述べる．テンソルや外積ベクトルは，線形代数の続論であるベクトル解析や微分形式の理論の理解に不可欠である．

## 7.1 テンソル積

$V, W, U$ は体 $K$ 上のベクトル空間とする．写像

$$\varphi: V \times W \to U$$

は，$V$ あるいは $W$ の一方のベクトルを固定するとき，残りのベクトル空間から $U$ への線形写像になっているとき，**双線形写像**とよぶ．式で表わせば，ベクトル $\boldsymbol{v}, \boldsymbol{v}' \in V$, $\boldsymbol{w}, \boldsymbol{w}' \in W$ とスカラー $a, a', b, b' \in K$ に対し

$$\varphi(a\boldsymbol{v} + a'\boldsymbol{v}',\, \boldsymbol{w}) = a\varphi(\boldsymbol{v},\, \boldsymbol{w}) + a'\varphi(\boldsymbol{v}',\, \boldsymbol{w})$$
$$\varphi(\boldsymbol{v}',\, b\boldsymbol{w} + b'\boldsymbol{w}') = b\varphi(\boldsymbol{v},\, \boldsymbol{w}) + b'\varphi(\boldsymbol{v}',\, \boldsymbol{w}')$$

である．このとき特に $\varphi(\boldsymbol{v},\, \boldsymbol{0}) = \varphi(\boldsymbol{0},\, \boldsymbol{w}) = 0$ である．実際，

$$\varphi(\boldsymbol{v},\, \boldsymbol{w}) = \varphi(\boldsymbol{v},\, \boldsymbol{w} + \boldsymbol{0}) = \varphi(\boldsymbol{v},\, \boldsymbol{w}) + \varphi(\boldsymbol{v},\, \boldsymbol{0})$$

が成り立つからである．

双線形写像たちの集合はまた一つのベクトル空間になっている．

$$\varphi,\, \psi : V \times W \to U$$

がそれぞれ双線形写像， $c \in K$ のとき，その和とスカラー倍を

$$(\varphi + \psi)(\boldsymbol{v},\, \boldsymbol{w}) = \varphi(\boldsymbol{v},\, \boldsymbol{w}) + \psi(\boldsymbol{v},\, \boldsymbol{w})$$
$$(c\varphi)(\boldsymbol{v},\, \boldsymbol{w}) = c\varphi(\boldsymbol{v},\, \boldsymbol{w})$$

とすれば，これらはやはり双線形写像であること，およびこの和とスカラー倍で双線形写像たちの集合がベクトル空間であることはは容易に確かめられる．以下の議論においては，ベクトル空間 $U$ が $K$ のときが本質的なので，$V \times W$ から $K$ への双線形写像たちのなすベクトル空間をここでは $B(V,\, W)$ と表わそう．$V = W$ のときがこれまで何度か考察した双一次形式である．$V$ と $W$ の基底 $\boldsymbol{v}_1, \ldots, \boldsymbol{v}_n$ と $\boldsymbol{w}_1, \ldots, \boldsymbol{w}_m$ を選んでおく．ただし，$n = \dim V,\, m = \dim W$ である．双線形写像 $\varphi$ に対し

$$a_{ij} = \varphi(\boldsymbol{v}_i,\, \boldsymbol{w}_j)$$

とおけば $(n,\, m)$ 行列 $A = (a_{ij})$ が得られる．これを $\varphi$ の行列表示と呼ぶ．ベクトル $\boldsymbol{v} \in V,\, \boldsymbol{w} \in W$ の成分表示を

$$\boldsymbol{v} = x_1\boldsymbol{v}_1 + \cdots + x_n\boldsymbol{v}_n, \quad \boldsymbol{w} = y_1\boldsymbol{w}_1 + \cdots + y_m\boldsymbol{w}_m$$

とし，$\boldsymbol{x} = {}^t(x_1, \ldots, x_n),\, \boldsymbol{y} = {}^t(y_1, \ldots, y_m)$ をそれぞれ成分ベクトルとすれば，容易にわかるように

$$\varphi(\boldsymbol{v},\, \boldsymbol{w}) = \varphi(x_1\boldsymbol{v}_1 + \cdots + x_n\boldsymbol{v}_n,\, y_1\boldsymbol{w}_1 + \cdots + y_m\boldsymbol{w}_m) = {}^t\boldsymbol{x}A\boldsymbol{y}$$

が成り立つ．従って双線形写像と $(n,\, m)$ 行列は1対1に対応し，ベクトル空間 $B(V,\, W)$ は $(n,\, m)$ 行列たちのなすベクトル空間 $M_{n,m}(K)$ と同型である．

さて，$B(V,\, W)$ の双対ベクトル空間（5章3節参照）を

$$V \otimes W = (B(V, W))^*$$

と表わし，ベクトル空間 $V$ と $W$ の**テンソル積**という．つまり $V \otimes W$ の元とは，線形写像 $B(V, W) \to K$ のことである．ベクトル $\boldsymbol{v} \in V$, $\boldsymbol{w} \in W$ に対し $h(\varphi) = \varphi(\boldsymbol{v}, \boldsymbol{w})$, $\varphi \in B(V, W)$ によって定義される写像

$$h : B(V, W) \to K$$

は線形写像であることは容易にわかる．従って $h$ は $B(V, W)$ の双対ベクトル，つまり $h \in V \otimes W$ である．これは $\boldsymbol{v}$ と $\boldsymbol{w}$ から定まるので $\boldsymbol{v} \otimes \boldsymbol{w}$ と表わし，ベクトル $\boldsymbol{v}$ と $\boldsymbol{w}$ の**テンソル積**という．

**定理 7.1.1** (1) $V \otimes W$ のベクトルとして次の関係が成り立つ．

$$(a\boldsymbol{v} + a'\boldsymbol{v}') \otimes \boldsymbol{w} = a(\boldsymbol{v} \otimes \boldsymbol{w}) + a'(\boldsymbol{v}' \otimes \boldsymbol{w})$$
$$\boldsymbol{v} \otimes (b\boldsymbol{w} + b'\boldsymbol{w}') = b(\boldsymbol{v} \otimes \boldsymbol{w}) + b'(\boldsymbol{v} \otimes \boldsymbol{w}')$$

(2) $\{\boldsymbol{v}_1, \ldots, \boldsymbol{v}_n\}$, $\{\boldsymbol{w}_1, \ldots, \boldsymbol{w}_m\}$ をそれぞれ $V, W$ の基底とすると，

$$\{\boldsymbol{v}_i \otimes \boldsymbol{w}_j, \quad i = 1, \ldots, n, \quad j = 1, \ldots, m\}$$

が $V \otimes W$ の基底となる．特に $\dim(V \otimes W) = mn$ である．

**証明** (1) は任意の双線形写像 $\varphi$ に対し，定義より

$$\begin{aligned}((a\boldsymbol{v} + a'\boldsymbol{v}') \otimes \boldsymbol{w})(\varphi) &= \varphi(a\boldsymbol{v} + a'\boldsymbol{v}', \boldsymbol{w}) = a\varphi(\boldsymbol{v}, \boldsymbol{w}) + a'\varphi(\boldsymbol{v}', \boldsymbol{w}) \\ &= a(\boldsymbol{v} \otimes \boldsymbol{w})(\varphi) + a'(\boldsymbol{v}' \otimes \boldsymbol{w})(\varphi) \\ &= (a(\boldsymbol{v} \otimes \boldsymbol{w}) + a'(\boldsymbol{v}' \otimes \boldsymbol{w}))(\varphi)\end{aligned}$$

が成り立つことから明らかである．

(2) $V, W$ に上のように基底を取り，$\delta_{ik}$ は Kronecker のデルタとするとおくと，

$$\varphi_{ij}(\boldsymbol{v}_k, \boldsymbol{w}_l) = \delta_{ik}\delta_{jl}$$

で定まる双線形写像 $\varphi_{ij}$ たちが $B(V, W)$ の基底となる．実際，$\varphi_{ij}$ の行列表示は行列単位 $E_{ij}$ に他ならないが，それらはベクトル空間 $M_{n,m}(K)$ の基底である．定義より上式を書き直せば

$$(\boldsymbol{v}_k \otimes \boldsymbol{w}_l)(\varphi_{ij}) = \delta_{ik}\delta_{jl}$$

だから，$\boldsymbol{v}_k \otimes \boldsymbol{w}_l$ たちが $\varphi_{ij}$ たちの双対基底になっている．このとき (2) は定理 5.3.1 より明らかである． □

**系 7.1.2** $f: V \otimes W \to U$ は線形写像とする．

$$\varphi(\boldsymbol{v}, \boldsymbol{w}) = f(\boldsymbol{v} \otimes \boldsymbol{w})$$

とおくと，

$$\varphi: V \times W \to U$$

は双線形写像である．この対応により，$V \otimes W$ から $U$ への線形写像たちと，$V \times W$ から $U$ への双線形写像たちは 1 対 1 に対応する．

**証明** ベクトル空間 $V \otimes W$ の基底は $\{\boldsymbol{v}_i \otimes \boldsymbol{w}_j\}$ である．従って線形写像 $f: V \otimes W \to U$ はベクトル $\{\boldsymbol{v}_i \otimes \boldsymbol{w}_j\}$ たちの像を定めることと 1 対 1 に対応するが，一方，双線形写像も，ベクトル対 $\{(\boldsymbol{v}_i, \boldsymbol{w}_j)\}$ たちの像で定まるから，両者の対応は 1 対 1 である． □

**例 7.1** 以上の議論を用いて，双線形写像をどのようにテンソルとみなすかを見てみよう．$V^*, W^*$ をそれぞれ $V, W$ の双対ベクトル空間とする．写像

$$\gamma: V^* \times W^* \to B(V, W)$$

を $\alpha \in V^*, \beta \in W^*$ に対し，式

$$\gamma(\alpha, \beta)(\boldsymbol{v}, \boldsymbol{w}) = \alpha(\boldsymbol{v})\beta(\boldsymbol{w}), \quad \boldsymbol{v} \in V, \boldsymbol{w} \in W$$

によって定めることができる．容易に確かめられるように，これは系 7.1.2 で考えているような双線形写像である．従って系 7.1.2 より対応する線形写像

$$f: V^* \otimes W^* \to B(V, W)$$

が得られる．$\{\boldsymbol{v}_1, \ldots, \boldsymbol{v}_n\}$，$\{\boldsymbol{w}_1, \ldots, \boldsymbol{w}_m\}$ をそれぞれ $V, W$ の基底とする．このときその双対基底について $\gamma(\boldsymbol{v}_i^*, \boldsymbol{w}_j^*)$ は，定理 7.1.1 の証明における $\varphi_{ij}$ に他ならない．従って線形写像 $f$ はベクトル空間の同型である．つまり，双線形写像 $\varphi: V \times W \to K$ はテンソル積 $V^* \otimes W^*$ の元であると考えてよいのである．特に $V = W$ のとき，$V$ の双一次形式はテンソル積 $V^* \otimes V^*$ の元であると考えることができる．

**例 7.2** 双線形写像の代わりに $V$ から $W$ への線形写像について同様のことを考えよう．$V$ から $W$ への線形写像たちの集合を $H(V, W)$ と表わす．これは線形写像たちの和やスカラー倍でベクトル空間であり，基底を選んで行列表示すればわかるように $(n, m)$ 行列の集合 $M_{n,m}(K)$ と同型である．写像

$$\varphi: V^* \times W \to H(V, W)$$

を，$\alpha \in V^*$，$\boldsymbol{v} \in V$，$\boldsymbol{w} \in W$ に対し，式

$$\varphi(\alpha,\, \boldsymbol{w})(\boldsymbol{v}) = \alpha(\boldsymbol{v})\boldsymbol{w}$$

によって定める．これが双線形写像であることは容易にわかる．従って系 7.1.2 より対応する線形写像

$$g : V^* \otimes W \to H(V,\, W)$$

が得られる．上の例と同様に基底を取ればわかるように $g$ は同型写像である．この対応により $V$ から $W$ への線形写像はテンソル積 $V^* \otimes W$ の元であると考えてよいのである．また $V = W$ のとき，$V$ の線形変換はテンソル積 $V^* \otimes V$ の元であると考えることができる．

さて二つの線形写像 $g : V \to V'$, $h : W \to W'$ を考えよう．線形写像

$$g \otimes h : V \otimes W \to V' \otimes W'$$

をベクトル $\boldsymbol{v} \otimes \boldsymbol{w} \in V \otimes W$ に対し

$$(g \otimes h)(\boldsymbol{v} \otimes \boldsymbol{w}) = g(\boldsymbol{v}) \otimes h(\boldsymbol{w})$$

によって矛盾なく定めることができる．これは $V \otimes W$ のベクトルたちに定理 7.1.2 の関係があるとき，$g \otimes h$ で写したとき $V' \otimes W'$ での同じ関係式をみたすからである．これを二つの線形写像 $g, h$ のテンソル積という．

行列で表わされた線形写像 $A : K^n \to K^m$, $B : K^{n'} \to K^{m'}$ の場合を考えよう．テンソル積 $K^n \otimes K^m$, $K^{n'} \otimes K^{m'}$ の基底として基本ベクトルたちのテンソル積 $\boldsymbol{e}_i \otimes \boldsymbol{e}_j$ たちを取る．これらの基底のベクトルは左からの辞書式順序で並べるとする．$A = (a_{ij})$, $B = (b_{kl})$ とするとき，線形写像 $A \otimes B$ を表わす $(mm', nn')$ 行列は

$$\begin{pmatrix} Ab_{11} & \dots & Ab_{1n'} \\ \vdots & \ddots & \vdots \\ Ab_{m'1} & \dots & Ab_{m'n'} \end{pmatrix}$$

で表わされる．これを行列 $A, B$ のテンソル積という．

より一般に $V_1, \dots, V_k$ を $k$ 個のベクトル空間とするとき，$k$ 重線形写像 $\varphi : V_1 \times \cdots \times V_k \to K$ とは，各 $i$ に対し，$i$ 以外の $V_j$ のベクトルを固定し，$V_i$ からの写像とみたとき線形になっているものである．$k$ 重線形写像たちの集合 $B(V_1, \dots, V_k)$ は $B(V, W)$ と同様にベクトル空間である．その双対ベクトル空間を $V_1, \dots, V_k$ たちのテンソル積といい，$V_1 \otimes \cdots \otimes V_k$ と表わす．

このようなテンソル積についても，定理 7.1.1 あるいは系 7.1.2 の一般化が成り立つ．

例 7.1 と 7.2 で考えたことは多くの変数がある場合も同様に成り立つ．特に上のベクトル空間 $V_i$ たちが一つのベクトル空間 $V$ あるいはその双対ベクトル空間の場合が重要で，$k$ 個の $V$ と $l$ 個の $V^*$ のテンソル積 $V \otimes \cdots \otimes V \otimes V^* \otimes \cdots \otimes V^*$ の元は $k$-共変 $l$-反変テンソルと呼ばれる．

## 7.2 外積ベクトル空間

第 3 章 1 節での行列式の定義を思い出そう．本書での行列式の定義にはベクトル空間上の交代写像の概念を用いた．その際，置換の符号数を用いて，$n$ 次元ベクトル空間上に 0 でない $n$ 重交代写像の存在を示すことが本質的であった．本節では，一般の $k$ に対する $k$ 重交代写像を調べ，それを用いて外積ベクトル空間について考えよう．この節では体 $K$ は実数体または複素数体であるとする．

外積ベクトル空間の定義をするのに，一般のベクトル空間で議論することも可能であるが，簡明のため，ベクトル空間 $V$ は $n$ 次元数ベクトル空間 $K^n$ とし，$\{\boldsymbol{e}_1, \ldots, \boldsymbol{e}_n\}$ を標準基底とする．さて $f, g : V \times \cdots \times V \to K$ を二つの $k$ 重交代写像（第 3 章 1 節）とする．このとき

$$(f+g)(\boldsymbol{v}_1, \ldots, \boldsymbol{v}_k) = f(\boldsymbol{v}_1, \ldots, \boldsymbol{v}_k) + g(\boldsymbol{v}_1, \ldots, \boldsymbol{v}_k)$$

および，スカラー $a \in K$ に対し

$$(af)(\boldsymbol{v}_1, \ldots, \boldsymbol{v}_k) = af(\boldsymbol{v}_1, \ldots, \boldsymbol{v}_k)$$

で定義される写像 $f+g, af$ はともに $k$ 重交代写像であることは明らかである．この和とスカラー倍で，$V$ 上の $k$ 重交代写像たちの集合はベクトル空間になることも容易に確かめられる．このベクトル空間を $\mathrm{Alt}_k(V)$ と表わそう．

$k$ 個の整数の単調列 $1 \leq i_1 < \cdots < i_k \leq n$ を考えよう．このような整数の列たちの個数は組合せ数 ${}_nC_k = \frac{n!}{k!(n-k)!}$ である．さて，$f$ が $k$ 重交代写像のとき，$f(\boldsymbol{e}_{i_1}, \ldots, \boldsymbol{e}_{i_k})$ たちは $N = {}_nC_k$ 個の $K$ の元を定める．上のような整数の列たちに，例えば左からの辞書式順序を与えれば，$f$ に対し $K^N$ の元が

定まる．この対応を

$$\lambda : \mathrm{Alt}_k(V) \to K^N$$

と表わす．これが線形写像であることは容易にわかる．

$k = n$ の場合を考えよう．このとき $N = {}_nC_n = 1$ である．定理 3.1.6 において，0 でない $n$ 重交代写像として行列式 det が取れることが示された．従って次が成り立つ．

**命題 7.2.1** $k = n$ のとき，$\lambda : \mathrm{Alt}_n(V) \to K^1$ は同型写像である．

より一般に次が成り立つ．

**命題 7.2.2** 任意の $k$ に対し，$\lambda : \mathrm{Alt}_k(V) \to K^N$ は同型写像である．

**証明** 命題 3.1.5 より，$k$ 重線形写像 $f$ が交代写像であるための必要十分条件は，$n$ 以下の自然数たちの，重複も許すすべての順列 $i_1, \ldots, i_k$ と，相異なるすべての $p, q$ に対し次式が成り立つことである．

$$f(\boldsymbol{e}_{i_1}, \ldots, \boldsymbol{e}_{i_p}, \ldots, \boldsymbol{e}_{i_q}, \ldots, \boldsymbol{e}_{i_k}) = -f(\boldsymbol{e}_{i_1}, \ldots, \boldsymbol{e}_{i_q}, \ldots, \boldsymbol{e}_{i_p}, \ldots, \boldsymbol{e}_{i_k})$$

まず $\lambda$ が単射であることを示そう．$(j_1, \ldots, j_k)$ を，$n$ 以下の自然数たちの重複のない順列とする．このとき，適当な互換を繰り返せば，これを上のような単調列 $1 \leq i_1 < \cdots < i_k \leq n$ にすることができる．従って $\lambda(f) = 0$ と仮定すると，上の事柄から重複も許す任意の順列に対し $f(\boldsymbol{e}_{j_1}, \ldots, \boldsymbol{e}_{j_k}) = 0$ である．これは $k$ 重線形写像として $f = 0$ であることを意味する．

次に $\lambda$ が全射を示す．それには与えられた単調列 $1 \leq i_1 < \cdots < i_k \leq n$ に対し

$$f(\boldsymbol{e}_{i_1}, \ldots, \boldsymbol{e}_{i_k}) = 1, \quad f(\text{他の単調列}) = 0$$

をみたす交代写像が存在すればよいが，任意の順列 $j_1, \ldots, j_k$ を，単調列 $i_1, \ldots, i_k$ の適当な置換 $\sigma \in \Sigma_k$ による並べかえになっているかどうかを見て

$$f(\boldsymbol{e}_{j_1}, \ldots, \boldsymbol{e}_{j_k}) = \begin{cases} \mathrm{sgn}(\sigma) & ;\ (j_1, \ldots, j_k) = (i_{\sigma(1)}, \ldots, i_{\sigma(k)}), \quad \exists \sigma \in \Sigma_k \\ 0 & ;\ \text{それ以外のとき} \end{cases}$$

とすれば，上の事柄より求める交代写像になっている． □

さて，$\mathrm{Alt}_k(V)$ の双対ベクトル空間 $(\mathrm{Alt}_k(V))^*$ を $\Lambda^k(V)$ と表わし，$k$ 次の**外積ベクトル空間**という．$K^n$ の $k$ 個のベクトル $\boldsymbol{v}_1, \ldots, \boldsymbol{v}_k$ が与えられた

としよう．このとき線形写像

$$\alpha_{(\boldsymbol{v}_1,\ldots,\boldsymbol{v}_k)} : \mathrm{Alt}_k(V) \to K$$

を $k$ 重交代写像 $f$ に対し $\alpha_{(\boldsymbol{v}_1,\ldots,\boldsymbol{v}_k)}(f) = f(\boldsymbol{v}_1, \ldots, \boldsymbol{v}_k)$ によって定義することができる．これはベクトル空間 $\mathrm{Alt}_k(V)$ の双対ベクトルである．この双対ベクトル $\alpha_{(\boldsymbol{v}_1,\ldots,\boldsymbol{v}_k)}$ を

$$\boldsymbol{v}_1 \wedge \cdots \wedge \boldsymbol{v}_k \in \Lambda^k(V)$$

と表わし，$k$ 個のベクトル $\boldsymbol{v}_1$ から $\boldsymbol{v}_k$ の**外積ベクトル**という．

次の命題は定義から容易に確かめられる．

**命題 7.2.3** ベクトル空間 $\mathrm{Alt}_k(V)$ の双対ベクトル空間 $(\mathrm{Alt}_k(V))^*$ の元として次の関係が成り立つ．

(1) 各 $i$ に対し，次の線形性が成り立つ．

$$\begin{aligned} &\boldsymbol{v}_1 \wedge \cdots \wedge \boldsymbol{v}_{i-1} \wedge (a\boldsymbol{v}_i + a'\boldsymbol{v}'_i) \wedge \boldsymbol{v}_{i+1} \wedge \cdots \wedge \boldsymbol{v}_k \\ &= a(\boldsymbol{v}_1 \wedge \cdots \wedge \boldsymbol{v}_{i-1} \wedge \boldsymbol{v}_i \wedge \boldsymbol{v}_{i+1} \wedge \cdots \wedge \boldsymbol{v}_k) \\ &+ a'(\boldsymbol{v}_1 \wedge \cdots \wedge \boldsymbol{v}_{i-1} \wedge \boldsymbol{v}'_i \wedge \boldsymbol{v}_{i+1} \wedge \cdots \wedge \boldsymbol{v}_k) \end{aligned}$$

(2) 二つのベクトルを入れ換えたとき次式が成り立つ．

$$\boldsymbol{v}_1 \wedge \cdots \wedge \boldsymbol{v}_j \wedge \cdots \wedge \boldsymbol{v}_i \wedge \cdots \wedge \boldsymbol{v}_k = -\boldsymbol{v}_1 \wedge \cdots \wedge \boldsymbol{v}_i \wedge \cdots \wedge \boldsymbol{v}_j \wedge \cdots \wedge \boldsymbol{v}_k$$

**系 7.2.4** $\boldsymbol{v}_i$ たちの中に同じベクトルがあれば $\boldsymbol{v}_1 \wedge \cdots \wedge \boldsymbol{v}_k = \boldsymbol{0}$ である．

$\{\boldsymbol{e}_1, \ldots, \boldsymbol{e}_n\}$ を $V = K^n$ の標準基底とし，$k$ 個の整数の列 $1 \leq i_1 < \cdots < i_k \leq n$ に対して外積ベクトル $\boldsymbol{e}_{i_1} \wedge \cdots \wedge \boldsymbol{e}_{i_k}$ を考えよう．次の定理が外積ベクトル空間に関する基本的な結果である．

**定理 7.2.5** $\dim \Lambda^k(V) = {}_nC_k$ であって，次の形のベクトルたち

$$\{\boldsymbol{e}_{i_1} \wedge \cdots \wedge \boldsymbol{e}_{i_k}\}_{1 \leq i_1 < \cdots < i_k \leq n}$$

は外積ベクトル空間 $\Lambda^k(V)$ の基底である．

**証明** 始めの主張は命題 7.2.2 より明らかである．また命題 7.2.2 において，単調列 $1 \leq i_1 < \cdots < i_k \leq n$ に対し

$$f(\boldsymbol{e}_{i_1}, \ldots, \boldsymbol{e}_{i_k}) = 1, \quad f(\text{他の単調列}) = 0$$

をみたす交代写像が存在することを示した．この交代写像を $f_{i_1,\ldots,i_k}$ とすれば，これらが $\mathrm{Alt}_k(V)$ の基底になっている．明らかに

$$(\boldsymbol{e}_{i_1}\wedge\cdots\wedge\boldsymbol{e}_{i_k})(f_{i'_1,\ldots,i'_k})=\delta_{i_1i'_1}\cdots\delta_{i_ki'_k}$$

であるから，$\{\boldsymbol{e}_{i_1}\wedge\cdots\wedge\boldsymbol{e}_{i_k}\}_{1\le i_1<\cdots<i_k\le n}$ は $f_{i_1,\ldots,i_k}$ たちの双対基底である． □

さて，$k$ 次外積ベクトル $\boldsymbol{v}_1\wedge\cdots\wedge\boldsymbol{v}_k$ と $l$ 次外積ベクトル $\boldsymbol{w}_1\wedge\cdots\wedge\boldsymbol{w}_l$ に対して $k+l$ 次の外積ベクトル

$$\boldsymbol{v}_1\wedge\cdots\wedge\boldsymbol{v}_k\wedge\boldsymbol{w}_1\wedge\cdots\wedge\boldsymbol{w}_l$$

を考えることができる．外積ベクトル空間の一般のベクトルに対しても上のような基底ベクトルの線形結合と考え，

$$\begin{aligned}&\left(\sum a_{i_1,\ldots,i_k}\boldsymbol{e}_{i_1}\wedge\cdots\wedge\boldsymbol{e}_{i_k}\right)\wedge\left(\sum b_{j_1,\ldots,j_l}\boldsymbol{e}_{j_1}\wedge\cdots\wedge\boldsymbol{e}_{j_l}\right)\\&=\sum a_{i_1,\ldots,i_k}b_{j_1,\ldots,j_l}(\boldsymbol{e}_{i_1}\wedge\cdots\wedge\boldsymbol{e}_{i_k}\wedge\boldsymbol{e}_{j_1}\wedge\cdots\wedge\boldsymbol{e}_{j_l})\end{aligned}$$

と定義すれば外積ベクトル空間の間の積

$$\Lambda^k(V)\times\Lambda^l(V)\to\Lambda^{k+l}(V)$$

が双線形写像として矛盾なく定義される．

**命題 7.2.6** $n$ 次正方行列 $A$ の列ベクトルを $\boldsymbol{a}_1,\ldots,\boldsymbol{a}_n$ とする．このとき

$$\boldsymbol{a}_1\wedge\cdots\wedge\boldsymbol{a}_n=(\det A)\boldsymbol{e}_1\wedge\cdots\wedge\boldsymbol{e}_n$$

が成り立つ．

**証明** 命題 7.2.1 より $\Lambda^n(V)$ は一次元ベクトル空間で，$\boldsymbol{e}_1\wedge\cdots\wedge\boldsymbol{e}_n$ がその基底である．従って $\boldsymbol{a}_1\wedge\cdots\wedge\boldsymbol{a}_n=f(A)\boldsymbol{e}_1\wedge\cdots\wedge\boldsymbol{e}_n$ で定まる写像 $f$ があるが，容易にわかるようにこれは $n$ 重交代写像である．$f(E)=1$ だから，命題 3.1.8 より $f(A)=\det A$ である． □

**命題 7.2.7** $k$ 個の $n$ 次元数ベクトル $\boldsymbol{a}_1,\ldots,\boldsymbol{a}_k$ が線形従属であるための必要十分条件は $\boldsymbol{a}_1\wedge\cdots\wedge\boldsymbol{a}_k=0$ である．

**証明**　$\boldsymbol{a}_1, \ldots, \boldsymbol{a}_k$ が線形従属であると仮定する．必要であれば順序を変えて $\boldsymbol{a}_k$ が残りのベクトルたちの線形結合であるとしてよい．このとき，命題 7.2.3 と系 7.2.4 より $\boldsymbol{a}_1 \wedge \cdots \wedge \boldsymbol{a}_k = 0$ であることは容易にわかる．逆に $\boldsymbol{a}_1, \ldots, \boldsymbol{a}_k$ が線形独立であるとする．このとき定理 1.2.9 より，ベクトル $\boldsymbol{a}_{k+1}, \ldots, \boldsymbol{a}_n$ を選んで $\boldsymbol{a}_1, \ldots, \boldsymbol{a}_n$ がベクトル空間 $V$ の基底にできる．このとき命題 7.2.6 より

$$\boldsymbol{a}_1 \wedge \cdots \wedge \boldsymbol{a}_n = \det(\boldsymbol{a}_1, \ldots, \boldsymbol{a}_n)\boldsymbol{e}_1 \wedge \cdots \wedge \boldsymbol{e}_n \neq 0$$

が成り立つ．一方

$$\boldsymbol{a}_1 \wedge \cdots \wedge \boldsymbol{a}_n = (\boldsymbol{a}_1 \wedge \cdots \wedge \boldsymbol{a}_k) \wedge (\boldsymbol{a}_{k+1} \wedge \cdots \wedge \boldsymbol{a}_n)$$

に注意すれば $\boldsymbol{a}_1 \wedge \cdots \wedge \boldsymbol{a}_k \neq 0$ である．□

**命題 7.2.8**　$\boldsymbol{a}_1, \ldots, \boldsymbol{a}_k$ および $\boldsymbol{b}_1, \ldots, \boldsymbol{b}_k$ はともに線形独立な $n$ 次元数ベクトルとし，$W_a, W_b$ をそれぞれ $\boldsymbol{a}_1, \ldots, \boldsymbol{a}_k$ および $\boldsymbol{b}_1, \ldots, \boldsymbol{b}_k$ で生成された $V$ の部分ベクトル空間とする．このとき $W_a = W_b$ であるための必要十分条件は 0 でないスカラー $c$ が存在し

$$\boldsymbol{a}_1 \wedge \cdots \wedge \boldsymbol{a}_k = c\,\boldsymbol{b}_1 \wedge \cdots \wedge \boldsymbol{b}_k \in \Lambda^k(V)$$

が成り立つことである．

**証明**　まず，$W_a = W_b$ であるとする．このときすべての $i$ に対し，$\boldsymbol{a}_i$ はベクトル $\boldsymbol{b}_1, \ldots, \boldsymbol{b}_k$ たちの線形結合で表わされる．命題 7.2.3 と系 7.2.4 から容易にわかるように，適当なスカラー $c$ により

$$\boldsymbol{a}_1 \wedge \cdots \wedge \boldsymbol{a}_k = c\,\boldsymbol{b}_1 \wedge \cdots \wedge \boldsymbol{b}_k$$

と表わされるが，線形独立性より $c \neq 0$ である．

逆に上のような等式が成り立つとする．このとき任意の $i$ に対し，

$$(\boldsymbol{a}_1 \wedge \cdots \wedge \boldsymbol{a}_k) \wedge \boldsymbol{b}_i = (c\,\boldsymbol{b}_1 \wedge \cdots \wedge \boldsymbol{b}_k) \wedge \boldsymbol{b}_i = 0$$

である．従って命題 7.2.7 より $k+1$ 個のベクトル $\boldsymbol{a}_1, \ldots, \boldsymbol{a}_k, \boldsymbol{b}_i$ は線形従属であるが，$\boldsymbol{a}_1, \ldots, \boldsymbol{a}_k$ は線形独立だからベクトル $\boldsymbol{b}_i$ は $\boldsymbol{a}_1, \ldots, \boldsymbol{a}_k$ たちの線形結合である．従って $W_b \subset W_a$ であるが，逆向きの包含関係も同様であるから $W_b = W_a$ である．□

■**Plücker（プリュッカー）座標**　定理 7.2.5 より $k$ 次の外積ベクトル空間 $\Lambda^k(K^n)$ の基底は

$$\{\boldsymbol{e}_{i_1} \wedge \cdots \wedge \boldsymbol{e}_{i_k}\}_{1 \leq i_1 < \cdots < i_k \leq n}$$

を取ることができる．従って $k$ 次外積ベクトルのこの基底による成分表示

$$\boldsymbol{a}_1 \wedge \cdots \wedge \boldsymbol{a}_k = \sum P_{i_1,\ldots,i_k} \boldsymbol{e}_{i_1} \wedge \cdots \wedge \boldsymbol{e}_{i_k}$$

が得られる．特に $(n,k)$ 行列 $A = (\boldsymbol{a}_1, \ldots, \boldsymbol{a}_k)$ を考えた場合，$P_{i_1,\ldots,i_k}$ を $P_{i_1,\ldots,i_k}(A)$ とも表わし，行列 $A$ の **Plücker 座標**という．

**命題 7.2.9**　$(n,k)$ 行列 $A$ の第 $i_1, \ldots, i_k$ 行からなる $k$ 次正方行列を $A_{i_1,\ldots,i_k}$ とする．このとき

$$P_{i_1,\ldots,i_k}(A) = \det A_{i_1,\ldots,i_k}$$

が成り立つ．

**証明**　$A = (\boldsymbol{a}_1, \ldots, \boldsymbol{a}_k)$ を行列 $A$ の列ベクトル表示とすると定義より

$$\boldsymbol{a}_1 \wedge \cdots \wedge \boldsymbol{a}_k = (\sum a_{i1} \boldsymbol{e}_i) \wedge \cdots (\sum a_{ik} \boldsymbol{e}_i)$$

である．右辺を展開したときに，Plücker 座標である $\boldsymbol{e}_{i_1} \wedge \cdots \wedge \boldsymbol{e}_{i_k}$ の係数だけを見るには，右辺の各項において $\boldsymbol{e}_{i_1}, \ldots, \boldsymbol{e}_{i_k}$ たちだけの和を考えればよい．つまり，$\boldsymbol{e}_{i_1}, \ldots, \boldsymbol{e}_{i_k}$ たちだけで生成された部分ベクトル空間へ射影して外積を考えればよい．このとき左辺は命題 7.2.6 より $\det A_{i_1,\ldots,i_k}$ である．　□

■**Laplace（ラプラス）展開**　$A = (\boldsymbol{a}_1, \ldots, \boldsymbol{a}_n)$ は $n$ 次正方行列とする．$(n,k)$ 行列 $(\boldsymbol{a}_1, \ldots, \boldsymbol{a}_k)$ を $A_k$，$(n, n-k)$ 行列 $(\boldsymbol{a}_{k+1}, \ldots, \boldsymbol{a}_n)$ を $A'_k$ と置き

$$A = (A_k \; A'_k)$$

と分割して考える．$A_k$ と $A'_k$ の Plücker 座標表示を考えると

$$\boldsymbol{a}_1 \wedge \cdots \wedge \boldsymbol{a}_k = \sum P_{i_1,\ldots,i_k}(A_k) \boldsymbol{e}_{i_1} \wedge \cdots \wedge \boldsymbol{e}_{i_k}$$

および

$$\boldsymbol{a}_{k+1} \wedge \cdots \wedge \boldsymbol{a}_n = \sum P_{i_{k+1},\ldots,i_n}(A'_k) \boldsymbol{e}_{i_{k+1}} \wedge \cdots \wedge \boldsymbol{e}_{i_n}$$

が得られる．従って

$$\begin{aligned}
&(\det A)\, \boldsymbol{e}_1 \wedge \cdots \wedge \boldsymbol{e}_n = (\boldsymbol{a}_1 \wedge \cdots \wedge \boldsymbol{a}_k) \wedge (\boldsymbol{a}_{k+1} \wedge \cdots \wedge \boldsymbol{a}_n) \\
&= (\sum P_{i_1,\ldots,i_k}(A_k) \boldsymbol{e}_{i_1} \wedge \cdots \wedge \boldsymbol{e}_{i_k}) \wedge (\sum P_{i_{k+1},\ldots,i_n}(A'_k) \boldsymbol{e}_{i_{k+1}} \wedge \cdots \wedge \boldsymbol{e}_{i_n}) \\
&= \sum \operatorname{sgn}\begin{pmatrix} 1 & \ldots & n \\ i_1 & \ldots & i_n \end{pmatrix} P_{i_1,\ldots,i_k}(A_k) P_{i_{k+1},\ldots,i_n}(A'_k) \boldsymbol{e}_1 \wedge \cdots \wedge \boldsymbol{e}_n
\end{aligned}$$

である．ここで，和は順列 $1 \leq i_1 < \cdots < i_k \leq n$ と $1 \leq i_{k+1} < \cdots < i_n \leq n$ を独立に取ったものすべてを渡るのであるが，それらに共通部分があれば外積は 0 である．従って共通部分がないものだけを考えればよい．このときそのような順列 $(i_1, \ldots, i_n)$ は重複がなく，最初の $i_1, \ldots, i_k$ だけで決まる．また，順列 $1 \leq i_1 < \cdots < i_k \leq n$ を集合 $\{1, 2, \ldots, n\}$ の部分集合 $S = \{i_1, \ldots, i_k\}$ と同一視しよう．また，上式の置換 $\begin{pmatrix} 1 & \ldots & n \\ i_1 & \ldots & i_n \end{pmatrix}$ も $S$ だけで決まるので $\sigma_S$ と表わそう．

さて，$A$ は $n$ 次正方行列とする．$S = \{i_1, \ldots, i_k\}, T = \{j_1, \ldots, j_k\}$ に対し，$A$ の第 $i_1, \ldots, i_k$ 行，第 $j_i, \ldots, j_k$ 列を選んで得られる $k$ 次正方行列を $A_{S,T}$ とする．また，$S', T'$ はそれぞれ $\{1, 2, \ldots, n\}$ における $S, T$ の補集合とする．このとき命題 7.2.9 と上の議論から次のラプラスの展開定理が容易に得られる．

**定理 7.2.10** 上のような $T = \{j_1, \ldots, j_k\}$ を固定する．このとき

$$\det A = \sum_S (\operatorname{sgn} \sigma_S)(\operatorname{sgn} \sigma_T) \det A_{S,T} \det A_{S',T'}$$

が成り立つ．

**■外積ベクトル空間と計量** $K$ を実数体あるいは複素数体とするとき，外積ベクトル空間 $\Lambda^k(K^n)$ の計量について考えよう．定理 7.2.5 より $K^n$ の標準基底を用いて

$$\boldsymbol{e}_{i_1} \wedge \cdots \wedge \boldsymbol{e}_{i_k} \qquad (i_1 < \cdots < i_k)$$

たちが $\Lambda^k(K^n)$ の基底に取れた．このとき命題 5.1.3 より，この基底が正規直交基底となるように内積を定義することができる．正方行列の積の行列式については $\det(AB) = (\det A)(\det B)$ が成り立つが，外積ベクトル空間の内積を用いれば正方行列でない場合も同様のことを考えることができる．$A, B$ は複素 $(m, n)$ 行列とする．$A = (\boldsymbol{a}_1, \ldots, \boldsymbol{a}_n), B = (\boldsymbol{b}_1, \ldots, \boldsymbol{b}_n)$ を列ベクトル表示とするとき，Gram の行列 ${}^t A\bar{B} = (\boldsymbol{a}_i \cdot \boldsymbol{b}_j)$ を考えよう．

**定理 7.2.11** 次の等式

$$\det({}^t A\bar{B}) = (\boldsymbol{a}_1 \wedge \cdots \wedge \boldsymbol{a}_n) \cdot (\boldsymbol{b}_1 \wedge \cdots \wedge \boldsymbol{b}_n)$$

が成り立つ．ただし $(\quad)\cdot(\quad)$ は外積ベクトル空間の内積である．

**証明** 定理における列ベクトルは $m$ 次元数ベクトルだから，考えている外積ベクトル空間は $\Lambda^n(K^m)$ である．$m < n$ のときは，外積ベクトル空間は 0 ベクトル空間である（定理 7.2.5）．一方，左辺の行列 ${}^tA\bar{B}$ は明らかに正則ではないので，$\det({}^tA\bar{B}) = 0$ だから定理は成り立つ．従って $m \geq n$ と仮定しよう．上式の両辺を $n$ 個のベクトル $\boldsymbol{a}_1, \ldots, \boldsymbol{a}_n$ の関数と見るとき，いずれも $n$ 重交代写像になっている．実際，右辺は外積ベクトルの定義より明らかである．左辺が $n$ 重交代写像であることは系 3.1.9 の証明と同様に示される．従って求める等号を示すには $\boldsymbol{a}_1 \wedge \cdots \wedge \boldsymbol{a}_n$ として基底の外積ベクトル $\boldsymbol{e}_{i_1} \wedge \cdots \wedge \boldsymbol{e}_{i_n}$ の場合について見ればよい．あるベクトルと基底のベクトルとの内積をとることは，そのベクトルの基底に対応する成分（の共役複素数）を考えることだから，右辺は行列 $B$ の Plücker 座標 $P_{i_1,\ldots,i_n}(B)$ （の共役複素数）である．命題 7.2.9 よりこれが左辺と一致することは容易に確かめられる． □

**注 7.1** 複素 $(m, n)$ 行列全体のベクトル空間 $M_{mn}(\boldsymbol{C})$ には標準基底として行列単位 $E_{ij}$ たちが取れた．この基底による $M_{mn}(\boldsymbol{C})$ の内積については次の等式

$$\mathrm{tr}\,({}^tA\bar{B}) = A \cdot B$$

が成り立つ（第 5 章例 5.3）．

**例 7.3** $A = B$ のとき

$$\det({}^tA\bar{A}) = ||\boldsymbol{a}_1 \wedge \cdots \wedge \boldsymbol{a}_n||^2 \geq 0$$

である．特に $n = 2$ のとき

$$\det \begin{pmatrix} \boldsymbol{a}_1 \cdot \boldsymbol{a}_1 & \boldsymbol{a}_1 \cdot \boldsymbol{a}_2 \\ \boldsymbol{a}_2 \cdot \boldsymbol{a}_1 & \boldsymbol{a}_2 \cdot \boldsymbol{a}_2 \end{pmatrix} \geq 0$$

が成立つ．これは Schwarz の不等式に他ならない．

次は幾何学的応用を考えよう．$n$ 次元ユークリッド空間 $\boldsymbol{R}^n$ の $k$ 個のベクトル $\boldsymbol{a}_1, \ldots, \boldsymbol{a}_k$ に対し，

$$t_1\boldsymbol{a}_1 + \cdots + t_k\boldsymbol{a}_k, \quad 0 \leq t_i \leq 1$$

の形のベクトル全体を $k$ 次元の**広義平行多面体**といい，$P_{(\boldsymbol{a}_1,\ldots,\boldsymbol{a}_k)}$ と表わす．ベクトル $\boldsymbol{a}_1, \ldots, \boldsymbol{a}_k$ が与えられたとき，$\boldsymbol{a}_1, \ldots, \boldsymbol{a}_i$ で生成された部分ベクトル空間を $W_i$ とする．ベクトル $\boldsymbol{a}_i$ を $W_{i-1}$ とその直交補空間の成分に表わしたものを $\boldsymbol{a}_i = \boldsymbol{b}_i + \boldsymbol{a}'_i$ とする．明らかに $\boldsymbol{a}'_1, \ldots, \boldsymbol{a}'_k$ たちは互いに直交し，元

のベクトル $\boldsymbol{a}_1, \ldots, \boldsymbol{a}_k$ が線形独立であることと，$\boldsymbol{a}'_i$ たちが 0 でないことは同値である．このとき $k$ 次元の広義平行多面体 $P_{(\boldsymbol{a}_1,\ldots,\boldsymbol{a}_k)}$ の体積はベクトルの長さを用い，$||\boldsymbol{a}'_1||\cdots||\boldsymbol{a}'_k||$ と定義する．

**定理 7.2.12** $\boldsymbol{R}^n$ の $n$ 個のベクトル $\boldsymbol{a}_1, \ldots, \boldsymbol{a}_n$ の定める広義平行多面体の体積は行列式の絶対値 $|\det(\boldsymbol{a}_1, \ldots, \boldsymbol{a}_n)|$ に等しい．

**証明** $\boldsymbol{a}_1, \ldots, \boldsymbol{a}_n$ が線形従属であれば明らかに成り立つので線形独立と仮定する．$\boldsymbol{a}'_i$ の作り方より容易にわかるように

$$\boldsymbol{a}'_1 \wedge \cdots \wedge \boldsymbol{a}'_n = \boldsymbol{a}_1 \wedge \cdots \wedge \boldsymbol{a}_n$$

である．系 7.2.7 より

$$\det(\boldsymbol{a}_1, \ldots, \boldsymbol{a}_n)\boldsymbol{e}_1 \wedge \cdots \wedge \boldsymbol{e}_n = \boldsymbol{a}_1 \wedge \cdots \wedge \boldsymbol{a}_n$$
$$\det(\boldsymbol{a}'_1, \ldots, \boldsymbol{a}'_n)\boldsymbol{e}_1 \wedge \cdots \wedge \boldsymbol{e}_n = \boldsymbol{a}'_1 \wedge \cdots \wedge \boldsymbol{a}'_n$$

である．一方 $\boldsymbol{a}'_1, \ldots, \boldsymbol{a}'_n$ は直交系だから

$$\det(\boldsymbol{a}'_1, \ldots, \boldsymbol{a}'_n) = \pm||\boldsymbol{a}'_1||\cdots||\boldsymbol{a}'_n||$$

が成立ち，定理が示される． □

**例題 7.1** $A = (\boldsymbol{a}_1, \ldots, \boldsymbol{a}_n)$ は $n$ 次正方行列とする．このとき

$$|\det A| \leq ||\boldsymbol{a}_1||\cdots||\boldsymbol{a}_n||$$

が成り立つ．等号は $\boldsymbol{a}_i$ たちが直交するとき，かつそのときに限り成り立つ．

**解答** 上の定理の証明におけるベクトル $\boldsymbol{a}'_i$ を考える．作り方から明らかに $||\boldsymbol{a}'_i|| \leq ||\boldsymbol{a}_i||$ である．従って $\boldsymbol{a}'_1, \ldots, \boldsymbol{a}'_n$ が直交系であることに注意すると

$$|\det(\boldsymbol{a}_1, \ldots, \boldsymbol{a}_n)| = |\det(\boldsymbol{a}'_1, \ldots, \boldsymbol{a}'_n)| = ||\boldsymbol{a}'_1||\cdots||\boldsymbol{a}'_n|| \leq ||\boldsymbol{a}_1||\cdots||\boldsymbol{a}_n||$$

である．

## 7.3 ベクトル空間の向き

まず一次元実ベクトル空間の 0 でない二つのベクトルが同じ向きかどうかをどのように定めればよいか考えて見よう．二つのベクトルを $\boldsymbol{v}$ と $\boldsymbol{w}$ とすると，0 でない実数 $a$ があって $\boldsymbol{w} = a\boldsymbol{v}$ となる．この $a$ が正か負によって，同じ向きかどうかを決めればよいであろう．このとき，0 でないベクトルの向き

は 2 種類あることになる．この時点ではどちらの向きが「正」であるかどうかを決める基準はない．そこで，ベクトル空間に一つのベクトル（つまり基底）を選び，それが正の向きであると約束しておこう．このとき 0 でない勝手なベクトルはこの基準ベクトルと同じ向きかどうかで正負が決められる．このようなとき，このベクトル空間は向き付けられているという．一次元数ベクトル空間 $\boldsymbol{R}^1$ の場合，通常は標準基底 $\boldsymbol{e}_1$ つまり 0 から 1 に向かう方向を正の向きとするのが自然である．しかし，あえて 0 から $-1$ に向かう向きを正の向きであると約束することは可能である．

二次元ベクトル空間 $V$ の場合，通常の意味の向きとは異なるのであるが，正負のような二つの値を持つ「向き」について考えたい．この場合 0 でない二つのベクトルが同じ「向き」かどうかを問うことは意味がない．例えば $\boldsymbol{R}^2$ において二つのベクトル $\boldsymbol{e}_1$ と $-\boldsymbol{e}_1$ は単位円周上で半周することで途中で 0 になることなく移りあうからである．この場合，「向き」について問うことができるのは，線形独立な二つのベクトル $\boldsymbol{v}_1, \boldsymbol{v}_2$ に順序を付けた対である．つまり $(\boldsymbol{v}_1, \boldsymbol{v}_2)$ と $(\boldsymbol{v}_2, \boldsymbol{v}_1)$ は異なるものと考える．$(\boldsymbol{v}_1, \boldsymbol{v}_2)$ と $(\boldsymbol{w}_1, \boldsymbol{w}_2)$ をこのような二つのベクトル対とすると，それぞれ $\boldsymbol{v}_1$ を $\boldsymbol{w}_1$，$\boldsymbol{v}_2$ を $\boldsymbol{w}_2$ に写す $V$ の線形変換が定まる．これを表わす行列は正則行列であり，その行列式は行列表示のとり方によらない．そこでこの行列式が正のとき $(\boldsymbol{v}_1, \boldsymbol{v}_2)$ と $(\boldsymbol{w}_1, \boldsymbol{w}_2)$ が同じ「向き」であると定めるのである．これが一次元の場合の拡張になっていることは明らかである．

一般の次元のベクトル空間 $V$ の場合も同様である．二つの順序の付いた基底 $(\boldsymbol{v}_1, \ldots, \boldsymbol{v}_n)$ と $(\boldsymbol{w}_1, \ldots, \boldsymbol{w}_n)$ は，$\boldsymbol{v}_i$ を $\boldsymbol{w}_i$ たちに写す線形変換 $A$ の行列式が正のとき同じ「向き」であるという．（以後は「　」をはずして単に向きといおう．）また，**ベクトル空間 $V$ に向きを定める**というのは，基準となる順序の付いた基底を選んでおくことである．このとき任意の順序の付いた基底は，基準となる基底と同じ向きのとき，正の向きであるというのである．これは外積ベクトルを用いて次のように言い換えることができる．定理 7.2.5 より $\dim \Lambda^n(V) = 1$ だから

$$\boldsymbol{w}_1 \wedge \cdots \wedge \boldsymbol{w}_n = d\, \boldsymbol{v}_1 \wedge \cdots \wedge \boldsymbol{v}_n$$

となる 0 ではない実数 $d$ が定まるが，命題 7.2.6 より $d = \det A$ である．従って $V$ の向きを定める，つまり順序の付いた基底 $\{\boldsymbol{v}_1, \ldots, \boldsymbol{v}_n\}$ を選ぶことと，一次元ベクトル空間 $\Lambda^n(V)$ の正の元を定めること，つまり $\Lambda^n(V)$ の向きを定めることは同じなのである．

向きを定めることの意味について考えるため，ベクトル積の定義を思い出そう．$\boldsymbol{R}^3$ の線形独立なベクトル $\boldsymbol{a}, \boldsymbol{b}$ を考えよう．これらは $\boldsymbol{R}^3$ の中の一つの平面を定め，従ってそれに直交し原点を通る直線が一意的に定まる．しかしこれだけではベクトル積としてこの直線上のどちらの方向を取るかを決めることはできない．もし，$\boldsymbol{R}^3$ に向きが決められていれば，ベクトル $\boldsymbol{x} = \boldsymbol{a} \times \boldsymbol{b}$ として，順序の付いたベクトルたち $\{\boldsymbol{a}, \boldsymbol{b}, \boldsymbol{x}\}$ が正の向きとなるように $\boldsymbol{x}$ を取ればよいのである．$\boldsymbol{R}^3$ に標準的向きを取っているとすれば，この定義が，「ねじの進む方向」という定義と一致することは容易にわかる．

ベクトル空間が数ベクトル空間 $\boldsymbol{R}^n$ の場合，ベクトル空間の向き付けには，次のような幾何学的意味がある．$\boldsymbol{R}^n$ は順序つき標準基底 $\{\boldsymbol{e}_1, \ldots, \boldsymbol{e}_n\}$ が正の向きであるよう向き付けておく．このとき順序のついた基底 $\{\boldsymbol{a}_1, \ldots, \boldsymbol{a}_n\}$ に対し，平行多面体 $P_{(\boldsymbol{a}_1, \ldots, \boldsymbol{a}_n)}$ にも向きを考えることができ，その体積に符号を付けて考えることができるのである．つまり，$\det(\boldsymbol{a}_1, \ldots, \boldsymbol{a}_n)$ を符号付の体積であると定義するのである．このとき，定理 7.2.12 よりその絶対値が普通の意味の体積である．多変数関数の積分，いわゆる多重積分を考えるときには，符号付の体積の概念や，それが変数変換によってどのように変わるかを理解することが必須である．

ベクトル空間の向き付けというのは便宜的なものに見えるが，実は本質的な意味があるのである．A.8 節で述べた**射影平面** $\boldsymbol{R}P^2$ について考えよう．射影平面において $\boldsymbol{R}^2$ の線形変換に当たるものは射影変換と呼ばれる．三次の実正則行列 $A$ を考えよう．射影平面の点 $p = [x_1 : x_2 : x_3]$ に対し $A\begin{pmatrix} x_1 \\ x_2 \\ x_3 \end{pmatrix} = \begin{pmatrix} y_1 \\ y_2 \\ y_3 \end{pmatrix}$ とするとき，斉次座標 $[y_1 : y_2 : y_3]$ は点 $p$ の斉次座標の表わし方によらないから，射影平面の変換

$$\boldsymbol{R}P^2 \to \boldsymbol{R}P^2$$

を定める．これを**射影変換**と呼ぶのであるが，0 でない実数 $\gamma$ に対し，$A$ と

$\gamma A$ は同じ変換を与えることに注意しよう．$A$ は三次だから特に

$$\det(-A) = -\det A$$

である．これは同じ射影変換の行列式が正にも負にも取り得るわけで，射影変換には正負の区別を与えることができないのである．ここでは正確な定義はできないが，射影平面は向き付け不能なのであり，また射影平面上で定義された関数の積分を考えることもできないのである．

# 付　録

## A.1　集合と写像

集合とはある物がそこに含まれているかが明確に定まっているような物の集まりである．例えば 100 以上の自然数の集まりは，自然数という限定された対象の中で，ある数が 100 以上かどうかは明確に判定できるから集合である．しかし，もっと複雑で無限定な対象の場合，そもそも「明確に定まっている」とはどういうことかが実はあまり明確ではないのである．特に集合の集合，つまりその要素がいろいろな集合であるような場合を無限定に考えることには問題があることが知られている．しかし，本書で扱うような数学では次の例 A.1 のような集合は通常は現れないので，集合のあまり細かい定義にこだわらず，最初に述べたような素朴な定義でよいことにしよう．いずれにせよ，集合は数学を記述するための言葉であり，その取扱に十分習熟しておくことは数学の高度な概念の構成や複雑な論理の展開のためには必要不可欠である．

**例 A.1**　Russell（ラッセル）のパラドックス．

集合たちを要素とする集合を考えてみよう．例えば「35 字以内の漢字あるいは仮名で定義され得るすべての集合のなす集合」を考えると，この集合は自分自身をその要素として含む．このような集合を自己言及型（つまり $X \in X$ ）の集合と呼び，そうでない集合を非自己言及型（$X \notin X$）の集合と呼ぶ．

さて，すべての非自己言及型の集合たちのなす集合（$S$ と表わそう）はどちらの型の集合か？

まず，$S$ が自己言及型と仮定しよう．このとき $S$ は $S$ の要素であるが，それは $S$ が非自己言及型であることであり矛盾である．逆に，$S$ が非自己言及型と仮定しよう．このとき $S$ は $S$ の要素ではなく，それは $S$ が自己言及型であることを意味し，やはり矛盾である．

**定義 A.1.1** 集合に関する用語と記号

(1) $x$ が集合 $X$ の元（要素）であるとき，$x \in X$ と表わし，$x$ が集合 $X$ の元（要素）でないときは，$x \notin X$ と表わす．

(2) 元を一つも持たないものも集合と考え，**空集合**と呼び，通常 $\phi$ と表わす．

(3) 集合 $X$ の一部の元からなる集合 $A$ を $X$ の**部分集合**と呼び，$A \subset X$ と表わす．どんな集合 $X$ に対しても，$X$ それ自身，および，空集合 $\phi$ は $X$ の部分集合であると約束する．

(4) 二つの集合 $X, Y$ はその元が完全に一致するとき等しいといい，$X = Y$ と表わす．明らかにこれは「$Y \subset X$ かつ $X \subset Y$」と同じである．

(5) $A$, $B$ が $X$ の部分集合のとき，それらの共通部分 $\{x \in X; x \in A$ かつ $x \in B\}$ を $A \cap B$ と表わす．また，合併 $\{x \in X; x \in A$ あるいは $x \in B\}$ を $A \cup B$ とと表わし，集合の和という．特に，$A \cap B = \phi$ のとき $A \cup B$ を $A \sqcup B$ と表わし，集合の分離和，あるいは直和という．

**問 A.1** $n$ 個の元からなる集合 $X$ の部分集合（$X$ 自身および空集合も含める）は全部でいくつあるか？ また，元の個数が $k$ であるような部分集合はいくつあるか？

また本書で用いる論理に関する記号について説明する．

(1) 「$A \overset{\text{def}}{\Leftrightarrow} B$」とは $A$ という新しい概念や用語を $B$ によって定義することを意味する．

(2) 二つの命題 $P, Q$ に対し，$P$ ならば $Q$ である，という主張を $P \Rightarrow Q$ と表わす．$P \Rightarrow Q$ かつ $Q \Rightarrow P$ のとき二つの命題は同値であるといい，$P \iff Q$ と表わす．また，主張「$Q$ でない $\Rightarrow$ $P$ でない」を主張 $P \Rightarrow Q$ の対偶という．$P \Rightarrow Q$ が正しいことと，その対偶が正しいことは同値である．

(3) 記号 $\forall\ldots$ とは，「どのような ... 」を意味する．「どのような」という言葉は「任意の」あるいは「すべての」に置き換えてもよい．また，$\exists\ldots$ とは「... が（少なくとも一つ）存在する」を意味する．なお，$\forall$ や $\exists$ は量記号と呼ばれる．

本書では命題などを記述するのに，記号 $\forall$ あるいは $\exists$ をできるだけ用いず，日本語の文として表わすよう心がけた．しかし，日本語の「どのような」，あるいは「任意の」という語は文脈によってはまったく異なる意味を持つこともある（次の例題参照）．また，数学における定義文や命題には，量記号 $\forall$ あるいは $\exists$ を含んでいるのが普通であり，普通の日本語としては一見含んでないようにみえても注意が必要である．例えば，「6 は 30 の約数である」は「$6n = 30$ となる自然数 $n$ がある」のこと，つまり，「$\exists n \in \boldsymbol{N}; 6n = 30$ 」と同じである．日本語の文で表わされた数学的内容を正しく理解するには，それを論理記号と数式のみで表わされた命題として表現したり，逆に論理記号と数式で表わされた命題を日本語の文として表現できることが共に重要であってよく習熟しておく必要がある．

**例題 A.1** 次の二つの命題の意味を述べ，真偽を判定せよ．ただし $\boldsymbol{N}$ は自然数の集合である．

(1) 「$\forall n \in \boldsymbol{N}, \exists m \in \boldsymbol{N}; n < m$」

(2) 「$\exists m \in \boldsymbol{N}, \forall n \in \boldsymbol{N}; n < m$ 」

**解答** 一般に $P(x)$, $Q(y)$ をそれぞれ $x$, $y$ に関わる一つの命題（主張）とする．このとき「$\forall x, P(x)$」とは，「どのような $x$ に対しても $P(x)$ が成り立つ」ということであり，「$\exists y, Q(y)$」は，「ある $y$ があって，$Q(y)$ が成り立つ」ということである．さらに「$\forall x, \exists y; R(x,y)$」とは，「$\forall x,$「$\exists y; R(x,y)$」」，つまり，どのような $x$ に対しても，「$\exists y; R(x,y)$」が成り立つと読むのである．

従って (1) は，「どのような自然数 $n$ に対しても，$n$ より大きい自然数 $m$ が存在する」であり，真である．(2) は直訳すれば「なにかある自然数 $m$ が存在して，どんな自然数 $n$ よりも大きい」であり，偽である．(1) の場合，「どのような自然数 $n$ 」あるいは「すべての自然数 $n$ 」といっても，それは自然数すべてを**同時**に考えているのではなく，**個々**に考えているのである．従って，(1) を「どのような自然数 $n$ より大きい自然数 $m$ が存在する」としてしまうと，どちらの意味にも取れてしまうから注意が必要である．

**問 A.2**　前の例題の二つの命題の否定命題を論理式で与え，それを日本語で解釈せよ．

数学でよく用いられる集合には特別の記号が用意されている．本書においても，**自然数**（0 を含めない）の集合は $\boldsymbol{N}$，**整数**の集合は $\boldsymbol{Z}$，**有理数**の集合は $\boldsymbol{Q}$，**実数**の集合は $\boldsymbol{R}$，**複素数**の集合は $\boldsymbol{C}$ と表わす．

**■写像**　$X, Y$ は集合とする．$X$ の各元 $x$ に対し，$Y$ の元 $y$ が一つずつ定められているとする．$y = f(x)$ と表わすとき，$f$ は $X$ から $Y$ への**写像**であるといい，

$$f : X \to Y$$

のように表わす．集合 $X$ を写像 $f$ の定義域，集合 $Y$ を写像 $f$ の値域という．

二つの写像 $f : X \to Y$ と $g : Y \to Z$ が与えられたとき，$z = g(f(x))$ で定義される写像を $g$ と $f$ の**合成**といい，$g \circ f : X \to Z$ と表わす．

**定義 A.1.2**　写像 $f : X \to Y$ が

(1)　　**単射** $\overset{\text{def}}{\Leftrightarrow}$ $x \neq x'$ なら $f(x) \neq f(x')$ $\Leftrightarrow$ $f(x) = f(x')$ なら $x = x'$

(2)　　**全射** $\overset{\text{def}}{\Leftrightarrow}$ どのような $y \in Y$ に対しても $f(x) = y$ となる $x \in X$ が存在する．

**補題 A.1.3**　二つの写像 $f : X \to Y$ と $g : Y \to Z$ を考える．

(1)　二つの単射の合成は単射であり，二つの全射の合成は全射である．

(2)　合成 $g \circ f$ が単射なら $f$ は単射であり，$g \circ f$ が全射なら $g$ は全射である．

**証明**　(1) は明らかであろう．(2) 前半については対偶が成り立つことを示そう．$f$ が単射でないとする．このとき $X$ の異なる 2 元 $x$, $x'$ があって $f(x) = f(x')$ となる．従って $g(f(x)) = g(f(x'))$ だから $g \circ f$ も単射ではない．後半については，$g \circ f$ が全射であると仮定する．従ってどんな $z \in Z$ に対しても，$(g \circ f)(x) = g(f(x)) = z$ となるような $x$ が存在するが，このことは $g$ が全射であることを意味する．□

**定義 A.1.4**

(1) 集合 $X$ の各元 $x$ をそれ自身に写す写像を**恒等写像**と呼び, $1_X : X \to X$ と表わす. つまり, 任意の $x \in X$ に対し $1_X(x) = x$ である.

(2) 写像 $f : X \to Y$ は 条件 $g \circ f = 1_X$, $f \circ g = 1_Y$ をみたす写像 $g : Y \to X$ が存在するとき**同型写像**であるという. このような写像 $g$ は存在すれば $f$ から一意的に定まることは明らかであるから $f^{-1}$ と表わし $f$ の**逆写像**であるという. 同型写像は特に $f : X \overset{\cong}{\to} Y$ という記号を用いて表わす.

**例題 A.2** 写像 $f : X \to Y$ が同型写像であるための必要十分条件は, 全射かつ単射であることである. (全射かつ単射な写像を**全単射**という.)

**解答** $f : X \to Y$ が同型写像であれば $f^{-1} \circ f = 1_X$ および $f \circ f^{-1} = 1_Y$ である. 恒等写像が全射かつ単射であることに注意すれば, 上の補題より $f$ は全射かつ単射である. 逆は明らかである.

**問 A.3** 集合 $\{1, 2, 3\}$ から 集合 $\{1, 2, 3, 4\}$ への写像はいくつあるか？また, 単射 (1 対 1 写像) はいくつあるか？

**例 A.2** $X, Y$ は有限集合 (元の数が有限) で, 元の個数が等しいものとする. このとき写像 $f : X \to Y$ が単射であれば全射, 従って同型である. これを**部屋割り論法**という.

**例 A.3** すべての自然数の集合 $\boldsymbol{N} = \{1, 2, \cdots\}$ とすべての偶数の集合 $2\boldsymbol{N} = \{2, 4, \cdots\}$ は同型である. この例のように, 無限集合では真の部分集合であって, 全体と同型なものが存在する.

集合 $X$ の元 $x$ と, 集合 $Y$ の元 $y$ の組 $(x, y)$ をすべて集めた集合を, $X$ と $Y$ の**直積集合**といい, $X \times Y$ と表わす. より一般に, $n$ 個の集合 $X_1, \ldots, X_n$ が与えられたとき,

$$X_1 \times \cdots \times X_n = \{(x_1, \ldots, x_n) \mid x_i \in X_i\}$$

を集合 $X_1, \ldots, X_n$ たちの直積集合という.

また, 集合 $X$ それ自身の $n$ 個の直積 ($X_i$ がすべて $X$ の場合) を $X^n$ と表わす. これは $X$ の元の**順序付けられた** $n$ 個の組 $(x_1, \ldots, x_n)$ たちの集合である. 容易にわかるように, 集合 $X^n \times X^m$ は自然なやり方で $X^{n+m}$ と同型である.

**例 A.4**　集合 $X$ から集合 $Y$ へのすべての写像たちを元として集めた集合を**写像集合**といい，$\mathrm{Map}(X,\ Y)$ と表わそう．$X$ が 1 から $n$ までの自然数の集合 $S_n=\{1,\ldots,n\}$ のとき，写像

$$f; S_n \to Y$$

に対して $f(i)=y_i$ とおけば，写像 $f$ と順序の付いた組 $(y_1,\ldots,y_n)$ は 1 対 1 に対応する．従って同型写像

$$\mathrm{Map}(S_n,\ Y) \stackrel{\cong}{\to} Y^n$$

が得られる．

逆に集合 $Y$ が二つの元からなる集合 $S_2=\{1,2\}$ の場合を考えよう．集合 $X$ の部分集合 $A$ に対し，写像 $f_A: X\to S_2$ を

$$f(x)=2 \iff x\in A$$

によって定めることができる．これを部分集合 $A$ の特性写像という．この対応によって写像集合 $\mathrm{Map}(X,\ S_2)$ は $X$ のすべての部分集合たちの作る集合と同型となる．

**■類別と同値関係**　集合 $X$ を共通部分のない部分集合たちの和

$$X = X_\alpha \sqcup X_\beta \sqcup \cdots = \coprod X_\alpha$$

に分けることを集合 $X$ の**類別**といい，各部分集合 $X_\alpha$ を**類**（あるいはクラス）という．

集合 $X$ に一つの類別が与えられると，同じ類に属する元は何らかの意味で等しいと考えられる．$x,\ y$ が同じ類に属するとき $x\sim y$ と表わそう．このときこの関係について次の三つの性質が成り立つことは容易にわかる．

$$(1)\ x\sim x \quad (2)\ x\sim y \Rightarrow y\sim x \quad (3)\ x\sim y,\ y\sim z \Rightarrow x\sim z$$

一般に集合 $X$ の元の間に何らかの関係が与えられているとする．$x,\ y$ がその関係にあるとき $x\sim y$ と表わそう．関係 $x\sim y$ が上の三つの性質をみたすとき，この関係を**同値関係**であるという．

**命題 A.1.5**　集合 $X$ に一つの同値関係が与えられるとする．このとき互いに同値関係にある元たちのなす部分集合を類とすることにより，集合 $X$ に一つの類別が定まる．この対応により，集合 $X$ に同値関係を与えることと，類別を与えることは 1 対 1 に対応する．

**証明**　集合 $X$ の同値関係を $x\sim y$ としよう．$X$ の元 $a$ に対し

$$X_a = \{x\in X; a\sim x\}$$

と置く．このとき，まず $a \in X_a$ だから $X$ は部分集合 $X_a$ たちの和集合である．任意の $a, b \in X$ に対し $X_a \cap X_b$ が空集合でなければ $X_a = X_b$ である．実際，もし $c \in X_a \cap X_b$ であれば，$c \sim a$ かつ $c \sim b$ だから $a \sim b$ である．このとき $X_a = X_b$ であることは容易に確かめられる．これより命題の前半が示される．

逆に集合 $X$ の類別が与えられたとき，同じ類に属するという関係は同値関係であり，これが上の対応の逆対応であることは容易にわかる． □

**例 A.5** $r$ を正整数とする．すべての整数の集合 $\boldsymbol{Z}$ において次の関係を考える．

$$n \sim m \iff n - m \text{ は } r \text{ の倍数である}$$

$n,\ m > 0$ のときは $r$ で割った余りが等しいといってもよい．これが同値関係であることは容易に確かめられる．従って，整数 $n$ と同値な整数たちの集合を $X_n$ と表わせば，整数の集合は $\boldsymbol{Z} = X_0 \sqcup X_1 \sqcup \cdots \sqcup X_{r-1}$ と類別できる．ここで $X_n = X_m$ であるための必要十分条件は $n \sim m$ つまり，$n - m$ が $r$ の倍数であることである．$X_n$ たちを，自然数 $r$ を法とする**剰余類**という．また関係 $n \sim m$ を特に $n \equiv m \bmod r$ と表わす．

**例 A.6** 「人間の集合」においていとこである（共通の祖父母を少なくとも一人持つ）という関係は同値関係ではない．

集合 $X$ に同値関係 $\sim$ あるいは類別 $\coprod X_\alpha$ が与えられたとき，各類 $X_\alpha$ を一つの**元**と考え，類たちのなす集合が得られる．これを**同値類の集合**といい，$X/\sim$ と表わす．

**例 A.7** 上の例の整数の集合における剰余類の場合，

$$\boldsymbol{Z}/\!\sim\, = \{X_0, X_1, \cdots, X_{r-1}\}$$

を，$r$ を法とする剰余類の集合といい，$\boldsymbol{Z}/r\boldsymbol{Z}$ と表わす．この集合には，和，差および積の演算が，整数における演算から自然に導入される．例えば，二つの類 $X_n$ と $X_m$ を考えよう．$X_n$ に属する整数 $a$ と，$X_m$ に属する整数 $b$ をどのようにとっても，定義から $a+b \sim n+m$ であることは明らかである．従って二つの類 $X_n$ と $X_m$ の和を

$$X_n + X_m = X_{n+m}$$

とおいて矛盾なく定義できる．

**注 A.1** 類というのは元々集合である．これを集合の一つの元とみなすことは慣れないうちは少し困難である．類を一つの物とみなすことは，類の元同士を元来あった違い

を無視してすべて同じものとみなすといってもよい．この意味で同値類の集合 $X/\sim$ は $X$ において同値な元をすべて**同一視**して得られるともいう．

このようなことは，例えば角度の表わし方にも見られる．同じ角度が，計り方によっては $\frac{1}{3}\pi$ だったり $\frac{7}{3}\pi$ だったりするのであるが，実際の角度は $\theta$ と $\theta + 2n\pi$ を同一視して得られるのである．別の例でいえば，二つの分数，例えば $\frac{2}{3}$ と $\frac{4}{6}$ は割るという操作まで考えれば異なるものであるが，通分して同じものを同一視して類を考えることができる．これが有理数である．

## A.2 平面と空間の幾何

この節で，空間ベクトルと空間の幾何について復習しておこう．現在の高校において図形の性質を調べるのは，かつてのようなユークリッド幾何本来の方法ではなく，ほとんどが幾何ベクトルの言葉でなされる．またそれらの座標成分を用いることにより幾何学の問題が代数化され解かれる．しかし，その結果として，ユークリッド幾何本来の面白さを学ぶ機会が減るとすると残念なことである．ともあれ，この節ではこのような代数化，つまり線形代数を用いたユークリッド幾何の基礎付けについて述べよう．一般の次元での記述も可能であるが，図形のイメージも取りやすいように三次元に限って説明する．

三つの実数 $a_1, a_2, a_3$ を縦に並べたもの $\begin{pmatrix} a_1 \\ a_2 \\ a_3 \end{pmatrix}$ を**三次元数ベクトル**とよぶ．このようなベクトルは $\boldsymbol{a}$ のような太字で表わす．三次元数ベクトルの和や実数倍は成分ごとに行なう．$a_1 = a_2 = a_3 = 0$ であるベクトルを 0 ベクトルといい，$\boldsymbol{o}$ という記号を用いる．三次元数ベクトルたちの集合はベクトル空間（正確な定義などについては第 1 章を参照）である．これを $\boldsymbol{R}^3$ と表わし，数ベクトル空間という．さらに $\boldsymbol{R}^3$ には，つぎのような標準的な内積 $(\ )\cdot(\ )$ が定義される．

$$\begin{pmatrix} a_1 \\ a_2 \\ a_3 \end{pmatrix} \cdot \begin{pmatrix} b_1 \\ b_2 \\ b_3 \end{pmatrix} = a_1b_1 + a_2b_2 + a_3b_3$$

さて，**ユークリッド空間**の定義をしよう．ある集合 $E$ が（三次元）ユークリッド空間であるとは，写像

$$\varphi : E \times \boldsymbol{R}^3 \to E$$

が与えられていて，$E$ の点 $P$ と，$\boldsymbol{R}^3$ のベクトル $\boldsymbol{a}$ に対し

$$\varphi(P, \boldsymbol{a}) = P + \boldsymbol{a}$$

と表わすとき，次の三つの性質が成り立つことである．

(E1)　$\boldsymbol{o}$ を 0 ベクトルとするとき，任意の点 $P$ に対し $P + \boldsymbol{o} = P$ が成り立つ．

(E2)　二つのベクトル $\boldsymbol{a}, \boldsymbol{b}$ に対し

$$(P + \boldsymbol{a}) + \boldsymbol{b} = P + (\boldsymbol{a} + \boldsymbol{b})$$

が成り立つ．

(E3)　$E$ の点 $P_0$ を一つ取って固定するとき，$h(\boldsymbol{a}) = P_0 + \boldsymbol{a}$ で定義される写像

$$h : \boldsymbol{R}^3 \to E$$

は全単射である．

この定義から次のような性質が示される．まず，$E$ の 2 点 $P, Q$ に対して，$P + \boldsymbol{a} = Q$ となるベクトル $\boldsymbol{a}$ がただ一つ定まる．これを $\vec{PQ}$ と表わす．また，3 点 $P, Q, R$ に対し

$$\vec{PQ} + \vec{QR} = \vec{PR}$$

が成り立つ．$E$ に一つの点 $O$ を選んで原点と称すれば，$E$ の任意の点 $P$ に対し，数ベクトル $\boldsymbol{a} = \vec{OP}$ がただ一つ定まる．これを点 $P$ の**位置ベクトル**という．

上の定義のような $E$ は必ず存在する．例えば，$E = \boldsymbol{R}^3$ それ自身とし，$\varphi : \boldsymbol{R}^3 \times \boldsymbol{R}^3 \to \boldsymbol{R}^3$ としてはベクトルの和を取ればよい．しかし，本来のユークリッド幾何では，例えば原点のようなものはなく，ただの白い紙の上の図形がイメージされるだけである．上の定義はこのような観点が取り入れられているのである．逆にいえば，一旦原点が決められた場合は，$E = \boldsymbol{R}^3$ と思ってもよいのである．

ユークリッド空間をこのように定義して次に行なうことは，ユークリッド幾何に必要な直線や線分の長さ，角度といった諸定義を行なうことである．これも $E$ の上で直接定義するのではなく，計量ベクトル空間 $\boldsymbol{R}^3$ において定義されるものを，写像 $h : \boldsymbol{R}^3 \to E$ によって写すことで得られる．そして，それら

がユークリッド幾何の公理をみたすことを「証明」できれば，ユークリッド幾何は原理的には $\boldsymbol{R}^3$ の線形代数学に帰着することになるのである．

ユークリッド空間 $E$ の部分集合が平面，あるいは直線であることの定義をしよう．まず，ベクトル空間 $\boldsymbol{R}^3$ の部分ベクトル空間とは $\boldsymbol{R}^3$ の部分集合 $V$ であって，それ自身ベクトル空間となっているものである．一次元部分ベクトル空間は，0 でない一つのベクトルで生成される部分集合，つまり $V = \{t\boldsymbol{u} \mid t \in \boldsymbol{R}\}$ のことである．二次元部分ベクトル空間は，線形独立な二つのベクトルで生成される部分集合，つまり $W = \{r\boldsymbol{v} + s\boldsymbol{w} \mid r, s \in \boldsymbol{R}\}$ のことである．

$E$ の部分集合 $H$ に対し $\boldsymbol{R}^3$ の次のような部分集合 $V_H = \{\vec{PQ}; P, Q \in H\}$ を考えよう．$V_H$ が $\boldsymbol{R}^3$ の一次元部分ベクトル空間になるとき $H$ を**直線**と呼び，二次元部分ベクトル空間になるときは**平面**と呼ぶ．

$H$ が直線のとき，ベクトル空間 $V_H$ を生成するベクトル $\boldsymbol{u}$ と，$H$ の点 $P$ を一つ取ったとき

$$H = \{P + t\boldsymbol{u} \mid t \in \boldsymbol{R}\}$$

と表わすことができる．これを直線の**ベクトル表示**という．また，$H$ が平面のときは，ベクトル空間 $V_H$ を生成する線形独立なベクトル $\boldsymbol{v}, \boldsymbol{w}$ と，$H$ の点 $Q$ を一つ取ったとき

$$H = \{Q + r\boldsymbol{v} + s\boldsymbol{w} \mid r, s \in \boldsymbol{R}\}$$

である．これを平面のベクトル表示という．

$H, H'$ が二つの直線，あるいは二つの平面とする．対応する部分ベクトル空間が $V_H = V_{H'}$ のとき，$H$ と $H'$ は**平行**であるという．この定義では，$H = H'$ の場合も平行であるというのである．$H$ と $H'$ が平行であれば，それらは完全に一致するか，共有点を持たないかのいずれかである．このとき明らかに次の「平行線の公理」が成り立つ．

**命題 A.2.1**　$H$ は $E$ の平面（あるいは直線）とする．$P$ を $E$ の点とするとき．$P$ を通って $H$ に平行な平面（直線）がただ一つ存在する．

**問 A.4**　$E$ の異なる 2 点 $P, Q$ を通る直線がただ一つ存在することを示せ．また，一つの直線上にない 3 点 $P, Q, R$ を通る平面がただ一つ存在することを示せ．

**問 A.5** 空間 $E$ において，平面

$$\{Q + r\boldsymbol{v} + s\boldsymbol{w} \,|\, r, s \in \boldsymbol{R}\}$$

と直線

$$\{P + t\boldsymbol{u} \,|\, t \in \boldsymbol{R}\}$$

が 1 点で交わるための必要十分条件は何か？

**問 A.6** 点 $P, Q$ を両端とする線分 $PQ$ のベクトル表示を与えよ．

計量に関する定義は少し注意が必要である．古典的なユークリッド幾何における線分の長さや角度の取り扱いを思い出そう．まず，線分 $PQ$ には**長さ**と呼ばれる実数 $\overline{PQ}$ が定まっており，また点 $O$ を端点とする二つの線分 $OP$ と $OQ$ に対し**角度** と呼ばれる実数 $\angle POQ$ が定まっていて，次の公理をみたす．

(1) 直線上の 3 点 $P, Q, R$ がこの順に並んでいるとすると線分の長さについて

$$\overline{PQ} + \overline{QR} = \overline{PR}$$

が成り立つ．

(2) 3 点 $O, P, Q$ を含む平面上の点 $R$ が角 $\angle POQ$ の内部にあるとき

$$\angle POR + \angle ROQ = \angle POQ$$

が成り立つ．ここで「内部」とは線分 $OP, OQ$ をそれぞれ延ばして得られる半直線で平面を二つに分けたとき，$OP$ から見て $Q$ 側，$OQ$ から見て $P$ 側の部分である．

ユークリッド幾何では，長さや角度には具体的な定義はなく（無定義述語），上のような公理からさまざまな性質を演繹してゆき，例えばピタゴラスの定理や余弦公式を導くのである．

我々の考えているユークリッド空間 $E$ では，長さや角度を $\boldsymbol{R}^3$ に定義されている（標準的）内積を用いて次のように具体的に定義しよう．まず線分 $PQ$ の長さは $||\vec{PQ}||$ と定める．点 $O$ を端点とする二つの線分 $OP$ と $OQ$ のなす角 $\angle POQ$ は

$$\cos \angle POQ = \frac{\vec{OP} \cdot \vec{OQ}}{||\vec{OP}||\,||\vec{OQ}||}$$

によって定義する．

このような具体的定義が，上で述べたような「公理」をみたすかどうかを確認しておこう．線分の長さについては，内積の性質から明らかであろう．角度については，まず，関数 $\cos t$ をどのように定義しておくのかが問題である．角度の何らかの性質を用いるような定義だと全体の議論が循環論法になる恐れがある．ここでは行列の指数関数を用いた定義

$$\begin{pmatrix} \cos t & -\sin t \\ \sin t & \cos t \end{pmatrix} = \exp\begin{pmatrix} 0 & -t \\ t & 0 \end{pmatrix}$$

を採用しよう（6 章 2 節参照）．

**命題 A.2.2**　上のように定義した「角度」は角度の公理をみたす．

**証明**　角度の公理は平面幾何に関するものと考えてよいから，公理における三つのベクトル $\vec{OP}, \vec{OQ}, \vec{OR}$ は $\boldsymbol{R}^2$ のベクトル

$$\boldsymbol{a} = \begin{pmatrix} a_1 \\ a_2 \end{pmatrix},\ \boldsymbol{b} = \begin{pmatrix} b_1 \\ b_2 \end{pmatrix},\ \boldsymbol{c} = \begin{pmatrix} c_1 \\ c_2 \end{pmatrix}$$

と表わしてもよい．また，$\boldsymbol{a}, \boldsymbol{b}, \boldsymbol{c}$ はすべて長さ 1 と仮定して議論してもよい．$\angle POR = \alpha, \angle ROQ = \beta, \angle POQ = \gamma$ とすれば

$$\alpha + \beta = \gamma$$

を示せばよい．定義より

$$\cos\alpha = \boldsymbol{c}\cdot\boldsymbol{a} = c_1a_1 + c_2a_2, \quad \cos\beta = \boldsymbol{b}\cdot\boldsymbol{c} = b_1c_1 + b_2c_2$$

である．また

$$\sin\alpha = c_1a_2 - c_2a_1, \quad \sin\beta = b_1c_2 - b_2c_1$$

であることは容易にわかる．行列 $\begin{pmatrix} \cos\alpha & -\sin\alpha \\ \sin\alpha & \cos\alpha \end{pmatrix}$ はベクトル $\boldsymbol{a}$ をベクトル $\boldsymbol{c}$ に移す直交行列（5 章 3 節）であり，またそのような行列はただ一つであることは容易に確かめられる．同様に行列 $\begin{pmatrix} \cos\beta & -\sin\beta \\ \sin\beta & \cos\beta \end{pmatrix}$ もベクトル $\boldsymbol{c}$ をベクトル $\boldsymbol{b}$ に移す直交行列である．従って加法公式 (命題 6.2.4) に注意すれば

$$\begin{pmatrix} \cos\beta & -\sin\beta \\ \sin\beta & \cos\beta \end{pmatrix}\begin{pmatrix} \cos\alpha & -\sin\alpha \\ \sin\alpha & \cos\alpha \end{pmatrix} = \begin{pmatrix} \cos(\alpha+\beta) & -\sin(\alpha+\beta) \\ \sin(\alpha+\beta) & \cos(\alpha+\beta) \end{pmatrix}$$

は $\boldsymbol{a}$ を $\boldsymbol{b}$ に移す直交行列であるが，そのような直交行列の一意性より $\gamma = \alpha+\beta$ である．□

さて，$E$ に原点を定めれば上に述べたように，$E$ は $\boldsymbol{R}^3$ に同一視できる．このとき多くの問題は，座標成分たちの間の方程式に帰着される．次のような一次方程式

$$ax + by + cz = d \qquad (a, b, c) \neq \boldsymbol{o}$$

を考えよう．$d = 0$ のとき，この方程式は斉次方程式といい，その解の集合は $\boldsymbol{R}^3$ の二次元部分ベクトル空間である．$d \neq 0$ の場合は，この一次方程式をみたす一つの解 $P = (x_0, y_0, z_0)$ が見つかれば，任意の解は方程式

$$a(x - x_0) + b(y - y_0) + c(z - z_0) = 0$$

を解いて求めることができる．従って容易にわかるように，方程式の解の集合は平面である．これを単に上の方程式が定める平面と呼ぶ．この平面のベクトル表示は，上の斉次方程式の線形独立な二つの解 $\boldsymbol{v}$, $\boldsymbol{w}$ を見つけ，$\{P + s\boldsymbol{v} + r\boldsymbol{w}\}$ とすればよい．このような線形独立な解（基本解）は，ベクトル $(a, b, c)$ に直交する二つの線形独立なベクトルを求めればよいのである．逆に平面のベクトル表示 $\{P + s\boldsymbol{v} + r\boldsymbol{w}\}$ が与えられたとき，$\boldsymbol{v}$, $\boldsymbol{w}$ に直交するベクトルの成分が分かれば，平面の方程式は直ちに求められる．そのようなベクトルとしては，ベクトル積 $\boldsymbol{v} \times \boldsymbol{w}$ （3章3節）を取ればよい．

直線についても同様である．$\boldsymbol{v}_1 = \begin{pmatrix} a_1 \\ b_1 \\ c_1 \end{pmatrix}$, $\boldsymbol{v}_2 = \begin{pmatrix} a_2 \\ b_2 \\ c_2 \end{pmatrix}$ を線形独立なベクトルとするとき，連立方程式

$$\begin{aligned} a_1x + b_1y + c_1z &= d_1 \\ a_2x + b_2y + c_2z &= d_2 \end{aligned}$$

の解集合は直線である．この場合，対応する斉次方程式の解は一次元の部分ベクトル空間で，その生成元は $\boldsymbol{v}_1$, $\boldsymbol{v}_2$ のいずれとも直交するベクトル，つまりベクトル積 $\boldsymbol{v}_1 \times \boldsymbol{v}_2$ を取ることができる．従って上の連立方程式をみたす一つの解 $Q = (x_0, y_0, z_0)$ が見つかれば，この直線のベクトル表示は容易に得られる．

**問 A.7** $\boldsymbol{R}^3$ において平面 $\{s\begin{pmatrix} 1 \\ 0 \\ 0 \end{pmatrix} + t\begin{pmatrix} 1 \\ 1 \\ 1 \end{pmatrix}\}$ を表わす方程式 $ax + by + cz = 0$ を求めよ．

**問 A.8** $\boldsymbol{R}^3$ において方程式 $x+2y-3z=5$ が定める平面のベクトル表示を与えよ．

## A.3 体について

体とは，有理数の集合（$\boldsymbol{Q}$ と表わす）や実数の集合（$\boldsymbol{R}$ と表わす）のようにその集合において加減乗除の四則演算が自由に行える集合のことである．実数の集合には四則演算の他にも，連続性や順序のような重要な性質がある．しかし，四則演算に注目して見れば以下の例たちと共通した規則で記述できることがわかる．この規則のことを**体の公理**と呼び，この公理に従うような四則演算を有する集合を一つの体であるという．

**定義 A.3.1** 集合 $K$ の任意の 2 元 $a$, $b$ に対し，それらの和 $a+b\in K$ 及び積 $ab\in K$ が定義されていて次の公理をみたすとき，集合 $K$ は**体**であるという．

A1. （和の推移性）任意の 3 元 $a$, $b$, $c$ に対し，$(a+b)+c=a+(b+c)$.

A2. （和の可換性）任意の 2 元 $a$, $b$ に対し，$a+b=b+a$.

A3. （和に関する 0 元の存在）次の条件をみたす元（ 0 と表わす）が存在する．

$$a+0=0+a=a \qquad (\forall a\in K)$$

A4. （和に関する逆元の存在）各元 $a$ に対し，次の条件をみたす元 $\bar{a}$ が存在する．

$$a+\bar{a}=\bar{a}+a=0$$

A5. （積の推移性）任意の 3 元 $a$, $b$, $c$ に対し，

$$(ab)c=a(bc)$$

A6. （積の可換性）任意の 2 元 $a$, $b$ に対し，

$$ab=ba$$

A7. （積に関する単位元の存在）次の条件をみたし，0 とは異なる元（ 1 と表わす）が存在する．

$$\text{任意の } a \text{ に対し} \quad a1=1a=a$$

A8. （積に関する逆元の存在）0 と異なる任意の元 $a$ に対し，次の条件をみたす元 $\tilde{a}$ が存在する．

$$a\tilde{a} = \tilde{a}a = 1$$

A9. （分配律）任意の 3 元 $a$, $b$, $c$ に対し，次式が成り立つ．

$$(a+b)c = ac+bc, \quad a(b+c) = ab+ac$$

公理においては，0 元，単位元 1，和や積にかんする逆元はその存在だけを要求しているが，実は一意的に定まることが公理から証明できる．証明は簡単であるから各自試みよ．元 $a$ の和に関する逆元を $-a$，積に関する逆元を $a^{-1}$ あるいは $\frac{1}{a}$ と表わす．さらに，$a+(-b)$ を $a-b$ と表わし，$ab^{-1}$ を $\frac{a}{b}$ と表わす．このとき，例えば $(-1)a = -a$ が成り立つ．実際 $a+(-1)a = 1a+(-1)a = \{1+(-1)\}a = 0a = 0$ だからである．

**例題 A.3**　$(-1)(-1) = 1$ を証明せよ．

**解答**　上に述べたように $(-1)(-1) = -(-1)$ である．従って $(-1)+(-1)(-1) = 0$. 両辺に 1 を加えると $1+\{(-1)+(-1)(-1)\} = 1$ であるが，左辺は

$$1+\{(-1)+(-1)(-1)\} = \{1+(-1)\}+(-1)(-1) = (-1)(-1)$$

従って $(-1)(-1) = 1$ である．

**例 A.8**　実数を係数とする多項式を分母，分子とする分数式 $\frac{f(x)}{g(x)}$ たちの集合は分数式の通常の四則演算で体である．

**問 A.9**　次のような数の集合 $\{a+b\sqrt{2}: a,b \in \boldsymbol{Q}\}$ は通常の和，積により体になることを確かめよ。

**例 A.9**　有限個の元からなる体．

$r$ を自然数とし，例 A.5 における整数の集合の $r$ を法とする剰余類の集合 $\boldsymbol{Z}/r\boldsymbol{Z}$ を考えよう．この集合には和，差および積が，整数の集合における和，差および積から自然に導入された．この演算たちが A8 を除く体の公理をすべてみたすことは容易に確かめられる．例えば 0 元は 0 を含む剰余類 $X_0$，1 元は $X_1$ をとればよい．ここで特に $r$ が素数 $p$ の場合を考えよう．このときは公理 A8 も成り立つことが次のように示されるので，$p$ 個の元からなる集合 $\boldsymbol{Z}/p\boldsymbol{Z}$ は体である．$\boldsymbol{Z}/p\boldsymbol{Z}$ の 0 ではない元 $a = X_n$ をとり，$a$ を掛けるという写像

$$f: \boldsymbol{Z}/p\boldsymbol{Z} \to \boldsymbol{Z}/p\boldsymbol{Z}, \quad f(x) = ax$$

を考える．この写像は単射である．実際 $x = X_m$, $y = X_l$ として $ax = ay$ と仮定すると，定義より $nm \equiv nl \mod p$ であり，$n(m-l)$ が素数 $p$ の倍数となる．仮定より

$a \neq 0$ つまり $n$ は $p$ の倍数ではないから $m-l$ は $p$ の倍数である．これは $x=y$ を意味するから $f$ は単射である．従って部屋割り論法（例 A.2）から $f: \boldsymbol{Z}/p\boldsymbol{Z} \to \boldsymbol{Z}/p\boldsymbol{Z}$ は全射である．特に $f(x)=ax=1$ となる元 $x$ が存在する．

特に素数 $p$ が 2 の場合を考えよう．$\boldsymbol{Z}/2\boldsymbol{Z}$ は $0, 1$ の二つの元からなっている．これらの元の和と積は次のように与えられる．

$$0+a=a, \quad 1+1=0, \quad 1 \times a=a, \quad 0 \times 0=0$$

**注 A.2** 体の定義における A1 から A9 までの条件は体の公理と呼ばれる．公理という言葉は元来ユークリッド幾何学において，例えば「相異なる 2 点を通る直線が存在する」のように明らかに成立すると考えられる命題のことであった．この自明性は逆にいえばこのような命題が自明に成立するような対象，つまり今日の言葉で言えばユークリッド平面だけを考えていたことに由来する．しかし非ユークリッド幾何学の発見により，上のような命題が形式的には成立するような対象が数多くあることが分かってきた．従って公理 ＝ 絶対的真命題という意味はうすれ，公理の適用できる対象は何か，またどのような事柄が公理から形式的に導けるかが重要になってきた．数学におけるこのような方法を公理主義という．

## A.4 複素数

複素数について必要な事柄をまとめておこう．複素数とは，$a, b$ を実数とするとき $a+bi$ の形で表わされる数である．ここで $i$ は**虚数単位**と呼ばれるもので等式

$$i \times i = i^2 = -1$$

をみたす数である．

**注 A.3** $i$ とはそもそも何かについては，この節の後半，A.5 節あるいは A.7 節で触れているので参照されたい．

また，虚数単位 $i$ は $\sqrt{-1}$ とも表わされるが，この記法には次の注意が必要である．$a$ が正の実数のときは $x^2=a$ となる実数が二つあり，$\sqrt{a}$ はそのうちの正のものを表わすのが約束である．$x^2=-1$ となる $x$ はやはり二つあるが，どちらが正であるかを問うことは意味がない．従って $i$ あるいは $\sqrt{-1}$ は $x^2=-1$ の二つの解のいずれかを単に選んだということを意味するのである．

複素数全体の集合は $\boldsymbol{C}$ で表わされる．二つの複素数 $a+bi$ と $a'+b'i$ は $a=a', b=b'$ のとき等しいという．二つの複素数の和と積は次のように定義される．

$$(a+bi)+(a'+b'i)=a+a'+(b+b')i$$
$$(a+bi)\times(a'+b'i)=aa'-bb'+(ab'+ba')i$$

特に $b=0$ のときは実数の和，積に他ならないので，$b=0$ である複素数は実数と同一視してよい．複素数 $a+bi$ は単に $z$ あるいは $w$ のような記号で表わされることも多い．

**問 A.10**　$z$ は実数ではない複素数とする．このとき任意の複素数は二つの実数 $a,b$ を用いて $a+bz$ の形にただ *1* 通りに表わされることを示せ．

複素数 $z=a+bi$ に対し，$a-bi$ をその**共役複素数**といい，$\bar{z}$ と表わす．実数 $a,b$ はそれぞれ複素数 $z$ の**実部**，**虚部**といい，$\mathrm{Re}\,z,\mathrm{Im}\,z$ と表わす．また複素数 $z=a+bi$ の**絶対値**（長さ，あるいはノルムともいう）を $|z|=\sqrt{z\bar{z}}=\sqrt{a^2+b^2}$ と定義する．このとき

$$\overline{z+z'}=\overline{z}+\overline{z'},\quad \overline{zz'}=\overline{z}\,\overline{z'}$$

および $|zz'|=|z||z'|$ が成り立つことは容易にわかる．また，$z=0 \iff |z|=0$ であることも明らかである．

**命題 A.4.1**　複素数たちの集合 $\boldsymbol{C}$ は上で定義した和と積で体となる．

**証明**　実数の集合 $\boldsymbol{R}$ が体になっていることは認めよう．このとき $\boldsymbol{C}$ についても A8 以外の公理が成り立つことは容易に確かめられる．$z=a+bi\neq 0$ とする．$|z|^2=z\bar{z}$ であり，0 でない実数で割ることは可能であるから $z\times(|z|^{-2}\bar{z})=1$ であり，積に関する逆元が存在する．　□

**例 A.10**　上と同じことを有理数の対で考えても同じ議論が成り立つ．つまり，$a$, $b$ は有理数として $a+bi$ の形の数の集合は体である．

複素数をもっと形式的に定義することも可能である．実数の対の集合 $\{(a,b)|\ a,\ b\in\boldsymbol{R}\}=\boldsymbol{R}^2$ を考える．この集合の元に和と積を次のように定義する．

$$(a,b)+(a',b')=(a+a',b+b')$$
$$(a,b)(a',b')=(aa'-bb',ab'+ba')$$

$(a,0)$ の形の元については

$$(a,0)+(a',0)=(a+a',0), \quad (a,0)(a',0)=(aa',0)$$

が成り立つので，$(a,0)$ を単に実数 $a$ と同一視してもかまわない．元 $(0,1)$ を記号 $i$ で表わす．このとき

$$i^2=(0,1)^2=(-1,0)=-1$$

が成り立つ．また $(0,b)=(b,0)(0,1)=b\,i$ であり，$(a,b)=(a,0)+(0,b)$ だから上のような元は実数 $a$, $b$ を用いて $a+b\,i$ と表わすことができる．逆に複素数 $z=a+b\,i$ に対し，実数の対 $(a,\ b)$ を対応させれば複素数の二つの定義は同一視できることがわかる．

複素数 $z=a+b\,i$ を $(x,y)$-平面の成分が $(a,b)$ である点に対応させることもできる．複素数をこのように $(x,y)$-平面の点，あるいはベクトルで表わしたものを，複素数平面，あるいは **Gauss（ガウス）平面**と呼ぶ．二つの複素数の和は平面ベクトルの和に他ならない．また，複素数 $z$ の絶対値 $|z|$ はベクトルの長さのことである．Gauss 平面が普通の $(x,y)$-平面と異なることは，二つのベクトルあるいは点の積が定義されることである．Gauss 平面の点 $P(a,b)$ と $P'(a',b')$ の積とは，その座標が $(aa'-bb',ab'+ba')$ で与えられる点とすればよいのである．

$z=a+b\,i$ は絶対値 1 の複素数とする．このとき $z$ は Gauss 平面の原点を中心とし，半径 1 の単位円上にある．$x$ 軸方向の単位ベクトルと $z$ のなす角度（**偏角**という）を $\theta$ とすれば，$z=\cos\theta+i\sin\theta$ と表わすことができる．

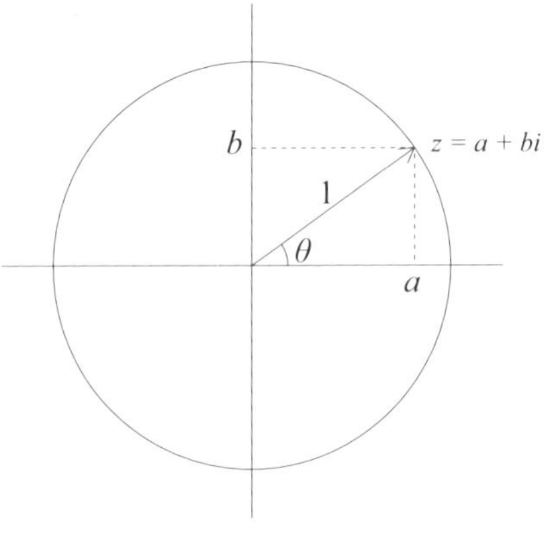

また，一般の複素数 $z$ についてもその絶対値を $r$ とすれば

$$z = r(\cos\theta + i\sin\theta)$$

と表わせる．これを複素数の**極表示**という．さて，ユークリッド幾何でよく知られた三角関数の加法公式を用いれば

$$\begin{aligned}
&(\cos\theta + i\sin\theta)(\cos\theta' + i\sin\theta') \\
&= \cos\theta\cos\theta' - \sin\theta\sin\theta' + i(\cos\theta\sin\theta' + \sin\theta\cos\theta') \\
&= \cos(\theta+\theta') + i\sin(\theta+\theta')
\end{aligned}$$

が成り立つ．従って二つの複素数

$$z = r(\cos\theta + i\sin\theta)$$
$$z' = r'(\cos\theta' + i\sin\theta')$$

の積は

$$zz' = rr'(\cos(\theta+\theta') + i\sin(\theta+\theta'))$$

で与えられる．特に絶対値 1 の複素数 $z$ のベキ乗に適用すれば **de Moivre（ド・モアブル）の公式**

$$\cos n\theta + i\sin n\theta = (\cos\theta + i\sin\theta)^n$$

が得られる．

**例題 A.4**　複素数を係数とする二次方程式 $x^2 + ax + b = 0$ は複素数解を持つ．

**解答**　$d$ を複素数とするとき，その平方根，つまり $x^2 - d = 0$ の解は複素数である．実際，極表示を　$d = r(\cos\theta + i\sin\theta)$ とすれば，複素数 $\pm\sqrt{r}(\cos\frac{\theta}{2} + i\sin\frac{\theta}{2})$ が $d$ の平方根 $\sqrt{d}$ である．与えられた方程式は

$$(x + \frac{a}{2})^2 = \frac{a^2 - 4b}{4}$$

と変形できるが，上に述べたことから複素数解が存在する．解の公式は実係数の場合と同じである．

**問 A.11**　$z^n = 1$ となる複素数 $z$ を $\sin, \cos$ を用いて表わせ。それらは Gauss 平面上でどのような点であるか？　また，それらのなかには 1 の原始 $n$ 乗根（$n$ 乗してはじめて 1 になる複素数）が存在することを示せ。

**問 A.12**　$w = z^{-1}$ のとき，Gauss 平面上で $z$ と $w$ はどういう位置関係にあるか．

さて複素数 $\alpha$ を固定し，$f(z)=\alpha z$ で定義される写像 $f:\boldsymbol{C}\to\boldsymbol{C}$ を考えよう．これは Gauss 平面の線形変換であって，$\alpha=r(\cos\theta+i\sin\theta)$ であれば，積の公式から，線形変換 $f$ は角 $\theta$ の回転を行い，ベクトルの長さを $r$ 倍する写像である．また，これを $(x,y)$-平面の線形変換と考えれば，実数を成分とする $(2,2)$ 行列で表示される（2 章 1 節を参照）．$\alpha=a+bi$ とすれば $f(1)=a+bi,\ f(i)=-b+ai$ であるから，行列表示は $\begin{pmatrix} a & -b \\ b & a \end{pmatrix}$ で与えられる．このことから，複素数体 $\boldsymbol{C}$ は行列の集合 $\left\{\begin{pmatrix} a & -b \\ b & a \end{pmatrix} : a,\ b\in\boldsymbol{R}\right\}$ と和や積の構造も込めて同一視できることがわかる．

## A.5　多項式

線形代数学を学ぶ上で必要となる多項式のいくつかの性質をまとめておこう．$K$ が体のとき

$$f(x)=a_0x^n+a_1x^{n-1}+\cdots+a_{n-1}x+a_n \qquad (a_i\in K)$$

の形の式を $x$ の $K$ 係数の**多項式**という．係数 $a_i$ たちが実数のときは実係数の多項式，複素数のときは複素係数の多項式というのであるが，多項式の一般的な議論をするには，係数たちはどのような体 $K$ の元でもよい．以下の議論では，断らない限り係数となる体は一般のものとする．

上のような式で $a_0\neq 0$ のとき，多項式 $f(x)$ の**次数**は $n$ であるといい，$\deg f=n$ と表わす．二つの多項式 $f(x),\ g(x)$ が**等しい**（$f(x)=g(x)$）とは，$f(x)$ と $g(x)$ の次数が等しく，かつ，対応する次数の係数がすべて等しいことである．

$K$ 係数の多項式たちの集合を $K[x]$ と表わす．二つの多項式の加法と乗法はよく知られた方法で定義され，それらのみたす性質は，整数の集合 $\boldsymbol{Z}$ の場合とほとんど同じである．このように和と積の二つの算法を持つ集合としては，他に $n$ 次の正方行列たちの集合や，整数の $r$ を法とする剰余類たちの集合（例 A.9）がある．いずれも体の公理（A.3 節参照）の A6 と A8 を除くすべての性質をみたしている．このような加法と乗法を持つ集合を**環**と呼び，積

の交換可能性 A6 をみたすものを**可換環**と呼ぶ．$K[x]$ は容易に確かめられるように可換環であり，**多項式環**と呼ばれる．

多項式環は割り算においても，整数とよく似た性質がある．多項式 $f(x)$ が $h(x)$ で割り切れる，つまり，$f(x) = p(x)h(x)$ となる多項式 $p(x)$ が存在するとき，$f(x)$ は $h(x)$ の倍数，あるいは，$h(x)$ は $f(x)$ の約数であるという．どんな多項式 $f(x)$ に対しても $f(x)$ 自身，および 0 でない定数は $f(x)$ の約数である．一般の場合には，多項式 $f(x)$ を $k$ 次多項式 $h(x)$ で割ると

$$f(x) = p(x)h(x) + r(x)$$

となる多項式 $p(x)$ と次数が $k$ より小さな多項式 $r(x)$ がただ **1 通り**に定まる．$p(x)$ を**商**，$r(x)$ を**余り**という．

体 $K$ の元を係数とする多項式 $f(x)$ が与えられたとき，$K$ の任意の元 $c$ を $x$ に**代入**することができ，$K$ の元 $f(c)$ が得られる．従って，多項式 $f(x)$ は $K$ から $K$ への写像を定める．特に $K$ が実数体 $\boldsymbol{R}$ のとき，これは実数上の連続関数となり，多項式 $f(x)$ で表わされる関数という．このとき次の**剰余**および**因数定理**が成り立つ．

**定理 A.5.1**　多項式 $f(x)$ を一次式 $x - c$ で割った余りは $f(c)$ である．特に，$f(x)$ が $x - c$ で割り切れるための必要十分条件は $f(c) = 0$ である．

$f(c) = 0$ となる $c \in K$ を**方程式** $f(x) = 0$ の**解**であるというが，上の定理より，このとき

$$f(x) = (x - c)g(x)$$

の形に因数分解できる．逆に $f(x)$ がこのような一次の因数を持つとき $c$ を**多項式** $f(x)$ の**根**であるという．根と解が実質的に同じであるというのが上の定理である．

**命題 A.5.2**　$f(x)$ は $n$ 次多項式とする．このとき方程式 $f(x) = 0$ の相異なる解は高々 $n$ 個である．

**証明**　$c_1, \ldots, c_k$ を方程式 $f(x) = 0$ の相異なる解とする．このとき因数定理より $f(x) = (x - c_1)f_1(x)$ である．このとき $f_1(c_2) = 0$ より $f_1(x)$ は $x - c_2$

を因数に持つ．これを繰り返せば $f(x)$ は $(x-c_1)\cdots(x-c_k)$ を因数に持つ．従って次数の仮定より $k \le n$ である． □

$f(x)$ で表わされる関数が恒等的に0であれば，体 $K$ の元はすべて $f(x)=0$ の解である．従って $K$ が実数体のように**無限個**の元を含むなら，$f(x)$ は多項式として 0 でなければならない．

**例 A.11** 例 A.9 の二つの要素からなる体 $\boldsymbol{Z}/2\boldsymbol{Z}$ を係数とする多項式 $f(x)=x^2-x$ を考える．これは多項式としては 0 ではないが，$f(0)=0$，$f(1)=0$ だから写像としては恒等的に 0 である．

次に述べる性質も，整数の集合と多項式環で共通なので，記号 $R$ を整数の集合 $\boldsymbol{Z}$ あるいは多項式環 $K[x]$ のいずれかを表わすものとする．

**命題 A.5.3** $R$ の部分集合 $I$ が次の二つの条件をみたすとする．

(1) $a, b \in I \Rightarrow a+b \in I$,

(2) $a \in I, r \in R \Rightarrow ra \in I$

このとき，元 $d \in R$ が存在して $I=\{du : u \in R\}$ となる．

**証明** $R$ が多項式環 $K[x]$ の場合で証明しよう．整数の場合もまったく同様である．まず $I$ が 0 元だけからなる場合は明らかであるから，そうでない場合を考えよう．$I$ に属する 0 でない多項式のなかで次数が最小のものがある．そのような多項式 $d(x)$ を考えよう．$I$ の任意の多項式 $f(x)$ を $d(x)$ で割ったとき

$$f(x)=p(x)d(x)+r(x)$$

であるとする．ただし $r(x)$ は余りである．$r(x)=f(x)+(-p(x))d(x)$ は上の二つの条件から $I$ に属するが，$d(x)$ の次数の最小性より $r(x)=0$ でなければならない．従って $f(x)=p(x)d(x)$ となる． □

多項式 $d(x)$ は 0 でない定数倍を除けば 1 通りに定まることは容易にわかる．上の命題の (1)，(2) をみたすような部分集合 $I$ は多項式環 $K[x]$ の**イデアル**と呼ばれる．命題における $\{du : u \in R\}$ の形のイデアルは一つの元 $d$ で生成されるので**単項イデアル**といい，$(d)$ という記号で表わす．従って上の

命題は多項式環 $K[x]$ や $\boldsymbol{Z}$ のイデアルはすべて単項であるといっているのである．その意味から，多項式環 $K[x]$ や $\boldsymbol{Z}$ は**単項イデアル環**であるともいわれる．

もう一度 $R$ を整数の集合 $\boldsymbol{Z}$ あるいは多項式環 $K[x]$ のいずれかを表わすものとする．$a, b$ を $R$ の元とするとき，部分集合 $I = \{ap + bq; p, q \in R\}$ がイデアルであることは明らかである．従って上の命題からある元 $d \in R$ が存在して

$$\{ap + bq : p, q \in R\} = \{du : u \in R\}$$

となる．これからまず，任意の $p, q$ に対し $ap + bq$ は $d$ で割り切れることがわかる．特に，$p = 1, q = 0$, あるいは $p = 0, q = 1$ の場合を見れば $d$ は $a$ と $b$ 双方の約数，つまり公約数であることがわかる．次に，$u = 1$ の場合から，$ap + bq = d$ となる $p, q \in R$ が存在する．つまり $a$ と $b$ のすべての公約数は $d$ の約数であることもわかる．このような $d$ は $a$ と $b$ の**最大公約数**と呼ばれる．つまり最大公約数の存在が示される．またこの $d$ は $a$ と $b$ から 0 でない定数倍（$\boldsymbol{Z}$ の場合は $\pm 1$ 倍）を除けば 1 通りに定まることも容易にわかる．

以上をまとめれば

**定理 A.5.4**　$a, b$ を $R$ の元とする．このとき $a$ と $b$ の最大公約数 $d$ と

$$ap + bq = d$$

をみたす元 $p, q \in R$ が存在する．

この定理は次のように拡張されることは容易に確かめられる．

**定理 A.5.5**　$a_1, \ldots, a_k$ を $R$ の元とする．このとき $a_i$ たちの最大公約数 $d$ と

$$a_1p_1 + \cdots + a_kp_k = d$$

をみたす元 $p_i \in R \quad (1 \leq i \leq k)$ が存在する．

さて上の定理では，二つの多項式 $f(x)$ と $g(x)$ の最大公約数の存在を示したが，最大公約数を具体的にどう計算するかは示してくれない．そのような計算のアルゴリズムとして知られているのがいわゆる**ユークリッド互除法**である．この場合も整数の環 $\boldsymbol{Z}$，および体係数の多項式環 $K[x]$ で議論は同様であ

るから多項式の場合を考える．多項式 $f(x)$ の次数を $\deg f$ と表わそう．まず $f(x)$ を $g(x)$ で割った余りを $f_1(x)$ と置けば

$$f(x) = g(x)p(x) + f_1(x), \qquad \deg g > \deg f_1$$

である．次に $g(x)$ を $f_1(x)$ で割った余りを $g_1(x)$ と置く．$f_1(x), g_1(x)$ に対し同様のことを行い，多項式 $f_2(x), g_2(x)$ を定める．この操作を繰り返し多項式の列 $f_{k-1}(x)$, $g_{k-1}(x)$, $f_k(x)$, $g_k(x)$, ... が式

$$f_{i-1}(x) = g_{i-1}(x)p_{i-1}(x) + f_i(x), \quad g_{i-1}(x) = f_i(x)q_i(x) + g_i(x)$$

によって定まる．これらの多項式の次数は真に減少していくから，ある $k$ のところで $f_k(x)$ あるいは $g_k(x)$ は 0 となる．0 になる直前の多項式を $d(x) \neq 0$ とする．例えば $d(x) = g_k(x)$ としよう．このとき $f_{k+1}(x) = 0$ であり，定義から $f_k(x)$ は $d(x) = g_k(x)$ で割り切れる．従って $d(x)$ は $f_k(x), g_k(x)$ の公約数である．このとき上式を繰り返し用いれば $d(x)$ はすべての $f_i(x)$ および $g_i(x)$ の約数であり，特に $f(x), g(x)$ の公約数であることがわかる．$d(x) = f_k(x)$ の場合も同様である．またよく見れば $f_i(x)$, $g_i(x)$ は

$$f(x) \text{ のある多項式倍} + g(x) \text{ のある多項式倍}$$

の形であることが帰納的に確かめられる．特に多項式 $d(x)$ についても同様である．従って上の定理 A.5.4 の別証が得られた．

**問 A.13** $f_1(x) = x^4 - 3x^2 - 2x + 4$, $f_2(x) = x^3 - x^2 - x + 1$ の最大公約数を求めよ。

体係数の多項式環 $K[x]$ の多項式 $p(x)$ を一つ固定する．このとき多項式の間の同値関係を

$$f(x) \sim g(x) \overset{\text{def}}{\Leftrightarrow} f(x) - g(x) \text{ が } p(x) \text{ で割り切れる}$$

と定義する．$p(x)$ で生成されたイデアル $(p(x))$ を用いれば，この同値関係は

$$f(x) - g(x) \in (p(x))$$

と表わせる．この同値関係による $K[x]$ の同値類（$p(x)$ を法とする剰余類という）の集合を $K[x]/(p(x))$ と表わす．これは本質的には多項式の $p(x)$ による余りだけを注目していることである．$f(x) \sim g(x)$, $f'(x) \sim g'(x)$ であれば

$$f(x) + f'(x) \sim g(x) + g'(x), \qquad f(x)f'(x) \sim g(x)g'(x)$$

となることは容易にわかる．多項式 $f(x)$ が属する剰余類を $[f(x)]$ と表わそう．上の性質から多項式環 $K[x]$ の剰余類での和や積を

$$[f(x)] + [g(x)] = [f(x) + g(x)], \qquad [f(x)][g(x)] = [f(x)g(x)]$$

によって矛盾なく（剰余類のなかの元の取り方によらず）定めることができる．またこの和と積によって剰余類の集合 $K[x]/(p(x))$ が可換環になることも簡単に確かめられる．これを多項式環の**剰余環**と呼ぶ．

体 $K$ 上の多項式 $p(x)$ は，定数でない二つの多項式の積に表わせるとき**可約**であるといい，そうでないとき**既約**であるという．例えば $K$ が実数体 $\boldsymbol{R}$ のとき $p(x) = x^2 - 2 = (x + \sqrt{2})(x - \sqrt{2})$ は可約である．しかし $x + \sqrt{2}$ は有理数体 $\boldsymbol{Q}$ 上の多項式でないから，$p(x)$ は $\boldsymbol{Q}$ 上の多項式としては既約である．このように既約かどうかは係数体 $K$ を明記しないと確定しないことに注意が必要である．

**定理 A.5.6** $p(x)$ は体 $K$ 上の既約多項式とする．このとき
剰余環 $K[x]/(p(x))$ は体である．

**証明** 証明には体の公理の A8 が成り立つことを示せばよい．$a$ は剰余環 $K[x]/(p(x))$ の 0 でない元とする．剰余類 $a$ に属する多項式 $f(x)$ は剰余環の定義から $p(x)$ で割り切れない．仮定から $p(x)$ は既約だから，$p(x)$ と $f(x)$ は定数でない共通因子を持たない．従ってそれらの最大公約数は 1 であると思ってよいから，定理 A.5.4 より，

$$f(x)u(x) + p(x)v(x) = 1$$

をみたす多項式 $u(x)$, $v(x)$ が存在する．$u(x)$ が定める剰余類を $b$ と表わすと，上の式は $ab = 1$ を意味する．従って $K[x]/(p(x))$ は体である． □

**注 A.4** 整数環 $\boldsymbol{Z}$ についても，素数 $p$ を法とする剰余環 $\boldsymbol{Z}/(p)$ は体である．（A.3 参照）

さて体 $K[x]/(p(x))$ の元は $x$ の多項式たちのイデアル $(p(x))$ による剰余類である．特に $x$ 自身の属する類を（不定元 $x$ のイメージを忘れるため）$\alpha$ と

表わそう．このとき $K[x]/(p(x))$ の元は $\alpha-2, \alpha^2+\alpha, \ldots$ など，$\alpha$ の多項式であり，特に $p(\alpha)$ は $p(x)$ が属する類だから，定義より体 $K[x]/(p(x))$ の中で

$$p(\alpha)=0$$

が成り立つ．つまり方程式 $p(x)=0$ は $K[x]/(p(x))$ 内に解を持つのである．

上のような体の構成は形式的で，実質的内容はほとんど無いように見える．しかし例えば，$K$ が実数体 $\boldsymbol{R}$，$p(x)=x^2+1$ のとき，この構成は，「仮想的」な数 $i$ を導入して複素数を定義することと見かけ上の違いにすぎないのである．

**定理 A.5.7** $f(x)=a_0x^n+\cdots+a_n$ は体 $K$ 上の $n$ 次多項式（既約とは限らない）とする．このとき，$K$ を含む体 $L$ があって，方程式 $f(x)=0$ のすべての解 $\alpha_1, \ldots, \alpha_n$ が $L$ の中に存在する．特に $L$ 係数の多項式としては一次式の積

$$f(x)=a_0(x-\alpha_1)(x-\alpha_2)\cdots(x-\alpha_n)$$

に因数分解される．

**証明** 多項式 $f(x)$ の次数 $n$ に関する数学的帰納法で証明する．$n=1$ のときは明らかである．$f(x)$ を既約な多項式たちの積 $p_1(x)\cdots p_k(x)$ と表わすことができる．上の定理から，$p_1(x)=0$ の一つの解（$\alpha_1$ と表わそう）を含む体（$K_1$ と表わそう）がある．因数定理より $K_1[x]$ において $f(x)=(x-\alpha)g(x)$ と表わせ，$g(x)$ は $n-1$ 次式である．従って帰納法の仮定より $g(x)=0$ のすべての解を含む体が存在する．これが求めるものである． □

体 $L$ を多項式 $f(x)$，あるいは方程式 $f(x)=0$ の**分解体**であるという．

**■多変数多項式** $n$ 個の変数 $x_1, \ldots, x_n$ と体 $K$ の元 $a$ に対し

$$ax_1^{i_1}\cdots x_n^{i_n} \qquad (i_s \text{ は非負の整数})$$

の形の式を単項式といい，単項式たちの有限和

$$\sum a_{(i_1,\ldots,i_n)}x_1^{i_1}\cdots x_n^{i_n} \qquad (a_{(i_1,\ldots,i_n)} \in K)$$

を体 $K$ の元を係数とする $n$ 変数多項式という．単項式 $ax_1^{i_1}\cdots x_n^{i_n}$ に対し $i_1+\cdots+i_n$ をその次数という．0 でない単項式の次数の最大値をその多項式の次数と呼ぶ．また，すべての単項式の次数が等しく $k$ であるような多項式を $k$ 次の斉次多項式という．

$n$ 変数多項式たちの集合（$K[x_1,\ldots,x_n]$ と表わされる）には加法や乗法が 1 変数多項式と同様に定義され，可換環になることは容易に確かめられる．$f(x_1,\ldots,x_n)$ は $n$ 変数多項式とする．この多項式を $x_n$ の同次項でまとめれば $x_1,\ldots,x_{n-1}$ を変数とする多項式たちを係数とする $x_n$ の多項式

$$f(x_1,\ldots,x_n)=a_k(x_1,\ldots,x_{n-1})x_n^k+\cdots+a_0(x_1,\ldots,x_{n-1})$$

と考えることができる．$n-1$ 変数の多項式環 $K[x_1,\ldots,x_{n-1}]$ を $R$ と表わせば，$n$ 変数の多項式環 $K[x_1,\ldots,x_n]$ は可換環 $R$ の元を係数とする 1 変数多項式環 $R[x_n]$ と考えることができる．さて，$S$ は可換環とする．$S$ は，0 でない任意の 2 元 $a,b$ に対し $ab\neq 0$ をみたすとき**整域**という．次の命題は定義から容易に示される．

**命題 A.5.8**　可換環 $S$ が整域のとき，多項式環 $S[x]$ も整域である．

体を係数とする多項式環 $K[x]$ と，可換環を係数とする多項式環 $R[x]$ は共通の性質も多いが，除法については注意が必要である．簡単のため体 $K$ を係数とする $x$, $y$ の多項式 $f(x,y)$ を考えよう．このとき $R=K[y]$ である．$x$ の二次式 $x^2$ を $x$ の一次式 $yx+1$ で割ることを考えてみよう．この場合，商は（ $y$ の多項式を係数とする） $x$ の一次式，余りは $x$ の 0 次式であるから

$$x^2=(yx+1)(a(y)x+b(y))+r(y)$$

の形に表わされることになるが，これは不可能である．

可換環 $R$ の元 $a$ は逆元，つまり，$aa'=1$ となるような元 $a'$ を持つとき，**単元**であるという．

**命題 A.5.9**　可換環 $R$ は整域，多項式

$$h(x)=b_0x^d+\cdots+b_d\in R[x]$$

は最高次の係数 $b_0$ が単元であるとする．このとき，任意の多項式 $f(x)$ に対し

$$f(x)=p(x)h(x)+r(x)$$

をみたす多項式 $p(x)$, $r(x)$ で $\deg r(x) < d$ となるものがただ一通り存在する.

**証明** まず一意性を示そう. 二つの等式

$$f(x) = p_1(x)h(x) + r_1(x), \quad f(x) = p_2(x)h(x) + r_2(x)$$

があるとする. このとき

$$(p_1(x) - p_2(x))h(x) = r_2(x) - r_1(x)$$

であるが, 次数の条件より $r_1(x) = r_2(x)$ であり, 従って命題 A.5.6 より $p_1(x) - p_2(x) = 0$ である.

次に上のような $p(x)$, $r(x)$ の存在であるが, $\deg f < \deg h$ なら自明であるので, $\deg f \geq \deg h$ と仮定し, $\deg f$ に関する帰納法で示す. $n-1$ 次以下の多項式について成り立つと仮定する. $f(x) = a_0x^n + \cdots + a_n$ とすれば

$$f_1(x) = f(x) - (a_0/b_0)x^{n-d}h(x)$$

の次数は $\deg f_1 < \deg f$ である. $f_1$ については成立するから, 明らかに $f$ についても成立する. □

**系 A.5.10** $R$ は整域, $f(x)$ は $R$ 係数の多項式とする. $R$ の相異なる $k$ 個の元 $a_1, \ldots, a_k$ に対し $f(a_i) = 0$, $1 \leq i \leq k$ であれば, $f(x)$ は $(x-a_1)\cdots(x-a_k)$ で割り切れる.

**例題 A.5** $f(x_1, \ldots, x_n)$ は, 体 $K$ の元を係数とする $n$ 変数多項式とする. 相異なる任意の $i, j$ に対し, $x_i$ のところに $x_j$ を代入するとき $f(x_1, \ldots, x_n) = 0$ をみたすとする. このとき $f(x_1, \ldots, x_n)$ は $\prod_{i<j}(x_i - x_j)$ で割り切れる.

**解答** $f$ をまず $x_1$ の多項式で係数環は $K[x_2, \ldots, x_n]$ であると考える. このとき上の系より $f(x_1, \ldots, x_n)$ は $(x_1 - x_2)\cdots(x_1 - x_n)$ で割り切れ,

$$f(x_1, \ldots, x_n) = (x_1 - x_2)\cdots(x_1 - x_n)f_1(x_1, \ldots, x_n)$$

の形で表わされる. $f_1$ を $x_2$ の多項式と考えると, $x_2$ に $x_3, \ldots x_n$ を代入すれば明らかに 0 である. 従って $f_1(x_1, \ldots, x_n)$ は $(x_2 - x_3)\cdots(x_2 - x_n)$ で割り切れる. これを繰り返せば求める結果を得る.

## A.6　置換，対称群，対称式

1 から $n$ までの整数の集合からそれ自身への全単射写像

$$\sigma : \{1, \ldots, n\} \xrightarrow{\cong} \{1, \ldots, n\}$$

を（$n$ 次の）**置換**という．置換 $\sigma$ が $\sigma(1) = i_1, \ldots, \sigma(n) = i_n$ で与えられるとき

$$\sigma = \begin{pmatrix} 1 & 2 & \ldots & n \\ i_1 & i_2 & \ldots & i_n \end{pmatrix}$$

とも表わす．（$n$ 次の）すべての置換たちの集合を $\Sigma_n$ と表わす．一つの置換を与えることと，1 から $n$ までの数の重複のない $n$ 個の順列を与えることは同じである．従って $\Sigma_n$ の元の個数は $n!$ である．

二つの置換 $\sigma$, $\pi$ の合成写像 $\sigma \circ \pi$ はまた置換である．これを $\sigma$ と $\pi$ の積といい，単に $\sigma\pi$ と表わす．1 から $n$ をすべて動かさない**恒等置換**を $e$ と表わす．このとき次の性質が成り立つことは明らかである．

(1)　任意の三つの置換に対し，$(\sigma\pi)\lambda = \sigma(\pi\lambda)$

(2)　任意の置換 $\sigma$ に対し，$\sigma e = e\sigma = \sigma$

(3)　任意の置換 $\sigma$ に対し，$\sigma\sigma^{-1} = \sigma^{-1}\sigma = e$ となる置換 $\sigma^{-1}$ がただ一つ存在する．これを $\sigma$ の**逆置換**という．

相異なる数 $1 \leq k,\ l \leq n$ に対し，$k$ と $l$ だけを入れ替える（$n$ 次の）置換を**互換**といい，$(k, l)$ と表わす．

**補題 A.6.1**　互換の積について次式が成り立つ．

(1)　$i, j, k, l$ がすべて異なるとき

$$(i,\ j)(k,\ l) = (k,\ l)(i,\ j)$$

(2)　相異なる $i, j, k$ に対し

$$(i,\ j)(j,\ k)(i,\ j) = (i,\ k)$$

**問 A.14**　上の補題を示せ．

**補題 A.6.2**　$n(> 1)$ 次の任意の置換はいくつかの互換の積の形に表わせる．

**証明** $n$ に関する帰納法で示す．$n=2$ のときは明らかである．補題が順次 $n-1$ まで正しいとする．$n$ 次の置換 $\sigma$ について考えよう．$\sigma(n)=n$ なら，$\sigma$ は $1,\ldots,n-1$ の置換，つまり $n-1$ 次の置換であると考えてよいから互換の積で表わせる．$\sigma(n)=k\neq n$ であれば，互換 $\tau=(k,\ n)$ を考えると $\tau\sigma$ は上の場合に帰着されるから，互換の積 $\pi_1\cdots\pi_r$ に表わされる．従って $\sigma=\tau\pi_1\cdots\pi_r$ である． □

**問 A.15** 三次の置換たち（6 個ある）の $6\times 6$ 個の積 $\sigma\tau$ の表を作れ．

**問 A.16** 次の置換を互換の積で表わせ．

$$\text{(1)}\ \begin{pmatrix}1&2&3&4&5\\5&4&3&2&1\end{pmatrix}\quad \text{(2)}\ \begin{pmatrix}1&2&3&4&5\\2&3&1&5&4\end{pmatrix}$$

**■対称式と交代式** 次に，$n$ 変数多項式に対する $n$ 次の置換の作用について考えよう．$\sigma=\begin{pmatrix}1&2&\ldots&n\\i_1&i_2&\ldots&i_n\end{pmatrix}$ を $n$ 次の置換とする．$f(t_1,\ldots,t_n)$ を変数 $t_1,\ldots,t_n$ たちの $n$ 変数多項式とするとき，変数 $t_i$ を $t_{\sigma(i)}$ に書き換えて得られる多項式を $\sigma f$ と表わす．つまり

$$(\sigma f)(t_1,\ldots,t_n)=f(t_{\sigma(1)},\ldots,t_{\sigma(n)})$$

で定義される．例えば $f(t_1,t_2,t_3)=t_1^2-t_2^2+t_3$ で，$\sigma=(1,3)$ が互換のとき

$$(\sigma f)(t_1,t_2,t_3)=t_3^2-t_2^2+t_1$$

である．

**補題 A.6.3** $\sigma,\tau$ は $n$ 次の置換とし，$f$ は $n$ 変数多項式とする．このとき多項式として $\tau(\sigma f)=(\tau\sigma)f$ が成り立つ．

**証明** 定義より $(\tau(\sigma f))(t_1,\ldots,t_n)=(\sigma f)(t_{\tau(1)},\ldots t_{\tau(n)})$ である．ここで変数を $t_{\tau(i)}=u_i$ と書き換えよう．このとき

$$(\tau(\sigma f))(t_1,\ldots,t_n)=(\sigma f)(u_1,\ldots u_n)=f(u_{\sigma(1)},\ldots,u_{\sigma(n)})$$

である．しかし $u_{\sigma(i)}=t_{\tau(\sigma(i))}=t_{(\tau\sigma)(i)}$ に注意すれば求める結果を得る． □

すべての $n$ 次の置換 $\sigma$ に対し，$\sigma f=f$ をみたす $n$ 変数多項式を $n$ 変数**対称式**という．まず基本対称式の定義をしよう．変数 $x$ と変数 $t_1,\ldots,t_n$ に関

する多項式 $(x-t_1)\cdots(x-t_n)$ を考える．これを $x$ の多項式として展開したものを

$$(x-t_1)\cdots(x-t_n) = x^n - \sigma_1 x^{n-1} + \cdots + (-1)^i \sigma_i x^{n-i} + \cdots + (-1)^n \sigma_n$$

とすれば，変数 $t_1,\ldots,t_n$ たちの多項式 $\sigma_i = \sigma_i(t_1,\ldots,t_n)$ が定義される．容易にわかるように

$$\sigma_k(t_1,\ldots,t_n) = \sum_{i_1<\cdots<i_k} t_{i_1}\cdots t_{i_k}$$

である．例えば $n=3$, $k=2$ のとき

$$\sigma_2(t_1,t_2,t_3) = \sum_{i_1<i_2} t_{i_1}t_{i_2} = t_1t_2 + t_1t_3 + t_2t_3$$

である．このように定義された多項式 $\sigma_i(t_1,\ldots,t_n)$ は明らかに $n$ 変数対称式である．これを $i$ 次**基本対称式**と呼ぶ．$n=2$ のとき，$\sigma_1 = t_1+t_2$, $\sigma_2 = t_1t_2$ である．このとき 2 変数の対称式，例えば $t_1^2+t_2^2$ は $\sigma_1^2 - 2\sigma_2$ のように基本対称式で表わすことができる．このことは次の定理（対称式の基本定理という）で示されるように一般に成り立つのである．

**定理 A.6.4**　すべての $n$ 変数対称式は基本対称式 $\sigma_1,\ldots,\sigma_n$ たちの多項式として一意的に表わされる．

証明はこの節の後半に行なう．

ここで，多項式の根と係数の関係について述べよう．

**定理 A.6.5**　体 $K$ の元を係数とする $n$ 次多項式

$$f(x) = a_0x^n + a_1x^{n-1} + \cdots + a_{n-1}x + a_n, \quad a_0 \neq 0$$

を考える．$f(x)$ が $n$ 個の根 $\alpha_1, \ldots, \alpha_n \in K$ を持つとする．このとき

$$a_i/a_0 = (-1)^i\sigma_i(\alpha_1, \ldots, \alpha_n), \quad i=1,\ldots,n$$

が成り立つ．

**証明**　根の定義より $f(x)$ は一次式の積

$$f(x) = a_0(x-\alpha_1)\cdots(x-\alpha_n)$$

に分解する．これを展開して係数を比較すればよい．　□

**注 A.5** 上の定理では $\alpha_1, \ldots, \alpha_n \in K$ を方程式 $f(x)=0$ の解と思ってもよい．ただし，解が重複しているときは，重複分を込めて考えなければならない．

**例題 A.6** $a, b$ は整数，方程式 $x^2-ax+b=0$ の 2 解（複素数の中で）を $\alpha, \beta$ とする．このとき $\alpha^n, \beta^n$ を 2 解とする方程式 $x^2-a'x+b'=0$ の係数 $a', b'$ も整数である．

**解答** 解と係数の関係より $\alpha^n, \beta^n$ を 2 解とする方程式の係数は

$$a'=\alpha^n+\beta^n, \quad b'=\alpha^n\beta^n$$

である．これらはともに $\alpha, \beta$ の対称式だから，基本定理より $\alpha, \beta$ の基本対称式である $a, b$ の多項式で表わせる．$a, b$ が整数だから求める結果が得られる．

次に，**差積**と呼ばれる $n$ 変数多項式を

$$\Delta(t_1,\ldots,t_n)=\prod_{i>j}(t_i-t_j)$$

と定義しよう．例えば $n=3$ の場合，$\Delta=(t_3-t_1)(t_3-t_2)(t_2-t_1)$ である．

**補題 A.6.6** $\sigma$ が $n$ 次の置換のとき，$\sigma\Delta=\Delta$ あるいは $\sigma\Delta=-\Delta$ のいずれかが成り立つ．

**証明** 定義より $\sigma\Delta=\prod_{i>j}(t_{\sigma(i)}-t_{\sigma(j)})$ である．このとき右辺の一次因子は，すべての $k>l$ に対し，$t_k-t_l$ が $\pm$ を除いてちょうど 1 回ずつ現われる．従って

$$\prod_{i>j}(t_{\sigma(i)}-t_{\sigma(j)})=\pm\prod_{i>j}(t_i-t_j)$$

である． □

上の結果から，任意の置換 $\sigma$ に対し $(\sigma\Delta)/\Delta$ は 1 あるいは $-1$ である．$(\sigma\Delta)/\Delta$ を置換 $\sigma$ の**符号数**といい，$\mathrm{sgn}(\sigma)$ と表わす．

**命題 A.6.7** 置換の符号数について次が成り立つ．

(1) 二つの置換の積について $\mathrm{sgn}(\sigma\tau)=\mathrm{sgn}(\sigma)\mathrm{sgn}(\tau)$ が成り立つ．

(2) $\tau$ が互換であれば $\mathrm{sgn}(\tau)=-1$ である．

**証明** (1) 補題 A.6.3 を用いて次の式変形から得られる．

$$\begin{aligned}((\sigma\tau)\Delta)/\Delta &= (\sigma(\tau\Delta))/\Delta=\{(\sigma(\tau\Delta))/(\tau\Delta)\}\{(\tau\Delta)/\Delta\}\\ &=\{(\sigma\Delta)/\Delta\}\{(\tau\Delta)/\Delta\}\end{aligned}$$

(2) 補題 $A.6.1$ を繰り返し用いれば，任意の互換 $\tau$ に対し，$\tau = \sigma^{-1}(1,2)\sigma$ をみたす置換 $\sigma$ が存在する．$((1,2)\Delta)/\Delta = -1$ は容易に確かめられる．従って (1) の性質より $(\tau\Delta)/\Delta = -1$ である．□

**例 A.12**　三次の置換の符号数を求めてみよう．三次の置換は恒等置換 $e$，三つの互換 $\pi_1 = (1,2), \pi_2 = (2,3), \pi_3 = (1,3)$ と二つの巡回置換 $\omega = \begin{pmatrix} 1 & 2 & 3 \\ 2 & 3 & 1 \end{pmatrix}$，$\omega^2 = \begin{pmatrix} 1 & 2 & 3 \\ 3 & 1 & 2 \end{pmatrix}$ の六つである．$\omega = \pi_1\pi_2$ だから

$$\mathrm{sgn}(e) = \mathrm{sgn}(\omega) = \mathrm{sgn}(\omega^2) = 1$$
$$\mathrm{sgn}(\pi_1) = \mathrm{sgn}(\pi_2) = \mathrm{sgn}(\pi_3) = -1$$

が得られる．

さて $n$ 変数多項式 $f(x_1,\ldots,x_n)$ はすべての置換 $\sigma$ に対し，

$$\sigma f = \mathrm{sgn}(\sigma) f$$

をみたすとき，**交代式**と呼ばれる．差積 $\Delta$ は定義より明らかに交代式である．

**命題 A.6.8**　すべての交代式は差積 $\Delta$ と対称式の積である．

**証明**　$f(x_1,\ldots,x_n)$ は交代式とする．$\tau = (i,j)$ を互換とすると

$$(\tau f)(x_1,\ldots,x_n) = f(\ldots,x_j,\ldots,x_i,\ldots) = -f(\ldots,x_i,\ldots,x_j,\ldots)$$

が成り立つ．従って任意の $i > j$ に対し，$f$ の変数 $x_j$ に $x_i$ を代入すると 0 となる．因数定理より，$f$ は $(x_i - x_j)$ で割り切れ，従って

$$f(x_1,\ldots,x_n) = \Delta g(x_1,\ldots,x_n)$$

となる多項式 $g$ が存在するが，これが対称式であることは明らかである．□

さて，差積の 2 乗 $\Delta(t_1,\ldots,t_n)^2$ を $D_1(t_1,\ldots,t_n)$ と表わそう．命題 A.6.6 より $D_1$ は対称式である．従って対称式の基本定理 A.6.4 より $D_1$ は基本対称式 $\sigma_i$ たちの多項式で表わされる．例えば $n = 2$ のとき

$$D_1 = (t_1 - t_2)^2 = (t_1 + t_2)^2 - 4t_1t_2 = (\sigma_1)^2 - 4\sigma_2$$

である．体 $K$ の元を係数とする $n$ 次多項式

$$f(x) = a_0x^n + a_1x^{n-1} + \cdots + a_{n-1}x + a_n, \quad a_0 \neq 0$$

を考える．方程式 $f(x) = 0$ が $n$ 個の解 $\alpha_1, \ldots, \alpha_n \in K$ を持つとする．変数 $t_1, \ldots, t_n$ に $\alpha_1, \ldots, \alpha_n$ を代入すれば根と係数の関係（定理 A.6.5）から

$$D_1(\alpha_1, \ldots, \alpha_n) = \prod_{i>j}(\alpha_i - \alpha_j)$$

は $a_1/a_0, \ldots, a_n/a_0$ の多項式となる．例えば上の場合

$$D_1 = \frac{a_1^2 - 4a_0a_2}{a_0^2}$$

である．$D_1$ を係数 $a_i$ たちの式と考えたものを $f(x)$ の**判別式**という．このとき定義より明らかに次の定理が成り立つ．

**定理 A.6.9**　多項式 $f(x) = a_0x^n + \cdots + a_n$ が重根を持つための必要十分条件は，$D_1(a_1/a_0, \ldots, a_n/a_0) = 0$ である．

多項式が重根を持つかどうかの判定については，第3章で終結式を用いる方法が述べられているので参照してほしい．

**例 A.13**　$k$ は自然数とする．$n$ 変数対称式

$$t_1^k + t_2^k + \cdots + t_n^k = s_k(\sigma_1, \ldots, \sigma_n)$$

となる多項式 $s_k$ をニュートン多項式という．これを次のように求めよう．対数関数の級数展開

$$\log(1+x) = x - \frac{x^2}{2} + \frac{x^3}{3} + \cdots$$

を考える．$\sum \log(1 + t_ix)$ を上式の両辺で考え，log の性質と $s_k$ の定義から次の等式

$$\log(1 + \sigma_1x + \sigma_2x^2 + \cdots) = s_1x - \frac{s_2}{2}x^2 + \cdots$$

が得られる．左辺の展開は

$$(\sigma_1x + \sigma_2x^2 + \cdots) - \frac{(\sigma_1x + \sigma_2x^2 + \cdots)^2}{2} + \cdots$$

である．これらは $x$ が十分小さいときべき級数として一致するから，$x^k$ の係数を比較して次の等式が得られる．

$$s_k = k\sigma_k + d_k(\sigma_1, \ldots, \sigma_{k-1})$$

ただし $d_k$ は $\sigma_1$ から $\sigma_{k-1}$ までの有理数を係数とする多項式である．

**定理 A.6.4 の証明** まず，すべての $n$ 変数対称式 $f(t_1,\ldots,t_n)$ は基本対称式 $\sigma_1,\ldots,\sigma_n$ たちの多項式として表わされることを示そう．$t_i$ の単項式 $t_1^{i_1}\cdots t_n^{i_n}$ たちに左からの辞書式順序を与える．つまり，そのベキ指数 $i_1,\ldots,i_n$ が左のほうから順次等しいか，あるいは大きいものを大きいと定める．このとき，対称式 $\sigma_1^{k_1}\cdots\sigma_n^{k_n}$ のなかに現れる最大の単項式は

$$t_1^{k_1+\cdots+k_n}t_2^{k_2+\cdots k_n}\cdots t_n^{k_n}$$

であり，その係数は 1 であることは基本対称式に現われる単項式の形から容易にわかる．

$$i_1=k_1+\cdots+k_n,\quad i_2=k_2+\cdots+k_n,\quad \ldots,\quad i_n=k_n$$

とおけば，非負整数列 $(k_1,\ldots,k_n)$ たちと単調減少列

$$(i_1,\ldots,i_n),\quad i_1\geq\cdots\geq i_n$$

たちは 1 対 1 に対応する．さて，$f(t_1,\ldots,t_n)$ は対称式とする．$f$ に現れる 0 でない係数を持つ最大の単項式を $at_1^{i_1}\cdots t_n^{i_n}$ とすると，対称性より $i_1\geq\cdots\geq i_n$ と仮定してよい．このとき対応する非負整数列を $(k_1,\ldots,k_n)$ とすれば

$$f(t_1,\ldots,t_n)-a\sigma_1^{k_1}\cdots\sigma_n^{k_n}$$

において，最大の単項式は消去される．これを繰り返せば $f$ が基本対称式 $\sigma_1,\ldots,\sigma_n$ たちのある多項式 $h(\sigma_1,\ldots,\sigma_n)$ として表わされることがわかる．

次にこのような $\sigma_1,\ldots,\sigma_n$ たちの多項式としての表わし方が一意的であることを示そう．これは次のような意味である．$h(u_1,\ \ldots,\ u_n)$ を $n$ 変数多項式とする．$u_i$ のところに $\sigma_i$ を代入すると，$h(\sigma_1,\ \ldots,\ \sigma_n)$ は $t_1,\ \ldots,\ t_n$ の多項式である．もし，この多項式が 0 多項式であるなら，元の多項式 $h$ が 0 多項式であることをいえばよいのである．このことを $n$ に関する数学的帰納法で示そう．$n=1$ のときは明らかである．$1,\ldots,n-1$ まで正しいとして，$n$ のときを考える．変数の数を明示するため，$\sigma_i(t_1,\ldots,t_n)=\sigma_i^{(n)}(t_1,\ldots,t_n)$ と表わそう．このとき

$$\sigma_i^{(n)}(t_1,\ldots,t_{n-1},0)=\sigma_i^{(n-1)}(t_1,\ldots,t_{n-1})$$

および

$$\sigma_n^{(n)}(t_1,\ldots,t_{n-1},0)=0$$

であることに注意する．$h$ を $u_n$ の多項式として

$$h(u_1, \dots, u_n) = h_0 u_n^r + \cdots + h_r$$

と整理する．ただし，$h_i$ は $u_1, \dots, u_{n-1}$ たちの多項式である．さて，$h(\sigma_1^{(n)}, \dots, \sigma_n^{(n)})$ は $t_i$ たちの多項式として 0 であるとする．このとき $t_n = 0$ を代入しても，これは $t_1, \dots, t_{n-1}$ の多項式として 0 である．このとき上の注意から，$\sigma_n^{(n)} = 0$ であり

$$h(\sigma_1^{(n-1)}, \dots, \sigma_{n-1}^{(n-1)}, 0) = h_r(\sigma_1^{(n-1)}, \dots, \sigma_{n-1}^{(n-1)})$$

は $t_1, \dots, t_{n-1}$ の多項式として 0 である．ここで帰納法の仮定を用いれば，$h_r$ は 0 多項式である．従って，多項式 $h(u_1, \dots, u_n)$ は $u_n$ で割り切れ，$h(u_1, \dots, u_n) = g(u_1, \dots, u_n)u_n$ と因数分解される．従って多項式 $h$ の $u_n$ の次数に関する帰納法で求める結果を得る． □

**■群について**　置換の定義の所で述べた三つの性質は置換の積が「群の公理」をみたしていることを示している．つまり，集合 $\Sigma_n$ は一つの群であるといっている．この意味で $\Sigma_n$ は $n$ 次**対称群**と呼ばれる．ここでは群の定義と簡単な例を述べておこう．

**定義 A.6.10**　集合 $G$ は，二つの元 $g, h \in G$ に対し，その積と呼ばれる元 $gh \in G$ が定められており次の性質をみたすとき，**群**であるという．

G1. 任意の三つの元 $g, h, k \in G$ に対し $g(hk) = (gh)k$ が成り立つ．
G2. **単位元**と呼ばれる元 $e \in G$ が存在し，任意の元 $g \in G$ に対し $ge = eg = g$ が成り立つ．
G3. 任意の元 $g \in G$ に対し，その**逆元**と呼ばれる元 $g^{-1} \in G$ が存在し，$gg^{-1} = g^{-1}g = e$ が成り立つ．

上の三つの条件は群の公理と呼ばれる．G2 の公理は単位元の存在をいっているだけであるが，実はこのような単位元はただ一通りに定まるのである．実際そのような元 $e'$ がもう一つあるとすると，$e$ が単位元であることから $ee' = e'$ であり，$e'$ が単位元であることから $ee' = e$ である．従って $e = e'$ である．G3 の逆元の一意性も容易に示される．

単位元以外の元を含むような最も簡単な群としては，2 元 $\{1, -1\}$ からなる集合に通常の積を考えたものである．

整数の集合 $\boldsymbol{Z}$，有理数の集合 $\boldsymbol{Q}$ あるいは実数の集合 $\boldsymbol{R}$ などは，積として「和」を考えれば群の公理をみたしていることは明らかである．このような群は積は交換可能であり，算法の記号も $a+b$ のように表わす．このような群は加群あるいは加法群とも呼ばれる．一方，正の実数たちの集合 $\boldsymbol{R}_{>0}$ は実数の積に関して群になる．これは実数の乗法群とも呼ばれる．

$n$ 次正則行列たちの集合は行列の積に関して群である．また $n$ 次ユニタリー行列たちや，$n$ 次直交行列たちの集合も行列の積に関して群である．これらはそれぞれ $n$ 次**ユニタリー群**，あるいは $n$ 次**直交群**という．

$G$ は群とする．$G$ の部分集合 $G'$ は $G$ の積によってそれ自身，群になるとき $G$ の**部分群**であるという．

**例 A.14**　$n$ 次対称群 $\Sigma_n$ において符号数が 1 であるような置換を偶置換という．偶置換たちのなす部分集合は部分群である．実際，$\sigma, \sigma'$ が偶置換であれば，$\mathrm{sgn}(\sigma\sigma') = \mathrm{sgn}(\sigma)\mathrm{sgn}(\sigma')$ より，$\sigma\sigma'$ も偶置換である．これが公理をみたしていることは明らかである．偶置換たちのなす部分群は**交代群**と呼ばれ，$A_n$ と表わされる．

**定理 A.6.11**　$G$ は有限個の元からなる群（有限群と呼ばれる）とし，$H$ はその部分群とする．$g, h$ をそれぞれ $G, H$ の元の個数とする．このとき $h$ は $g$ の約数である．

**証明**　$G$ の二つの元 $g, g'$ が $g'g^{-1} \in H$ をみたすとき，$g' \sim g$ と表わそう．これが同値関係になっていることは容易に確かめられる．従って $G$ は同値類の集合の和 $\coprod X_i$ に分けられる．同値類 $X_i$ に属する元 $a$ を一つ選べば $X_i = \{x; x \sim a\} = \{ay; y \in H\}$ である．特に単位元 $e$ の属する同値類は $H$ に他ならない．従ってすべての類の元の個数は等しく $h$ だから，特に $h$ は $g$ の約数である．　□

$G$ と $H$ は群とする．写像 $f: G \to H$ は任意の 2 元 $g,\ g' \in G$ に対し $f(gg') = f(g)f(g')$ がなりたつとき，**準同型**であるという．$G$ のすべての元を $H$ の単位元 $e$ に写す写像は明らかに準同型である．これを自明な準同型という.

**例 A.15**　$\Sigma_n$ を $n$ 次対称群とする.このとき命題 A.7.4 は,置換に対し,その符号数を与える写像

$$\mathrm{sgn}: \Sigma_n \to \{1,\ -1\}$$

が群の準同型であって,自明でないこと,つまり互換を $-1$ に写すことを主張しているのである.

**例 A.16**　指数関数 $f(x) = e^x$ は,実数の加法群から乗法群への準同型 $f: \boldsymbol{R} \to \boldsymbol{R}_{>0}$ である.

## A.7　代数学の基本定理

体 $K$ 上で定義された多項式 $f(x)$ を考える.方程式 $f(x) = 0$ は一般に $K$ の中に解があるとは限らない.しかし,定理 A.5.7 より,形式的ではあるが方程式のすべての解を含むような体(分解体)は常に存在する.しかしこのような体は方程式ごとに異なっている.例えば有理数上で方程式 $x^2 - 2 = 0$ を考えると,体 $\{a + b\sqrt{2}; a,\ b \in \boldsymbol{Q}\}$ が分解体である.しかし例えば方程式 $x^3 - 2 = 0$ あるいは $x^2 - 3 = 0$ はこの体では解けず,さらに拡大した体を考えなければならない.

さて複素数体 $\boldsymbol{C}$ は,定義としては実数体 $\boldsymbol{R}$ 上の方程式 $x^2 + 1 = 0$ の分解体であった.従って例えば方程式 $x^4 + 1 = 0$ が解ける保証はなく,さらに拡大体,言い換えると超虚数とでもいうべき数を導入する必要性もあったのである.しかし,Gauss によって証明された代数学の基本定理はこの $x^2 + 1 = 0$ 専用の体がすべての複素数係数の代数方程式に対し万能であると主張するものである.

代数学の基本定理は次の定理である.

**定理 A.7. 1**　$f(x)$ は定数でない複素係数多項式とする.このとき方程式 $f(x) = 0$ は複素数の解を持つ.

定理の証明の前に,代数学の基本定理と因数定理から直ちに導かれる結果を述べておこう.

**系 A.7.2** $f(x)=a_0x^n+\cdots+a_n$ は複素数係数の $n$ 次式とする．このとき複素数 $\alpha_1,\ldots,\alpha_n$ があって $f(x)$ は $n$ 個の一次式の積

$$f(x)=a_0(x-\alpha_1)\cdots(x-\alpha_n)$$

に因数分解される．

### 代数学の基本定理の証明

以下に述べる証明は，本質的にはフランスの数学者 Laplace（ラプラス）によるものである．おそらく，数ある証明のなかで最も簡明，かつエレガントなものであろう．別証も多く知られているが，特に複素関数の性質を用いる証明は線形代数の教科書等に多く述べられているので参照されたい．

証明には次の事実を用いる．(2) は高校でも学ぶように，中間値の定理から示される．

(1) 複素係数の二次方程式は複素数の解を持つ．（例題 A.4）

(2) 実係数の奇数次方程式は実数の解を持つ．

(3) 分解体の存在（定理 A.5.7）

(4) 対称式の基本定理（定理 A.6.4）と根と係数の関係（定理 A.6.5）

まず，方程式は実数係数であると仮定してよいことを示そう．

$$f(x)=x^n+a_1x^{n-1}+\cdots+a_n$$

は定数でない複素係数多項式とする．係数たちの複素共役を取った多項式

$$\overline{f}(x)=x^n+\overline{a_1}x^{n-1}+\cdots+\overline{a_n}$$

を考える．このとき $g(x)=f(x)\overline{f}(x)$ は実数係数の多項式である．実際

$$\overline{g}(x)=\overline{f}(x)\overline{\overline{f}}(x)=\overline{f}(x)f(x)=g(x)$$

だからである．従って $g(x)=0$ が複素数の解を持てば，$f(x)=0$ あるいは $\overline{f}(x)=0$ が複素数の解を持つ．後者の場合，解を $\alpha$ とすれば $\overline{f}(\alpha)=0$ は $f(\overline{\alpha})=0$ と同じことだから，$f(x)=0$ がやはり複素数の解を持つことになるのである．

そこで，実数係数の多項式 $f(x)$ の次数 $n$ を奇数と 2 のベキの積 $n=2^rq$ に表わし，ベキ指数 $r\geq 0$ に関する帰納法で定理を示そう．$r=0$ のときは $f(x)$ は奇数次の多項式であるから，上の (2) より定理は成り立つ．そこで

順次 $r=k-1$ まで成り立つと仮定し，$r=k>0$ の場合を考えよう．(3) より $f(x)$ の分解体 $L$ が存在するので，$L$ における方程式 $f(x)=0$ の解を $u_1,\ldots,u_n$ とする．$r$ は実数とし，$1\leq i<j\leq n$ となるすべての組に対し $n(n-1)/2$ 個の $L$ の元

$$u_i+u_j+ru_iu_j$$

を考える．さらに $L$ 係数の $n(n-1)/2$ 次多項式

$$F(x)=\prod_{i<j}(x-(u_i+u_j+ru_iu_j))$$

を考えよう．この多項式に $u_1$ から $u_n$ のどんな置換を行なっても多項式の形は変わらない．従ってこの多項式を $x$ の降ベキに整理したとき，各係数は実数を係数とする $u_1,\ldots,u_n$ の対称式である．根と係数の関係より $u_i$ たちの基本対称式は多項式 $f(x)$ の係数だから実数である．従って (4) より $F(x)$ は実係数の多項式である．$n$ は偶数であると思ってよいから，$F(x)$ の次数 $n(n-1)/2$ の 2 のベキ指数は $n$ のそれより一つ小さくなる．従って帰納法の仮定より $F(x)=0$ は複素数解を持つ，つまり各実数 $r$ に対し，ある番号 $i,j$ があって

$$u_i+u_j+ru_iu_j$$

は複素数である．実数 $r$ が変われば，この番号の組 $i,j$ は変わるかも知れないが，実数は無数にあるので $n(n-1)/2$ より大きな数だけ相異なる実数 $r_1,r_2,\ldots$ を取れば，そのうちの二つ（$r_p$, $r_q$ としよう）について上の $i,j$ は同じでなければならない．従ってその番号 $i,j$ に対し，二つの複素数 $\alpha,\beta$ があって連立方程式

$$u_i+u_j+r_pu_iu_j=\alpha$$
$$u_i+u_j+r_qu_iu_j=\beta$$

が成り立つ．従って

$$u_i+u_j=\frac{r_p\beta-r_q\alpha}{r_p-r_q}$$
$$u_iu_j=\frac{\alpha-\beta}{r_p-r_q}$$

が成り立つが，これは $u_i, u_j$ は複素数係数の二次方程式の解であることを意味する．従って (1) より $u_i, u_j$ は複素数であり，方程式 $f(x) = 0$ の解のなかに複素数が存在することが示された．□

## A.8　射影幾何

球面上で 2 点を結ぶ最短線は大円である．大円を「直線」と呼ぶことにすれば球面上の図形を対象とする幾何学が可能である．例えば「相異なる 2 点を通る直線が存在する」という公理はやはり成立する．ただし 2 点が球面の正反対の位置にあるときはこのような直線は無数に存在する．また，相異なる任意の 2 直線は常に 2 点で交わる（平行線は存在しない）．ここで球面 $S$ の点に同値関係を $x \sim y \overset{\mathrm{def}}{\Leftrightarrow} x$ と $y$ は対蹠点である（球面の正反対の位置にある）と定義し，同値類の空間 $S/\sim$ つまり球面の正反対の位置にある点を同一視した空間（**射影平面**と呼ばれる）を考えてみよう．球面上の大円をこの射影平面に写したものを「直線」と呼べば，次のようなきれいな「公理」が得られる．

「相異なる 2 点を通る直線がただ一つ存在する」

「相異なる 2 直線はただ一つの点で交わる」

これらの公理に従って展開される幾何学を射影幾何と呼ぶのである．第一の公理は「相異なる 2 点はただ一つの直線で結ばれる」と言い換えられることに注意する．そこで「点」$\leftrightarrow$「直線」および「交わる」$\leftrightarrow$「結ばれる」という翻訳をすれば二つの公理は互いに移り合う．従って射影幾何のすべての命題に対しこの翻訳により新しい命題が得られる．これを元の命題の双対命題という．命題たちがこのような双対の形で得られることを，射影幾何の双対性という．また，平面上の二次曲線も射影平面上ではより単純となり，例えば後述するように楕円と双曲線の区別もなくなるのである．

上で定義したような射影平面は通常の平面とどのような関係があるか見てみよう．三次元ユークリッド空間 $\boldsymbol{R}^3$ の原点を通る直線 $l$ を考えよう．このような直線は単位球面 $x^2 + y^2 + z^2 = 1$ と 2 点で交わり，それらは球面の正反対の位置にある．従って上で定義した射影平面の点と原点を通る直線は 1 対 1 に対応する．原点を通る直線 $l$ はその上にある 0 でない勝手なベクトル $(p, q, r)$

で定まる．二つのベクトル $(p,\, q,\, r),\, (p',\, q',\, r')$ は 0 でない実数 $\lambda$ があって

$$(p',\, q',\, r') = \lambda(p,\, q,\, r)$$

をみたすとき同値と呼ぶが，同値なベクトルは同じ直線，従って射影平面の同じ「点」を表わす．ベクトル $(p,\, q,\, r)$ の同値類を $[p:q:r]$ と表わし，射影平面の点の**斉次座標**という．射影平面の「直線」とは大円のことであったが，大円は球面と原点を通る平面との交点として決まるから，平面の方程式を $ax+by+cz=0$ とすれば斉次座標 $[a:b:c]$ が射影平面の「直線」を定める．従って，「点」 $[p:q:r]$ が「直線」 $[a:b:c]$ 上にあるという主張は

$$ap+bq+cr=0$$

であり，「点」と「直線」の役割は完全に同等である．

さて $\boldsymbol{R}^3$ の原点を通らない平面，例えば方程式 $z=1$ で定まる平面 $H$ を考えよう．$H$ の点 $(x,y,1)$ に対し斉次座標 $[x:y:1]$ を考えることにより，$H$ を射影平面の部分空間とみなすことができる．この部分空間を（$z=1$ の）アフィン平面と呼ぶ．このアフィン平面に含まれない点は斉次座標が $[p:q:0]$ の形の点である．アフィン平面 $H$ において，方向ベクトルが $(p,q)$ であるような直線は適当な実数 $a,b$ によって

$$\{[pt+a:qt+b:1]\,;\, t\in\boldsymbol{R}\} = \{[p+a/t:q+b/t:1/t]\,;\, t\in\boldsymbol{R}\}$$

と表わせる．従って $t\to\pm\infty$ のときこれらの直線上の点は無限遠点というべき点 $[p:q:0]$ に収束する．逆にいえば，射影平面はアフィン平面に，アフィン平面の平行な直線ごとに上のような無限遠点を付加して得られるのである．

射影平面の二次曲線について考えてみよう．$x,\, y,\, z$ の二次方程式が，射影平面上の方程式として定まるには，$(x,y,z)$ が解であれば $(\lambda x,\, \lambda y,\, \lambda z)$ も解でなければならないから，斉次式，つまり

$$A[\boldsymbol{x}] = {}^t\boldsymbol{x}A\boldsymbol{x} = a_{11}x^2 + a_{22}y^2 + a_{33}z^2 + 2a_{12}xy + 2a_{13}xz + 2a_{23}yz = 0$$

の形でなければならない．従って主軸変換（5章5節参照）を行って

$$ax^2+by^2+cz^2=0$$

としてよい．二次曲線が退化していない場合，つまり $abc\neq 0$ の場合を考えよう．$(x,\, y,\, z)\neq(0,\, 0,\, 0)$ だから，$a,\, b,\, c$ が同符号なら二次曲線は空集合であ

る．従って $a > 0, b > 0, c < 0$ としても一般性を失わない．これは $\boldsymbol{R}^3$ の二次曲面としては楕円錐面と呼ばれるものである．これを射影平面上の曲線と見るには，まず楕円錐面と単位球面との交わりを考える．これは球面上の二つの楕円（正確ではないが）であって，球面の対蹠点を同一視すれば一つの楕円になる．これが射影平面上での本質的にはただ一つの二次曲線である．しかし，これを色々なアフィン平面上に制限してみれば，いわゆる円錐曲線が現われてくるのである．例えば $z = 1$ のアフィン平面上では楕円である（この場合は無限遠には曲線上の点はない）が， $y = 1$ のアフィン平面上では双曲線であって，無限遠に 1 点ある．さらに例えば $ax + cz = 1$ の平面上では放物線である．つまり，見方によって「楕円」＝「双曲線＋ 1 点」＝「放物線＋ 1 点」となっているのである．

射影平面をより一般の次元に拡張して考えることもできる．$n$ 次元ユークリッド空間 $\boldsymbol{R}^n$ の単位球面 $S = \{(x_1, \ldots, x_n); x_1^2 + \cdots + x_n^2 = 1\}$ の対蹠点 $\boldsymbol{x}$ と $-\boldsymbol{x}$ を同一視して得られる集合を $n-1$ 次元実射影空間と呼ぶ．これは射影平面と同様に，原点を通る直線たちの集合と考えることもできる．射影空間の点は 0 でないベクトル $(x_1, \ldots, x_n)$ の斉次座標 $[x_1 : x_2 : \cdots : x_n]$ で表わされる．これが $n-1$ 次元と呼ばれるのは，例えば $x_n = 1$ で定まるアフィン超平面の次元が $n-1$ だからである．複素射影空間も形式的に同様の方法で定義される．

## 付録の章末問題

**問 A.1**　$n$ を自然数とするとき，1 から $n$ までの自然数たちの集合を $S_n$ と表わす．$S_n$ から $S_m$ への写像たちの個数を求めよ．また，$n \leq m$ のとき $S_n$ から $S_m$ への単射写像たちの個数をもとめよ．

**問 A.2**　次の関係は同値関係か？
(1)　2 以上の自然数の集合において，1 以外の公約数を持つという関係
(2)　実数の集合においてその差が 360 の整数倍であるという関係

**問 A.3**　0 以上の整数 $x$ に対して，$C(x)$ で $x$ の下 2 桁を表わすことにする．たとえば，$C(12578) = 78$，$C(6) = 6$ である．$n$ を 2 でも 5 でも割り切れない正の整数とする．集合 $\{0, 1, \ldots, 99\}$ を $S$ と表わす．
(1)　写像 $f : S \to S$ を $f(x) = C(nx)$ と定義する．$f$ は単射であることを示せ．
(2)　$C(nx) = 1$ となる 0 以上の整数 $x$ が存在することを示せ．

**問 A.4**　平面上の二つの直線

$$ax + by + c = 0, \quad a'x + b'y + c' = 0$$

が一致するための必要十分条件は何か？

**問 A.5**　$\boldsymbol{R}^3$ において，二つの直線 $l_1 = \{\boldsymbol{p}_1 + t\boldsymbol{v}_1\}$，$l_2 = \{\boldsymbol{p}_2 + s\boldsymbol{v}_2\}$ がねじれの位置にあるための条件を求めよ．ただし 2 直線がねじれの位置にあるとは，2 直線が平行でなく，かつ交点を持たないことをいう．

**問 A.6**　$\boldsymbol{R}^3$ の連立方程式

$$x - y + 3z = 1, \quad 3x + y + z = -1$$

が定める直線のベクトル表示を求めよ．

**問 A.7**　$\boldsymbol{R}^3$ において $(\boldsymbol{x} - \boldsymbol{a}) \cdot \boldsymbol{v} = 0$ をみたすベクトル $\boldsymbol{x}$ たちは平面であることを示し，そのベクトル表示を求めよ．ただし $(\quad) \cdot (\quad)$ は内積である．

**問 A.8**　$\boldsymbol{R}^3$ の点 $(x_0, y_0, z_0)$ を通り平面 $ax + by + cz = 0$ と平行な平面の方程式を求めよ．

**問 A.9**　$\boldsymbol{R}^3$ の点 $(x_0, y_0, z_0)$ の，平面 $ax + by + cz = 0$ に関し面対称な点の座標を求めよ．

**問 A.10** 方程式 $lx+my+nz=l^2+m^2+n^2$ が定める平面の幾何学的意味は何か？

**問 A.11** $n$ が整数であるとき，$(1+\sqrt{3}i)^n$ の値を求めよ．

**問 A.12** $-i$ の平方根を求めよ．

**問 A.13** 二つの複素数 $u, v$ で表わされる Gauss 平面上の二つのベクトルがたがいに垂直であるための条件は $u\bar{v}+\bar{u}v=0$ であることを示せ．

**問 A.14** Gauss 平面の虚数軸の点 $z$ に対し，写像 $f(z)=\frac{z+1}{z-1}$ は虚数軸から，単位円周 $\{z\in \boldsymbol{C} \mid |z|=1\}$ から 1 を除いた部分への全単射であることを示せ．

**問 A.15** Gauss 平面上で点 $z$ の，原点を通り傾き 60 度の直線に関する対称な点は $\omega\bar{z}$ であることを示せ．ただし $\omega=\frac{-1+\sqrt{3}i}{2}$ は 1 の虚三乗根である．

**問 A.16** 複素数の集合 $\{a+b\omega;\, a, b\in \boldsymbol{R}\}$ は体であることを示せ．ただし $\omega$ は 1 の虚三乗根である．

**問 A.17**$^*$ 複素数平面上の複素数 $\alpha, \beta, \gamma$ が正三角形の三つの頂点となるための必要十分条件は

$$\alpha^2+\beta^2+\gamma^2=\beta\gamma+\gamma\alpha+\alpha\beta$$

であることを示せ．

**問 A.18**$^*$ 集合 $H=\{\begin{pmatrix} u & -v \\ \bar{v} & \bar{u} \end{pmatrix} : u, v\in \boldsymbol{C}\}$ は行列の和と積により（非可換な）体になることを示せ．ただし $\bar{u}$ は $u$ の共役複素数である．

**問 A.19** 三次方程式 $z^3+3pz+q=0$ を考える．このとき，二次方程式 $t^2+qt-p^3=0$ の 2 根を $u, v$ とするば，$\sqrt[3]{u}+\sqrt[3]{v}$ は元の三次方程式の解であることを示せ．（Cardano の公式）

**問 A.20** 四次方程式 $x^4+bx^2+cx+d=0$ を考える．$y=x^2$ と置くと，この方程式は連立二次方程式

$$y^2+bx^2+cx+d=0, \quad x^2-y=0$$

を解くことに帰着される．このときパラメーター $\lambda$ を含む二次曲線

$$\lambda(x^2-y)+y^2+bx^2+cx+d=0$$

が 2 直線の積になるような $\lambda$ はある三次方程式の解であることを示せ．（四次方程式を三次方程式に帰着させる Ferrari の方法）

**問 A.21** $a_0, a_1, \ldots, a_n$ および $p_0, p_1, \ldots, p_n$ は与えられた複素数で，$a_i$ は互いに異なるとする．このとき $f(a_i) = p_i$, $0 \leq i \leq n$ をみたす $n$ 次多項式 $f(x)$ がただ一つ存在することを示せ．

**問 A.22** 三次方程式の判別式 $\Delta = (t_1 - t_2)^2(t_2 - t_3)^2(t_3 - t_1)^2$ を基本対称式 $\sigma_1 = t_1 + t_2 + t_3$, $\sigma_2 = t_1 t_2 + t_2 t_3 + t_3 t_1$, $\sigma_3 = t_1 t_2 t_3$ の多項式で表わせ．

**問 A.23** $\sigma_i(t_1, \ldots, t_n)$ は $n$ 変数の $i$ 次基本対称式とする．$p_1, \ldots, p_n$ を実数とするとき，

$$p_i > 0\ (\forall i) \quad \Longleftrightarrow \quad \sigma_i(p_1, \ldots, p_n) > 0\ (\forall i)$$

を示せ．

**問 A.24** $f(x)$ は実数を係数とする奇数次の多項式とする．代数学の基本定理（代数方程式は複素数の範囲内に解がある）を仮定すれば，中間値の定理を仮定しなくとも $f(x) = 0$ は実数解を持つことを示せ．

# 問題の解答とヒント

## 第1章

### 1-1

**問 1.1** $1\boldsymbol{v} = \boldsymbol{v}$ だから $\boldsymbol{v} + (-1)\boldsymbol{v} = \{1 + (-1)\}\boldsymbol{v} = 0\boldsymbol{v} = \boldsymbol{o}$, 従って $(-1)\boldsymbol{v} = -\boldsymbol{v}$. 最後の主張は数学的帰納法を用いよ.

**問 1.2** 後半の集合は 0 ベクトルを含まないので部分ベクトル空間ではない.

**問 1.3** 略

### 1-2

**問 1.4** (1) $\boldsymbol{x} = \frac{1}{2}\boldsymbol{a} + \frac{1}{2}\boldsymbol{b}$ (2) $\boldsymbol{x} = \boldsymbol{a} + \boldsymbol{c}$

**問 1.5** もし有限個のベクトルで生成されれば, 有限次元（$n$ 次元としよう）である. しかし例えば $1, x, \ldots, x^n$ は $n+1$ 個の線形独立なベクトルだから矛盾.

**問 1.6** $a = -3$.

**問 1.7** $ps - qr \neq 0$.

**問 1.8** 略

**問 1.9** 線形関係式 $a_0 + a_1(x-1) + \cdots + a_n(x-1)^n = 0$ があれば $x^n$ の係数を考え $a_n = 0$ であり, またこのとき $x^{n-1}$ を考え $a_{n-1} = 0$. 以下同様に $a_i = 0$. $f(x)$ を任意の $n$ 次式とすれば $b_n$ をうまく取れば $f(x) - b_n(x-1)^n$ が $n-1$ 次式にできる. これを繰り返せば $(x-1)^i$ たちが生成元であることも明らか.

**問 1.10** 略

**問 1.11** 略

**問 1.12** $w \neq 0$ のときを考えれば十分である. $\bar{w} = |w|^2 w^{-1}$ に注意すると,「$z$, $w$ が線形従属である」 $\Leftrightarrow$ 「$z = aw$ となる実数 $a$ が存在」$\Leftrightarrow$ 「$z\bar{w} = a|w|^2$ が実数」

### 1-3

**問 1.13** 条件「$\mathrm{Im}\ f \subset \mathrm{Ker}\ g$」は「$\boldsymbol{w} = f(\boldsymbol{v})$ なら $g(\boldsymbol{w}) = \boldsymbol{o}$」と同じで, これは「$g \circ f = 0$」と同じ.

**問 1.14** $\boldsymbol{R}^3$ の基底 $\{\boldsymbol{v}_1, \boldsymbol{v}_2, \boldsymbol{v}_3\}$ として，$\{\boldsymbol{v}_1, \boldsymbol{v}_2\}$ が $W$ の基底となるように取っておく．$\boldsymbol{R}^3$ のベクトル $\boldsymbol{x} = x_1\boldsymbol{v}_1 + x_2\boldsymbol{v}_2 + x_3\boldsymbol{v}_3$ とするとき，線形写像 $f : \boldsymbol{R}^3 \to \boldsymbol{R}^1$ を $f(\boldsymbol{x}) = x_3$ と置けばよい．

**問 1.15** 略

**問 1.16** $\mathrm{Im}(g \circ f) \subset \mathrm{Im}(g)$ より $\mathrm{rank}\,(g \circ f) \leq \mathrm{rank}\,g$．また $\mathrm{Im}(g \circ f) = g(\mathrm{Im}(f))$ だから $\dim \mathrm{Im}(g \circ f) \leq \dim \mathrm{Im}(f)$，従って $\mathrm{rank}\,(g \circ f) \leq \mathrm{rank}\,f$．

**問 1.17** $\mathrm{Im}(f+g) \subset \mathrm{Im}(f) + \mathrm{Im}(g)$ と，次元公式より

$$\dim(\mathrm{Im}(f) + \mathrm{Im}(g)) \leq \dim(\mathrm{Im}(f)) + \dim(\mathrm{Im}(g))$$

**問 1.18** 線形写像 $g : W_1 \oplus \cdots \oplus W_k \to W_1 + \cdots + W_k$ の Ker はベクトル $(\boldsymbol{w}_1, \ldots, \boldsymbol{w}_k)$ であって $\boldsymbol{w}_1 + \cdots + \boldsymbol{w}_k = \boldsymbol{o}$ をみたすものからなっている．このようなベクトルは $(\boldsymbol{o}, \ldots, \boldsymbol{o})$ だけであることと，$g$ が単射であることは同値である．

## 第 1 章の章末問題

**問 1.1** 例えば ${}^t(1, 0, 0)$.

**問 1.2** (1)，(3) は線形独立，(2)，(4) は線形従属.

**問 1.3** いずれの場合も $V$ として $(x, y)$ 平面を取り，$W_1$ は原点を通り 45 度の傾きの直線，$W_2, W_3$ はそれぞれ $x$ 軸，$y$ 軸の直線とすればよい．

**問 1.4** (1) 仮定より $\boldsymbol{w}_1 + \boldsymbol{w}_2 \in W_1$ あるいは $\boldsymbol{w}_1 + \boldsymbol{w}_2 \in W_2$ である．$\boldsymbol{w}_1 + \boldsymbol{w}_2 \in W_1$ の場合，$\boldsymbol{w}_1 \in W_1$ だから $\boldsymbol{w}_2 \in W_1$，従って $\boldsymbol{w}_2 \in W_1 \cap W_2$ である．$\boldsymbol{w}_1 + \boldsymbol{w}_2 \in W_2$ の場合も同様.

(2) $W_1$，$W_2$ の一方が他方の部分ベクトル空間なら明らかである．そうでない場合は $\boldsymbol{w}_1 \in W_1$, $\boldsymbol{w}_2 \in W_2$ であって共に $W_1 \cap W_2$ に含まれないベクトルが存在する．もし，$W_1 \cup W_2 = V$ と仮定すると $\boldsymbol{w}_1 + \boldsymbol{w}_2 \in W_1 \cup W_2$ だから (1) より $\boldsymbol{w}_1, \boldsymbol{w}_2$ のいずれかは $W_1 \cap W_2$ に属するが，これは矛盾である．

**問 1.5** $\boldsymbol{a}, \boldsymbol{b}, \boldsymbol{c}$ が線形従属であることの必要十分条件は空間上の 4 点

$$(0, 0, 0),\ (a_1, a_2, a_3),\ (b_1, b_2, b_3),\ (c_1, c_2, c_3)$$

を通る平面が存在することであるといえばよい．まず，$\boldsymbol{a}, \boldsymbol{b}$ が線形従属なら，$\boldsymbol{a}, \boldsymbol{b}, \boldsymbol{c}$ が線形従属であり，かつ，4 点は同一平面上にあるから主張はただしい．$\boldsymbol{a}, \boldsymbol{b}$ が線形独立のときは，4 点が同一平面上にあることと，ベクトル $\boldsymbol{a}, \boldsymbol{b}$ で張られる平面上にベクトル $\boldsymbol{c}$ があることとは同値である．これは関係式 $\boldsymbol{c} = p\boldsymbol{a} + q\boldsymbol{b}$ があることであり，$\boldsymbol{a}, \boldsymbol{b}, \boldsymbol{c}$ が線形従属であることと同値である．

**問 1.6** (1) 0 ベクトル $\boldsymbol{o}$ は 0 でない実数 $a$ に対し $a\boldsymbol{o} = \boldsymbol{o}$ という非自明な線形関係式をみたすから線形従属である.

(2) $a_1\boldsymbol{v}_1 + \cdots + a_m\boldsymbol{v}_m = \boldsymbol{o}$ を非自明な線形関係式とすれば

$$a_1\boldsymbol{v}_1 + \cdots + a_m\boldsymbol{v}_m + 0\boldsymbol{v} = \boldsymbol{o}$$

も非自明な線形関係式であるから，線形従属である.

**問 1.7** (1) $a_1\boldsymbol{v}_1 + a_2(\boldsymbol{v}_1 + \boldsymbol{v}_2) + \cdots + a_l(\boldsymbol{v}_1 + \cdots + \boldsymbol{v}_l) = \boldsymbol{o}$ を線形関係式とする. このとき $(a_1 + \cdots + a_l)\boldsymbol{v}_1 + \cdots + a_l\boldsymbol{v}_l = \boldsymbol{o}$ であるが，仮定より $\boldsymbol{v}_1, \ldots, \boldsymbol{v}_l$ は線形独立だから

$$a_1 + \cdots + a_l = \cdots = a_l = 0$$

である. 従って $a_1 = \cdots = a_l = 0$ だから

$$\boldsymbol{v}_1,\ \boldsymbol{v}_1 + \boldsymbol{v}_2,\ \boldsymbol{v}_1 + \boldsymbol{v}_2 + \boldsymbol{v}_3,\ \ldots,\ \boldsymbol{v}_1 + \cdots + \boldsymbol{v}_l$$

は線形独立である.

(2) 上と同様.

**問 1.8** (1) 因数定理より $V$ の多項式は $(x-1)(x-2)(ax+b)$ の形である. 基底としては例えば $(x-1)(x-2), x(x-1)(x-2)$.

(2) 例えば $(x-1)(x-2)+1, (x-1)(x-2)+x$.

**問 1.9** 有理数体 $\boldsymbol{Q}$ 上のベクトル空間のベクトルとしての線形関係式とは，有理数 $p, q$ によって $p\sqrt{2} + q\sqrt[3]{2} = 0$ と表わされる式である. このとき $q\sqrt[3]{2} = -p\sqrt{2}$ だから $2q^3 = -2p^3\sqrt{2}$ となるが，$\sqrt{2}$ は無理数だから，$p = q = 0$ である. 従って $\sqrt{2}$ と $\sqrt[3]{2}$ は線形独立.

**問 1.10** ベクトル空間であることは明らか. $\omega^2 = -\omega - 1$ だから $\omega$ の分数式は $\frac{c\omega+d}{a\omega+b}$ の形である. $(a\omega+b)(a\omega^2+b) = a^2 + b^2 - ab$ だから $(a,b) \neq (0,0)$ なら

$$\frac{1}{a\omega+b} = \frac{1}{a^2+b^2-ab}(a\omega^2+b)$$

従ってすべての分数式は $p\omega + q;\ p, q \in \boldsymbol{Q}$ の形だから，次元は 2 である.

**問 1.11** 与えられた漸化式をみたす二つの数列 $(x_1, x_2, \ldots), (y_1, y_2, \ldots)$ に対しその和 $(x_1 + y_1, x_2 + y_2, \ldots)$ も漸化式をみたす. またスカラー倍も同様である. 従ってそのような数列全体はベクトル空間である. このような数列は $x_1, x_2$ の値で一意的に定まり，また $x_1, x_2$ は自由に選べる. 従って次元は 2 である.

**問 1.12** (1) $a_1\boldsymbol{v}_1 + \cdots + a_l\boldsymbol{v}_l = \boldsymbol{o}$ を線形関係式とする. このとき $f$ を施せば線形関係式

$$a_1 f(\boldsymbol{v}_1) + \cdots + a_l f(\boldsymbol{v}_l) = \boldsymbol{o}$$

を得るが，$f(\boldsymbol{v}_1), \cdots, f(\boldsymbol{v}_l)$ が線形独立なら $a_1 = \cdots = a_l = 0$ だから $\boldsymbol{v}_1, \cdots, \boldsymbol{v}_l$ も線形独立である．

(2) $b_1 f(\boldsymbol{v}_1) + \cdots + b_l f(\boldsymbol{v}_l) = \boldsymbol{o}$ を線形関係式とする．これは $f(b_1\boldsymbol{v}_1 + \cdots + b_l\boldsymbol{v}_l) = \boldsymbol{o}$ を意味するが，$f$ が単射だから $b_1\boldsymbol{v}_1 + \cdots + b_l\boldsymbol{v}_l = \boldsymbol{o}$ である．仮定より $\boldsymbol{v}_1, \cdots, \boldsymbol{v}_l$ が線形独立だから $b_1 = \cdots = b_l = 0$，従って $f(\boldsymbol{v}_1), \cdots, f(\boldsymbol{v}_l)$ も線形独立である．

**問 1.13** (1) 線形関係式 $c_0 f_0(x) + \cdots + c_n f_n(x) = 0$ を考える．$x$ に整数 $i = 0, 1, \ldots, n$ を代入すると $j \neq i$ に対し $f_j(i) = 0$ だから，$c_i = 0$ である．従って $f_i(x)$ たちは線形独立．

(2) 線形写像 $\varphi : P_n \to \boldsymbol{R}^{n+1}$ を $\varphi(f) = {}^t(f(0), f(1), \ldots, f(n))$ と定めると，上の結果より単射である．ベクトル空間の次元は等しいから $\varphi$ は全射である．

**問 1.14** ベクトル $\boldsymbol{v}$ に対し $\boldsymbol{w} = \boldsymbol{v} - f(\boldsymbol{v})$ と置く．$f(\boldsymbol{w}) = f(\boldsymbol{v}) - f^2(\boldsymbol{v}) = \boldsymbol{o}$ だから $\boldsymbol{w} \in \operatorname{Ker} f$ である．従って $\boldsymbol{v} = f(\boldsymbol{v}) + \boldsymbol{w}$ と表わせるから $V = \operatorname{Im} f + \operatorname{Ker} f$．また $\boldsymbol{x} \in \operatorname{Im} f \cap \operatorname{Ker} f$ であれば $\boldsymbol{x} = f(\boldsymbol{y})$ と表わせるが，

$$\boldsymbol{o} = f(\boldsymbol{x}) = f^2(\boldsymbol{y}) = f(\boldsymbol{y}) = \boldsymbol{x}$$

だから $\operatorname{Im} f \cap \operatorname{Ker} f = \{\boldsymbol{o}\}$ 従って直和である．

**問 1.15** 仮定より $\operatorname{Im} f \subset \operatorname{Ker} f$ である．従って $\dim(\operatorname{Im} f) \leq \dim(\operatorname{Ker} f)$．次元公式より

$$n = \dim(\operatorname{Ker} f) + \operatorname{rank} f \geq 2 \operatorname{rank} f$$

**問 1.16** 条件 $f + g = 1_V$ は任意のベクトル $\boldsymbol{v}$ に対し $f(\boldsymbol{v}) + g(\boldsymbol{v}) = \boldsymbol{v}$ が成り立つことである．従って $V = \operatorname{Im} f + \operatorname{Im} g$ である．$\boldsymbol{w} \in \operatorname{Im} f \cap \operatorname{Im} g$ とすると，$\boldsymbol{w} = g(\boldsymbol{x})$ と表わせ，仮定より $f(\boldsymbol{w}) = f(g(\boldsymbol{x})) = \boldsymbol{o}$ である．同様に $g(\boldsymbol{w}) = \boldsymbol{o}$ だから $\boldsymbol{w} = \boldsymbol{o}$，従って直和である．

**問 1.17** $\operatorname{Ker} f$, $\operatorname{Ker} g$ は $V$ の部分ベクトル空間で，仮定より真の部分ベクトル空間である．従って章末問 1.4 より $\operatorname{Ker} f \cup \operatorname{Ker} g$ に含まれないベクトル $\boldsymbol{v}$ が取れる．これが求めるものである．

**問 1.18** $P, Q, R$ の 3 点のうち，$f$ で動かない点の個数で場合わけをする．3 点とも動かないのは 2 点が動かないのと同じであって，2 点の位置ベクトルは線形独立だから $f$ は恒等写像である．1 点だけが動かないのは残りの 1 点の互換だから，$f^2$ は恒等写像．3 点とも動くのは

$$P \to Q,\ Q \to R,\ R \to P$$

あるいは

$$P \to R,\ R \to Q,\ Q \to P$$

である．いずれの場合も $f^3$ は恒等写像である．

**問 1.19**　$V$ の基底 $\boldsymbol{v}_1, \ldots, \boldsymbol{v}_n$ として最初の $m$ 個 $\boldsymbol{v}_1, \ldots, \boldsymbol{v}_m$ が $W$ の基底となるように取る．線形写像 $f: V \to V$ として $f(\boldsymbol{v}_i) = \boldsymbol{o}$, $1 \leq i \leq m$, および $f(\boldsymbol{v}_i) = \boldsymbol{v}_i$, $m < i$ で定義されるものを取ると $W = \mathrm{Ker}\, f$ である．後半も同様.

**問 1.20**　仮定から $k$ を整数とすると $f(k\boldsymbol{x}) = kf(\boldsymbol{x})$ である．また 0 でない整数 $l$ に対し $lf(1/l\boldsymbol{x}) = f(\boldsymbol{x})$ だから，一般に $q$ を有理数とすると $f(q\boldsymbol{x}) = qf(\boldsymbol{x})$ である．基本ベクトルの像 $\boldsymbol{a}_i = f(\boldsymbol{e}_i)$ を取り，行列 $A = (\boldsymbol{a}_1, \ldots, \boldsymbol{a}_n)$ を考える．このとき $\boldsymbol{x}$ が有理数を成分とするベクトルなら，$f(\boldsymbol{x}) = A\boldsymbol{x}$ である．任意のベクトル $\boldsymbol{v}$ に対し有理数を成分とするベクトルの無限列 $\boldsymbol{v}_i$ であって $\boldsymbol{v}$ に収束するものが取れる．$f$ は連続であり，$A\boldsymbol{v}$ も連続だから

$$f(\boldsymbol{v}) = \lim_{i \to \infty} f(\boldsymbol{v}_i) = \lim_{i \to \infty} A(\boldsymbol{v}_i) = A\boldsymbol{v}$$

である．

**問 1.21**　(1) 一般に $\mathrm{Im}(f^{k-1}) \supset \mathrm{Im}(f^k)$ が成り立つから，$\mathrm{rank}(f^k)$ は非負整数で $k$ について広義単調減少である．従ってある所から先は等式となる．

(2)　Im と同様に $\mathrm{Ker}(f^{k-1}) \subset \mathrm{Ker}(f^k)$ が成り立つ．従って次元公式から，$\mathrm{rank}(f^{k-1}) = \mathrm{rank}(f^k)$ なら，Ker の次元についても等号が成り立つ．逆も同様である．

(3)　仮定と (2) より，$\mathrm{Ker}(f^{k-1}) = \mathrm{Ker}(f^k)$ つまり，$f^k(\boldsymbol{v}) = \boldsymbol{o}$ なら $f^{k-1}(\boldsymbol{v}) = \boldsymbol{o}$ である．$f^{k+1}(\boldsymbol{w}) = \boldsymbol{o}$ とすると $f^k(f(\boldsymbol{w})) = \boldsymbol{o}$ だから $f^{k-1}(f(\boldsymbol{w})) = f^k(\boldsymbol{w}) = \boldsymbol{o}$ である．これは $\mathrm{Ker}(f^{k+1}) = \mathrm{Ker}(f^k)$ を意味するが，(2) より Im についても同じことが成り立つ．

**問 1.22**　前問より，$\mathrm{Ker}\, f^k = \mathrm{Ker}\, f^{k+1} = \cdots$ となる $k$ が存在する．このとき $\boldsymbol{v} \in \mathrm{Im}\, f^k \cap \mathrm{Ker}\, f^k$ とすると，$\boldsymbol{v} = f^k(\boldsymbol{w})$ となる $\boldsymbol{w}$ が取れる．$f^k(\boldsymbol{v}) = f^{2k}(\boldsymbol{w}) = \boldsymbol{o}$ であるが，上のことから $f^k(\boldsymbol{w}) = \boldsymbol{v} = \boldsymbol{o}$. 従って $f^k(V) \oplus \mathrm{Ker}\, f^k$ は直和であるが，次元公式から求める結果を得る．

# 第 2 章

## 2-1

**問 2.1**　$AE_{k,l}$ の $(i,j)$ 成分は $\delta_{jk}a_{ij}$, $E_{k,l}A$ の $(i,j)$ 成分は $\delta_{il}a_{ij}$. (2) スカラー行列.

**問 2.2**　略

**問 2.3**　考えている行列は正方行列だから，同じ次元のベクトル空間の間の線形写像である．従って単射であることと同型であることは同値であることを用いよ．

**問 2.4** $\begin{pmatrix} 2 & -2 \\ 3 & -2 \end{pmatrix}$

**問 2.5** $\omega = -\frac{1}{2} + \frac{\sqrt{3}}{2}i$ とすれば $\begin{pmatrix} -1/2 & -\sqrt{3}/2 \\ \sqrt{3}/2 & -1/2 \end{pmatrix}$.

**問 2.6** 略

**問 2.7** $A$ が正則行列なら，$A = E$ である.

## 2-2

**問 2.8** $\begin{pmatrix} a & c & 0 \\ 0 & a+b & 2c \\ 0 & 0 & a+2b \end{pmatrix}$

**問 2.9** $\begin{pmatrix} 3 & 0 \\ 0 & -1 \end{pmatrix}$, $\begin{pmatrix} \cos\theta & \sin\theta \\ -\sin\theta & \cos\theta \end{pmatrix}$.

## 2-3

**問 2.10** 略

**問 2.11** 階数はそれぞれ 4，4，3.

**問 2.12** (1) $\frac{1}{2}\begin{pmatrix} -1 & 1 & 1 \\ 1 & -1 & 1 \\ 1 & 1 & -1 \end{pmatrix}$, (2) $\begin{pmatrix} 1 & 0 & 1 \\ -8 & 3 & -9 \\ 5 & -2 & 6 \end{pmatrix}$, (3) $\begin{pmatrix} 1 & 1 & 0 & 0 \\ 1 & 2 & 1 & 0 \\ 1 & 3 & 3 & 1 \\ 1 & 4 & 6 & 4 \end{pmatrix}$

**問 2.13** (1)，(2) は略. (3) は $\mathrm{Ker}\, p = V$ より次元公式から従う.

**問 2.14** $a = -1$，解は $t$ をパラメータとして ${}^t(-19t+1,\, 8t,\, t)$

# 第 2 章の章末問題

**問 2.1** $AA = O$, $BB = O$, $AB = \begin{pmatrix} 0 & 0 \\ 0 & 1 \end{pmatrix}$, $BA = \begin{pmatrix} 1 & 0 \\ 0 & 0 \end{pmatrix}$, $ABA = A$, $BAB = B$ だから $O$, $A$, $B$, $AB$, $BA$ の五つ.

**問 2.2** (1) $\begin{pmatrix} 1 & na \\ 0 & 1 \end{pmatrix}$ (2) $\begin{pmatrix} a^n & b(a^{n-1} + \cdots + 1) \\ 0 & 1 \end{pmatrix}$

(3) $\begin{pmatrix} a^n & 0 \\ 0 & a^n \end{pmatrix}$ ($n$ が偶数)，$\begin{pmatrix} 0 & a^n \\ a^n & 0 \end{pmatrix}$ ($n$ が奇数)

(4) $\begin{pmatrix} 1 & 0 & 0 \\ 0 & 1 & 0 \\ 0 & 0 & 1 \end{pmatrix}$ $(n = 3k)$, $\begin{pmatrix} 0 & 0 & 1 \\ 1 & 0 & 0 \\ 0 & 1 & 0 \end{pmatrix}$ $(n = 3k+1)$, $\begin{pmatrix} 0 & 1 & 0 \\ 0 & 0 & 1 \\ 1 & 0 & 0 \end{pmatrix}$ $(n = 3k+2)$

**問 2.3** $\begin{pmatrix} x' \\ y' \end{pmatrix} = \begin{pmatrix} 1 & 1 \\ 0 & 1 \end{pmatrix}\begin{pmatrix} x \\ y \end{pmatrix}$ とすると，$\begin{pmatrix} x \\ y \end{pmatrix} = \begin{pmatrix} 1 & -1 \\ 0 & 1 \end{pmatrix}\begin{pmatrix} x' \\ y' \end{pmatrix}$ だから $x = x' - y'$, $y = y'$. 従って $2x' - 3y' = 3$.

**問 2.4** $f$ の像は $\boldsymbol{R}^2$ 全体. $\boldsymbol{R}^3$ のベクトル ${}^t(x', y', z')$ の $f$ による像は

$$x = 2x' - y' + 5z',\ y = 3x' + z'$$

だから ${}^t(x', y', z')$ のみたす方程式は

$$2(2x' - y' + 5z') + 5(3x' + z') = 19x' - 2y' + 15z' = 0$$

**問 2.5** (1) $\begin{pmatrix} 1 & 1 \\ 0 & 1 \end{pmatrix}$ (2) $\begin{pmatrix} 1 & 1 \\ 1 & -1 \\ 1 & 0 \end{pmatrix}$ (3) $\begin{pmatrix} 2 & 3 \end{pmatrix}$

**問 2.6** ${}^t(1, 0, -1)$ が $\operatorname{Ker} f$ の基底に取れる. $\boldsymbol{R}^3$ の基底としては例えば $\begin{pmatrix} 1 \\ 0 \\ 0 \end{pmatrix}$, $\begin{pmatrix} 0 \\ 1 \\ 0 \end{pmatrix}$, $\begin{pmatrix} 1 \\ 0 \\ -1 \end{pmatrix}$, $\boldsymbol{R}^2$ の基底としては $f(\begin{pmatrix} 1 \\ 0 \\ 0 \end{pmatrix}) = \begin{pmatrix} 1 \\ 0 \end{pmatrix}$, $f(\begin{pmatrix} 0 \\ 1 \\ 0 \end{pmatrix}) = \begin{pmatrix} -1 \\ 1 \end{pmatrix}$ を取ればよい.

**問 2.7** $f(1) = a1 + bi$, $f(i) = -b1 + ai$ より $f$ を表わす行列は $\begin{pmatrix} a & -b \\ b & a \end{pmatrix}$ である.

**問 2.8** $\omega \cdot 1 = \omega$, $\omega \cdot \omega = -1 - \omega$ より求める行列は $\begin{pmatrix} 0 & -1 \\ 1 & -1 \end{pmatrix}$ である.

**問 2.9** $X$ は 0 行列ではないから，$X\boldsymbol{v} \neq \boldsymbol{o}$ となるベクトル $\boldsymbol{v}$ がある. $\boldsymbol{v}$ と $A\boldsymbol{v}$ は線形独立であり，$X\boldsymbol{v}$ と $X(A\boldsymbol{v}) = A(X\boldsymbol{v})$ も線形独立だから，$X$ は線形独立なベクトルを線形独立なベクトルに写すので正則である.

**問 2.10** 仮定より $A^m\boldsymbol{x}_0 = \boldsymbol{x}_0$ であり，従って

$$A^m A\boldsymbol{x}_0 = AA^m\boldsymbol{x}_0 = A\boldsymbol{x}_0$$

である. ベクトル $\boldsymbol{x}_0$, $A\boldsymbol{x}_0$ が線形従属とすると，$\boldsymbol{x}_0 \neq \boldsymbol{o}$ だから実数 $c$ があって関係式 $A\boldsymbol{x}_0 = c\boldsymbol{x}_0$ が成り立つ. このとき

$$\boldsymbol{x}_0 = A^m\boldsymbol{x}_0 = c^m\boldsymbol{x}_0$$

だから $c=\pm 1$ であるが，これは $m>2$ に反する．従ってベクトル $\boldsymbol{x}_0$，$A\boldsymbol{x}_0$ は線形独立であり，$A^m$ は単位行列である．

**問 2.11** $\boldsymbol{v}$ が 0 ベクトルでなければ，$\boldsymbol{v}, A\boldsymbol{v}$ が線形従属であることと，$A\boldsymbol{v}=a\boldsymbol{v}$ となる実数 $a$ が存在することは同値である．従って基本ベクトルに対し $A\boldsymbol{e}_1=a_1\boldsymbol{e}_1$，$A\boldsymbol{e}_2=a_2\boldsymbol{e}_2$ より $A=\begin{pmatrix} a_1 & 0 \\ 0 & a_2 \end{pmatrix}$ である．また，$A(\boldsymbol{e}_1+\boldsymbol{e}_2)=c(\boldsymbol{e}_1+\boldsymbol{e}_2)$ だから $a_1=a_2$ である．

**問 2.12** $a, b$ を実数とするとき $\begin{pmatrix} a & 0 & b \\ 0 & a & 0 \\ 0 & 0 & a \end{pmatrix}$ の形．

**問 2.13** $\boldsymbol{w}$ として基本ベクトル $\boldsymbol{e}_1=\begin{pmatrix} 1 \\ 0 \end{pmatrix}$ とすると，仮定より整数を成分とするベクトル $\boldsymbol{v}=\begin{pmatrix} n \\ m \end{pmatrix}$ があって $\begin{pmatrix} a & b \\ c & d \end{pmatrix}\begin{pmatrix} n \\ m \end{pmatrix}=\begin{pmatrix} 1 \\ 0 \end{pmatrix}$ をみたす．従って

$$an+bm=1,\ cn+dm=0$$

だから，$a, b$ は互いに素である．基本ベクトル $\boldsymbol{e}_2$ を用いて同様に $c, d$ も互いに素である．このとき $cn+dm=0$ より，整数 $k$ が存在し，

$$m=-kc,\ n=kd$$

と表わせるが，$m, n$ も互いに素だから $k=\pm 1$ である．従って $ad-bc=\pm 1$.

**問 2.14** $\begin{pmatrix} \pm 1 & 0 \\ 0 & \pm 1 \end{pmatrix}$ および $\pm\begin{pmatrix} 0 & 1 \\ 1 & 0 \end{pmatrix}$ の 6 個

**問 2.15** (1) $J=\begin{pmatrix} 0 & -1 \\ 1 & 0 \end{pmatrix}$，あるいは $P$ を正則行列として $P^{-1}\begin{pmatrix} 0 & -1 \\ 1 & 0 \end{pmatrix}P$.

(2) $X=\begin{pmatrix} p & q \\ r & s \end{pmatrix}$ とすると，$p=s,\ r=-q$.

(3) $(aE+bJ)(aE-bJ)=a^2E+b^2E$ だから $a, b$ がともに 0 でなければ

$$(aE+bJ)^{-1}=(a^2+b^2)^{-1}(aE=bJ)$$

**問 2.16** (1) 行列単位 $\begin{pmatrix} 1 & 0 \\ 0 & 0 \end{pmatrix}$, $\begin{pmatrix} 0 & 0 \\ 1 & 0 \end{pmatrix}$, $\begin{pmatrix} 0 & 1 \\ 0 & 0 \end{pmatrix}$, $\begin{pmatrix} 0 & 0 \\ 0 & 1 \end{pmatrix}$, をこの順序で基底に取る．$A=\begin{pmatrix} a & b \\ c & d \end{pmatrix}$ とすれば $f_A$ の行列表示は $\begin{pmatrix} 0 & b & -c & 0 \\ c & d-a & 0-c & \\ -b & 0 & a-d & b \\ 0 & -b & c & 0 \end{pmatrix}$

(2)　$a=d,\ b=c=0$.

**問 2.17**　$A$ の対角成分を $\alpha_i,\ i=1,\ldots,n$ とし，$B=(b_{ij})$ とする．$AB, BA$ の $(i,j)$ 成分を比較して $b_{ij}(\alpha_i-\alpha_j)=0$ である．従って $i \neq j$ のとき $b_{ij}=0$ である．

**問 2.18**　$k$ が偶数のときは対角行列，$k$ が奇数のときは逆対角行列．

**問 2.19**　$A=(a_{ij})$ とするとき $P^{-1}AP$ の $(i,j)$ 成分は $a_{n+1-i,n+1-j}$ である．

**問 2.20**　(1)　$(i,j)$-行列単位たちはベクトル空間 $M_n(\boldsymbol{R})$ の基底で，$f(X)$ および $\mathrm{tr}(AX)$ は $X$ の線形写像だから，$X=E_{i,j}$ のときに求める等式が成り立てばよいが，これは容易に確かめられる．

(2)　$\mathrm{tr}(E_{i,j})=\delta_{i,j}$ （クロネッカーのデルタ）に注意すれば $f(E_{i,j})=c\delta_{i,j}$ を示せばよい．任意の相異なる $i,j$ に対し $E_{i,j}E_{j,j}=E_{i,j}$ および $E_{j,j}E_{i,j}=0$ だから $f(E_{i,j}=0$ である．また，$E_{i,j}E_{j,i}=E_{i,i}$ より

$$f(E_{i,i})=f(E_{i,j}E_{j,i})=f(E_{j,i}E_{i,j})=f(E_{j,j})=c$$

とすればよい．

**問 2.21**　$(E-B)(E+B)=E-B^2=E$

**問 2.22**　(1) $a\neq\pm1$ のとき $\mathrm{rank}=3$，$a=-1$ のとき $\mathrm{rank}=2$，$a=1$ のとき $\mathrm{rank}=1$.

(2)　$b\neq 5$ のとき $\mathrm{rank}=3$，$b=5$ のとき $\mathrm{rank}=2$.

(3)　$c\neq\pm\sqrt{2}$ のとき $\mathrm{rank}=4$，$c=\pm\sqrt{2}$ のとき $\mathrm{rank}=3$.

**問 2.23**　(1) $a=b=c=0$ のとき $\mathrm{rank}=0$，$a=b=c\neq0$ のとき $\mathrm{rank}=1$，$a,b,c$ がすべてが等しいことはなく，$a+b+c=0$ のとき $\mathrm{rank}=2$，それ以外は $\mathrm{rank}=3$.

(2)　$a=b=c$ のとき $\mathrm{rank}=1$，$a,b,c$ の二つが等しく他の一つが異なるとき $\mathrm{rank}=2$，三つがすべて異なるとき $\mathrm{rank}=3$.

**問 2.24**　(1) $\begin{pmatrix}0&0&0&1\\1&0&0&0\\0&1&0&0\\0&0&1&0\end{pmatrix}$，　(2) $\begin{pmatrix}1/2&-1&1/2\\-5/2&4&-3/2\\3&-3&1\end{pmatrix}$

**問 2.25**　掃き出し法による逆行列の求め方から明らかである．

**問 2.26**　$a+bk=0$ となる整数 $0\leq k\leq n$ があるときは $\mathrm{rank}\,T=n$，そうでないときは $\mathrm{rank}\,T=n+1$.

**問 2.27**　(1) $(x_1,x_2,x_3,x_4)=(8,-1/2,4,-1/2)$

(2)　$(x_1,x_2,x_3,x_4)=(-\frac{5}{2}t+4,\frac{3}{2}t-1,t,0),\ t\in\boldsymbol{R}$

**問 2.28** 行列 $\begin{pmatrix} A & B \\ O & D \end{pmatrix}$ の列ベクトルで，前の $m$ 個の中に $\mathrm{rank}(A)$ だけの線形独立なベクトルがあり，後の $n$ 個の中に $\mathrm{rank}(A)$ だけの線形独立なベクトルがある．それらは併せても線形独立だから不等号が成り立つ．等号が成立しないような例としては $\begin{pmatrix} 0 & 1 \\ 0 & 0 \end{pmatrix}$.

**問 2.29** 行列 $X$ の列ベクトルを $\boldsymbol{x}_1, \ldots, \boldsymbol{x}_n$ とすれば $AX = (A\boldsymbol{x}_1, \ldots, A\boldsymbol{x}_n)$ だから，これは行列 $A$ で定まる通常の線形写像 $A : \boldsymbol{R}^n \to \boldsymbol{R}^n$ の $n$ 個の直和である．従って階数は $n$ 倍である．

**問 2.30** 仮定より $A^{n-1}\boldsymbol{v} \neq \boldsymbol{o}$ かつ $A^n\boldsymbol{v} = \boldsymbol{o}$ となる ベクトル $\boldsymbol{v}$ が存在する．このときベクトル $\boldsymbol{v}, A\boldsymbol{v}, \ldots, A^{n-1}\boldsymbol{v}$ は線形独立である．実際，線形関係式

$$c_0\boldsymbol{v} + c_1A\boldsymbol{v} + \cdots + c_{n-1}A^{n-1}\boldsymbol{v} = \boldsymbol{o}$$

があれば $A^{n-1}$ を両辺に施せば $c_0 = 0$ を得，$A^{n-2}$ を施せば $c_1 = 0$ を得る．同様に $c_i = 0$ だから関係式は自明である．$A\boldsymbol{v}, \ldots, A^{n-1}\boldsymbol{v} \in \mathrm{Im}A$ より $\dim \mathrm{Im}A \geq n-1$ である．一方 $A$ は正則でないから $\dim \mathrm{Im}A \leq n-1$.

# 第3章

## 3-1

**問 3.1** 行列 $\begin{pmatrix} 1 & 0 & 1 & 0 \\ 0 & 1 & 0 & 1 \\ 1 & 0 & 1 & 0 \\ 0 & 1 & 0 & 1 \end{pmatrix}$ の偶奇と同じで，これは 0 だから偶数.

**問 3.2** もしこのような実行列 $X$ があれば $\det X$ は実数であって $(\det X)^2 = \det(X^2) = -2$ だから矛盾.

**問 3.3** $A$ が $n$ 次の交代行列であれば $\det {}^tA = \det A = (-1)^n \det A$，従って $n$ が奇数であれば $\det A = 0$.

## 3-2

**問 3.4** (1) $-3$, (2) $x = \pm\sqrt{2}$

**問 3.5** 2 点が同じ場合は，方程式は $0 = 0$ だから正しい．2 点が異なる場合は，方程式は自明でなく，$(x, y) = (p_1, q_1), (p_2, q_2)$ が解となるから正しい.

**問 3.6** 正則な整数行列 $A$ の逆行列 $A^{-1}$ が整数行列であれば，$\det A$, $\det A^{-1}$ はともに整数で互いに逆数，従って $\det A = \pm 1$．また $A^{-1} = (\det A)^{-1}\tilde{A}$ で，余因子行列 $\tilde{A}$ は整数行列だから，$\det A = \pm 1$ のとき $A^{-1}$ は整数行列.

問 **3.7** $\begin{pmatrix} -3 & 6 & -3 \\ 6 & -12 & 6 \\ -3 & 6 & -3 \end{pmatrix}$

## 3-3

問 **3,8** $(\boldsymbol{e}_1 \times \boldsymbol{e}_1) \times \boldsymbol{e}_2 \neq \boldsymbol{e}_1 \times (\boldsymbol{e}_1 \times \boldsymbol{e}_2)$

### 3-5

問 **3.9** この行列式は $a, b, c$ の斉次四次式で $(a-b)(b-c)(c-a)$ で割切れるから,

$$(a-b)(b-c)(c-a)f(a,b,c)$$

の形である．ここで $f$ は $a, b, c$ の対称な一次式である．$a^3b$ の係数を比べると $f = a+b+c$.

問 **3.10** $r^2 \sin\theta$

## 第3章の章末問題

問 **3.1** (1) $(x-1)^3(x+3)$, (2) $-191$

問 **3.2** 点 $(x_0, y_0)$ が3直線の共通交点であることは, $\begin{pmatrix} a_1 & b_1 & c_1 \\ a_2 & b_2 & c_2 \\ a_3 & b_3 & c_3 \end{pmatrix} \begin{pmatrix} x_0 \\ y_0 \\ 1 \end{pmatrix} = \boldsymbol{o}$ が成り立つことと同値である．ベクトル ${}^t(x_0, y_0, 1)$ は 0 ベクトルではないから，これは $\det \begin{pmatrix} a_1 & b_1 & c_1 \\ a_2 & b_2 & c_2 \\ a_3 & b_3 & c_3 \end{pmatrix} = 0$ が成り立つことと同値である．

問 **3.3** 行列式の性質から，点 $(p_i, q_i, r_i)$, $i = 1, 2, 3$, は与えられた平面の方程式の解である．

問 **3.4** 円の方程式を $a(x^2+y^2)+bx+cy+e=0$ を考えれば証明は上と同様.

問 **3.5** $\det \begin{pmatrix} a_1x^2 & b_1x & c_1 \\ a_2x^2 & b_2x & c_2 \\ a_3x^2 & b_3x & c_3 \end{pmatrix} = \det \begin{pmatrix} a_1x^2+b_1x+c_1 & b_1x & c_1 \\ a_2x^2+b_2x+c_2 & b_2x & c_2 \\ a_3x^2+b_3x+c_3 & b_3x & c_3 \end{pmatrix}$ に注意すれば，$x = \alpha$ のとき 0 となる．

問 **3.6** $k^n$

問 **3.7**

$$\det\begin{pmatrix} A & B \\ B & A \end{pmatrix} = \det\begin{pmatrix} A+B & B \\ B+A & A \end{pmatrix} = \det\begin{pmatrix} A+B & B \\ O & A-B \end{pmatrix} = \det(A+B)\det(A-B)$$

**問 3.8** 上と同様に

$$\det\begin{pmatrix} A & -B \\ B & A \end{pmatrix} = \det\begin{pmatrix} A-iB & -B \\ B+iA & A \end{pmatrix} = \det(A+iB)\det(A-iB)$$

**問 3.9** $B = \begin{pmatrix} a & -b \\ b & a \end{pmatrix}$, $C = \begin{pmatrix} c & d \\ d & -c \end{pmatrix}$ と置けば, $A = \begin{pmatrix} B & -C \\ C & B \end{pmatrix}$ だから前問より

$$\det\ A = |\det(B+Ci)|^2 = a^2+b^2+c^2+d^2$$

**問 3.10** $X = CA^{-1}$ とおく.

$$\det\begin{pmatrix} A & B \\ C & D \end{pmatrix} = \det\begin{pmatrix} A & B \\ C-XA & D-XB \end{pmatrix} = \det\begin{pmatrix} A & B \\ O & D-CA^{-1}B \end{pmatrix}$$

**問 3.11**

$$\begin{pmatrix} a_{11}B & \dots & a_{1n}B \\ \vdots & \ddots & \vdots \\ a_{n1}B & \dots & a_{nn}B \end{pmatrix} = \begin{pmatrix} a_{11}E_m & \dots & a_{1n}E_m \\ \vdots & \ddots & \vdots \\ a_{n1}E_m & \dots & a_{nn}E_m \end{pmatrix}\begin{pmatrix} B & 0 & 0 \\ 0 & \ddots & 0 \\ 0 & 0 & B \end{pmatrix}$$

である. ただし $E_m$ は $m$ 次の単位行列である. ここで, 基底の順序を取り替える $nm$ 次正則行列 $P$ を選べば $P^{-1}\begin{pmatrix} a_{11}E_m & \dots & a_{1n}E_m \\ \vdots & \ddots & \vdots \\ a_{n1}E_m & \dots & a_{nn}E_m \end{pmatrix}P = \begin{pmatrix} A & 0 & 0 \\ 0 & \ddots & 0 \\ 0 & 0 & A \end{pmatrix}$ とできる. 従って

$$\det\begin{pmatrix} a_{11}B & \dots & a_{1n}B \\ \vdots & \ddots & \vdots \\ a_{n1}B & \dots & a_{nn}B \end{pmatrix} = \det\begin{pmatrix} A & 0 & 0 \\ 0 & \ddots & 0 \\ 0 & 0 & A \end{pmatrix}\det\begin{pmatrix} B & 0 & 0 \\ 0 & \ddots & 0 \\ 0 & 0 & B \end{pmatrix}$$
$$= (\det\ A)^m(\det\ B)^n$$

**問 3.12** 仮定をみたすような行列 $X$ があるとすると, $\det X$ は有理数であるが, 一方

$$(\det X)^2 = \det X^2 = 2$$

となり矛盾である.

**問 3.13** $(\det J)^2 = \det J^2 = \det(-E) = (-1)^n$ である. $J$ は実行列だから $\det J$ は実数である. 従って $n$ は偶数である.

**問 3.14**　関数 $F(x)=\det\begin{pmatrix} f(a) & g(a) & h(a) \\ f(b) & g(b) & h(b) \\ f(x) & g(x) & h(x) \end{pmatrix}$ を考える．これは連続的微分可能で

$$F'(x)=\det\begin{pmatrix} f(a) & g(a) & h(a) \\ f(b) & g(b) & h(b) \\ f'(x) & g'(x) & h'(x) \end{pmatrix}$$

である．一方 $F(a)=F(b)=0$ であるから平均値の定理より実数 $c\in[a,\,b]$ が存在し，$F'(c)=0$ である．

**問 3.15**　(1) の等式の両辺はベクトル $\boldsymbol{a}$, $\boldsymbol{b}$, $\boldsymbol{c}$ たちの多重線形写像である．従って $\boldsymbol{a}$, $\boldsymbol{b}$, $\boldsymbol{c}$ がそれぞれ基本ベクトルのとき成り立てばよいが，それは定義から直接確かめられる．(2) は (1) を繰り返し用いる．

**問 3.16**　(1) $\boldsymbol{a}$ 方向の直線．(2) $\boldsymbol{a}$ を直径とする球面

**問 3.17**　略

**問 3.18**　(1) $\boldsymbol{v}={}^t(a,\,b,\,c)$ とすると $f_{\boldsymbol{v}}$ の行列表示は $\begin{pmatrix} 0 & -c & b \\ c & 0 & -a \\ -b & a & 0 \end{pmatrix}$

(2)　問 3.15 を用いよ．

# 第4章

## 4-1

**問 4.1**　(1) 固有値は 0 と 2．固有値 0 の固有ベクトルは線形独立なベクトルが二つ，例えば ${}^t(1,0,1)$，${}^t(0,1,0)$，固有値 2 の固有ベクトルは ${}^t(1,0,1)$.

(2)　固有値は 0 と 6．固有値 0 の固有ベクトルは線形独立なベクトルが二つ，例えば ${}^t(1,-1,0)$，${}^t(0,1,-1)$，固有値 6 の固有ベクトルは ${}^t(1,2,3)$.

**問 4.2**　$a=0$

**問 4.3**　$A\boldsymbol{e}_1=\alpha\boldsymbol{e}_1$，$A\boldsymbol{e}_2=\beta\boldsymbol{e}_2$ より $A=\begin{pmatrix} \alpha & 0 \\ 0 & \beta \end{pmatrix}$．また $A(\boldsymbol{e}_1+\boldsymbol{e}_2)=\gamma(\boldsymbol{e}_1+\boldsymbol{e}_2)$ より $\alpha=\beta$.

**問 4.4**　$A$ の固有多項式 $f_A(x)=x^n+\cdots$ の根はすべて実根で 1 より小さいから，$f(1)>0$ である．

**問 4.5**　複素正方行列 $A$ の転置行列 ${}^tA$ を考えると $P^{-1}\,{}^tAP$ が上三角行列となる正則行列 $P$ が存在する．再び転置を取ればよい．

# 4-2

**問 4.6**　$A$ の固有多項式 $f_A(x) = x^n + \cdots + (-1)^n \det A$ を考える．$A$ が正則なら $\det A \neq 0$．Hamilton-Cayley の定理より $A^n + \cdots + (-1)(\det A)E = 0$ の両辺に $A^{-1}$ を掛けて整理すればよい．

**問 4.7**　(1) $x^2 - 6x$　(2) $x^2 - 2x + 1$

**問 4.8**　$g(A)A^{-m} = E + c_1 A^{-1} + \cdots + c_m A^{-m} = 0$ だから

$$h(x) = \frac{1}{c_m} g(x^{-1}) x^m$$

は $h(A^{-1}) = 0$ をみたす $m$ 次式．同じことは逆にもいえるから，$h(x)$ が最小の次数，つまり最小多項式．

**問 4.9**　$f$ の最小多項式が $(x-\lambda)^d$ の形のときは，$p\boldsymbol{v}(x) = (x-\lambda)^d$ となるベクトル $\boldsymbol{v}$ の存在することが容易にわかる．一般に最小多項式が

$$M_f(x) = (x-\lambda_1)^{d_1} \cdots (x-\lambda_r)^{d_r}, \quad d_i > 0$$

とすると，系 4.2.5 より $f$ を $\tilde{W}_{\lambda_i}$ に制限したとき最小多項式は $(x-\lambda_i)^{d_i}$ である．従って上のことから $\tilde{W}_{\lambda_i}$ のベクトル $\boldsymbol{v}_i$ であって，$p\boldsymbol{v}_i(x) = (x-\lambda_i)^{d_i}$ となるものがある．$\boldsymbol{v} = \boldsymbol{v}_1 + \cdots + \boldsymbol{v}_r$ と置けば

$$p\boldsymbol{v}(x) = (x-\lambda_1)^{d_1} \cdots (x-\lambda_r)^{d_r}$$

が成り立つ．

**問 4.10**　$A^2 = A$ より $A$ の固有値は 0 あるいは 1．最小多項式は重根を持たないから対角化して考えればよいが，対角成分に 0 と 1 しか現れないから $\mathrm{tr}\, A = \mathrm{rank}\ A$ である．

**問 4.11**　(1) 対角化可能だから $\begin{pmatrix} 1 & 0 & 0 \\ 0 & 4 & 0 \\ 0 & 0 & 6 \end{pmatrix}$

(2)　最小多項式は $(x-1)^2$ だからサイズ 2 のジョルダンブロックがある．従って $\begin{pmatrix} 1 & 1 & 0 \\ 0 & 1 & 0 \\ 0 & 0 & 1 \end{pmatrix}$

**問 4.12**　ジョルダン標準形で見ればよい．5 種類．

## 第 4 章の章末問題

**問 4.1**　条件「すべての成分 $\geq 0$ 」は明らかに成り立つ．また，「すべての $i$ について $\sum_{j=1}^{d} p_{ij} = 1$ をみたす」は，ベクトル ${}^t(1,\ldots,1)$ がそれ自身に写ることと同値である．この条件は $P^n$ でも明らかに成り立つ．

**問 4.2**　固有値 2 の固有ベクトルは $a(x+p)^2$，固有値 1 の固有ベクトルは $b(x+p)$，固有値 0 の固有ベクトルは $c$，ただし $a, b, c$ は 0 でない実数．

**問 4.3**　4 章 2 節例題 4.4 より，$A$ の固有値は $x^2 - 2x + 2$ の根である．従って実固有値を持たない．一方 $n$ が奇数なら固有多項式は奇数次だから，実固有値を持つので存在しない．

**問 4.4**　$A - \lambda E$ も下三角行列だから $A$ の固有多項式は $A - \lambda E$ の対角成分の積である．従って下三角行列でも固有値は対角成分たちである．

**問 4.5**　$f(x) = c_0 x^m + \cdots + c_m$ とする．

$$f(A)\boldsymbol{v} = (c_0 A^m + \cdots + c_m E)\boldsymbol{v} = (c_0 \lambda^m + \cdots + c_m)\boldsymbol{v}$$

より明らか．

**問 4.6**　行列の固有値は高々有限個であるから，$AB^{-1}$ の固有値でないような複素数 $\lambda$ が存在する．$A - \lambda B = (AB^{-1} - \lambda E)B$ は正則である．

**問 4.7**　0 が $AB$ の固有値のときは，「$AB$ が単射でない」 $\Leftrightarrow$ 「$BA$ が単射でない」（2 章問 2.3 ）から，0 は $BA$ の固有値である．次に $\lambda \neq 0$ が $AB$ の固有値で $\boldsymbol{v}$ がその固有ベクトル，つまり， $AB\boldsymbol{v} = \lambda \boldsymbol{v}$ とする．このとき $B\boldsymbol{v} \neq \boldsymbol{o}$ であり，

$$BAB\boldsymbol{v} = B(\lambda \boldsymbol{v}) = \lambda B\boldsymbol{v}$$

だから $\lambda$ は $BA$ の固有値である．

**問 4.8**　$A$ は正則だから固有値は 0 ではない．$x \neq 0$ のとき，

$$\det(xE - A^{-1}) = (\det A)^{-1} \det(xA - E) = x^n (\det A)^{-1} \det(A - x^{-1}E)$$

である．従って $F_{A^{-1}}(x) = (\det A)^{-1} x^n F_A(x^{-1})$ より求める結果を得る．

**問 4.9**　行列 $B$ の階数は，0 でない $r$ 次小行列式があり，$r$ 次より大きな小行列式はすべて 0 となる $r$ に等しい．$\mathrm{rank} A = r$ とすると，問題の条件は「$A - \alpha E$ の $r$ 次小行列式はすべて 0」である．$x$ を変数とすると，$A - xE$ の $r$ 次小行列式たちは $x$ の高々 $r$ 次の多項式である．従ってこれらの多項式の共通根は有限である．

**問 4.10**　仮定より 0 でないすべてのベクトルは固有ベクトルである．もし相異なる固有値 $\lambda_i, \lambda_j$ があれば，$\boldsymbol{v}_i$, $\boldsymbol{v}_j$ を対応する固有ベクトルとするとき，$f(\boldsymbol{v}_i + \boldsymbol{v}_j) = \lambda_i \boldsymbol{v}_i + \lambda_j \boldsymbol{v}_j$ より $\boldsymbol{v}_i + \boldsymbol{v}_j$ は固有ベクトルではなく矛盾である．従って固有値はすべて等しいのでスカラー倍写像である．

**問 4.11** $V$ の次元が 3 以上だから，$V$ の任意の一次元部分ベクトル空間は二つの相異なる 2 次元部分ベクトル空間の共通部分として表わせる．$V$ のすべての 2 次元部分空間が $f$-不変だから，それらの共通部分である一次元部分ベクトル空間もすべて $f$-不変である．従って前問より成り立つ．

**問 4.12** 仮定より $V$ に線形独立な二つの行列 $A, B$ がある．$A, B$ は正則であり，任意の実数 $\lambda$ に対し $A - \lambda B$ も正則である．次数 $n$ が奇数なら，$AB^{-1}$ の実固有値 $\lambda$ をとれば $AB^{-1} - \lambda E$ が正則でないので矛盾である．

**問 4.13** $A$ を $V$ に含まれる正則行列とする．$V$ の基底 $A_1, \ldots, A_k$ を $A_1 = A$ となるように取っておく．このとき $A'_i = A_i + \lambda_i A_1$ が正則となる実数 $\lambda_i$, $i = 2, 3, \ldots$ が存在する．$A'_1 = A_1$ とするとき，$A'_1, \ldots, A'_k$ は線形独立である．実際

$$c_1 A'_1 + \cdots + c_k A'_k = (c_1 + \cdots + c_k)A_1 + c_2 A_2 + \cdots + c_k A_k$$

だから非自明な線形関係式は存在しない．

**問 4.14** $A^2 \boldsymbol{v} = -pA\boldsymbol{v} - q\boldsymbol{v}$ だから $< \boldsymbol{v}, A\boldsymbol{v} >$ は $A$ 不変である．従って $\boldsymbol{v}, A\boldsymbol{v}$ が線形独立であればよい．もし線形従属であれば $aA\boldsymbol{v} + b\boldsymbol{v} = \boldsymbol{o}$ となる非自明な線形関係式があるが，$\boldsymbol{v} \neq \boldsymbol{o}$ より $a \neq 0$ である．従って $\lambda = -b/a$ とすれば $A\boldsymbol{v} = \lambda\boldsymbol{v}$．条件の式に代入すれば $(\lambda^2 + p\lambda + q)\boldsymbol{v} = \boldsymbol{o}$ だから，$x^2 + px + q$ が実根を持ち，矛盾である．

**問 4.15** $A$ を複素ベクトル空間 $\boldsymbol{C}^n$ の線形変換と考える．仮定の虚数根を $\alpha = a + bi$ とし，$\boldsymbol{v}$ を複素固有ベクトルとする．$A\boldsymbol{v} = \alpha\boldsymbol{v}$ の複素共役を取れば，$A$ は実行列だから $A\bar{\boldsymbol{v}} = \bar{\alpha}\bar{\boldsymbol{v}}$ より $\bar{\boldsymbol{v}}$ は $\bar{\alpha}$ を固有値とする複素固有ベクトルである．

$$\boldsymbol{w}_1 = \frac{1}{2}(\boldsymbol{v} + \bar{\boldsymbol{v}}),\ \boldsymbol{w}_2 = \frac{i}{2}(\boldsymbol{v} - \bar{\boldsymbol{v}})$$

と置くと $\boldsymbol{w}_1$, $\boldsymbol{w}_2$ は $\boldsymbol{R}^n$ のベクトルで，$A\boldsymbol{w}_1 = \frac{1}{2}(\alpha\boldsymbol{v} + \bar{\alpha}\bar{\boldsymbol{v}}) = a\boldsymbol{w}_1 + b\boldsymbol{w}_2$，同様に $A\boldsymbol{w}_2 = -b\boldsymbol{w}_1 + a\boldsymbol{w}_2$ だから，$< \boldsymbol{w}_1, \boldsymbol{w}_2 >$ は $A$-不変である．また $\boldsymbol{v}, \bar{\boldsymbol{v}}$ は異なる固有値の固有ベクトルだから線形独立であり，従って $\boldsymbol{w}_1$, $\boldsymbol{w}_2$ も線形独立である．

**問 4.16** 最小多項式は $(x-1)^2(x-2)$ あるいは $(x-1)(x-2)$ だから，重根を持たないのは後者．$(A-E)(A-2E) = 0$ を解いて $a = c = 0$．

**問 4.17** $A$ の最小多項式は重根を持たないので $A$ は対角化可能である．固有値は 0 か 1 なので，対角成分に 1 が並ぶ数がトレースでもあり，階数でもある．

**問 4.18** 多項式 $x^3 - x$ の根は $\pm 1$ と 0 で重根を持たない．従って $A$ は対角化可能である．最小多項式は 7 通りの可能性があるが，いずれの場合も求める不等式が成り立つことは容易に確かめられる．

**問 4.19** $A$ の固有多項式は $f_A(x) = x^3 - \mathrm{tr}Ax^2 + cx - \det A$ だから仮定より

$$f_A(x) = x^3 + cx$$

である．$c = 0$ なら固有値は 0 のみで，定理 4.2.9 よりべき零である．また $c \neq 0$ なら固有多項式は重根を持たず，対角化可能である．

**問 4.20**　$A^m$ の最小多項式を $g(x)$ とする．仮定より，$g(x)$ は重根を持たず，相異なる複素数 $\mu_1, \ldots, \mu_s$ によって $g(x) = (x - \mu_1) \cdots (x - \mu_s)$ と表わせる．定義より $g(A^m) = 0$ だから $h(x) = g(x^m)$ とおけば $h(A) = 0$，従って $A$ の最小多項式は $h(x)$ の約数である．明らかに

$$h(x) = (x^m - \mu_1) \cdots (x^m - \mu_s)$$

は重根を持たないので $A$ の最小多項式もそうである．従って対角化可能．$A$ が実正則行列の場合はうそである．例えば 120 度の回転を表わす行列．

**問 4.21**　$A$ が逆対角行列なら $A^2$ は対角行列だから上の問題に帰着される．

**問 4.22**　$\begin{pmatrix} 1 & 0 \\ 0 & 1 \end{pmatrix}$，$\begin{pmatrix} -1 & 0 \\ 0 & -1 \end{pmatrix}$，$\begin{pmatrix} 1 & 0 \\ 0 & -1 \end{pmatrix}$ の 3 通り．

**問 4.23**　もしこのような $X$ が存在すれば，条件より $X$ はべき零であるが，定理 4.2.9 より $X^2 = 0$ である．従って $A = 0$ となり矛盾である．

**問 4.24**　$A$ の一つの固有値を $\lambda$，その固有ベクトルを $\boldsymbol{v}$ とする．このとき

$$AB\boldsymbol{v} = 2BA\boldsymbol{v} = 2\lambda B\boldsymbol{v}$$

である．$B$ は正則だから $B\boldsymbol{v} \neq \boldsymbol{o}$ で，$B\boldsymbol{v}$ は固有値 $2\lambda$ の固有ベクトルである．同様にすべての自然数 $k$ に対し $2^k\lambda$ も固有値であるが相異なる固有値の数は有限だから，$\lambda = 0$ でなければならない．

**問 4.25**　ジョルダン標準形より明らか

**問 4.26**　4 章 1 節例題 2 より $A$ と $B$ の同時固有ベクトルが存在する．$\boldsymbol{C}^n$ の基底 $\boldsymbol{v}_1, \ldots, \boldsymbol{v}_n$ として，$\boldsymbol{v}_1$ がそのような $A, B$ の同時固有ベクトルとなるように取り，$\boldsymbol{v}_1, \ldots, \boldsymbol{v}_n$ を並べた行列を $P_1$ とすると，$P_1^{-1}AP_1 = \begin{pmatrix} \alpha_1 & * \\ \boldsymbol{o} & A_1 \end{pmatrix}$，$P_1^{-1}BP_1 = \begin{pmatrix} \beta_1 & * \\ \boldsymbol{o} & B_1 \end{pmatrix}$ の形である．$A_1, B_1$ は交換可能だから帰納法によって示される．

**問 4.27**　前問より，正則行列 $P$ があって $P^{-1}AP$, $P^{-1}BP$ はともに三角行列にできる．従って $P^{-1}(A+B)P$ も三角行列でその対角成分は $P^{-1}AP$, $P^{-1}BP$ の対角成分，つまり固有値たちの和である．

**問 4.28** $A$ が対角化可能なら明らか．そうでないときは適当な正則行列 $P$ によって $P^{-1}AP = \begin{pmatrix} \alpha & 1 \\ 0 & \alpha \end{pmatrix}$ と表わせる．$\alpha \neq 0$ なら $\beta = \alpha^{\frac{1}{2}}$ とおいて $X = P^{-1}\begin{pmatrix} \beta & \frac{1}{2\beta} \\ 0 & \beta \end{pmatrix} P$ とすればよい．正則でない場合の反例は $A = \begin{pmatrix} 0 & 1 \\ 0 & 0 \end{pmatrix}$.

**問 4.29** $A$ が Jordan 標準形のとき示せば十分である．$A$ の $0$ でない固有値の個数を $s$ とし，必要なら基底の順序を取り替えて対角成分の最初の $s$ 個が $0$ でないようにできる．このとき $A$ は $\begin{pmatrix} B & O \\ O & D \end{pmatrix}$ の形で，$B$ は正則，$D$ は固有値がすべて $0$ だからベキ零である．従って $D^m = O$ となる $m \leq n$ がある．$k \geq m$ なら $A^k = \begin{pmatrix} B^k & O \\ O & O \end{pmatrix}$ だから $\operatorname{rank} A^k = s$ である．

**問 4.30** (1) $f(x) = (x-\lambda_1)^{d_1} \cdots (x-\lambda_k)^{d_k}$ のとき

$$A = \begin{pmatrix} D & 0 & \dots & 0 \\ 0 & J(\lambda_1, d_1) & \ddots & \vdots \\ \vdots & \ddots & \ddots & 0 \\ 0 & \dots & 0 & J(\lambda_k, d_k) \end{pmatrix}$$

とすればよい．ただし，$D$ は例えば対角成分が $\lambda_1$ の $n-m$ 次スカラー行列である．

(2) $n = m$ なら，上の $D$ の部分はなく，Jordan ブロックの並べ替えを除けば Jordan 標準形は一意的である．

**問 4.31** まず $A$ の固有値はすべて等しいと仮定し，固有値を $\lambda$ とする．このとき $T_{A-\lambda E}(B) = T_A(B)$ に注意すると，$A$ の固有値がすべて $0$，つまりベキ零の場合を考えればよい．$T_A$ の合成は

$$(T_A)^m(B) = \sum c_i A^i B A^{m-i}$$

の形だから，$T_A$ もベキ零である．逆に，$A$ が異なる固有値 $\lambda$, $\mu$ を持つとし，$\boldsymbol{v}$, $\boldsymbol{w}$ をそれぞれ $\lambda$, $\mu$ を固有値とする固有ベクトルとする．$B\boldsymbol{v} = \boldsymbol{w}$, $B\boldsymbol{w} = \boldsymbol{v}$ をみたす行列 $B$ が取れるが，

$$(AB - BA)\boldsymbol{v} = (\mu - \lambda)\boldsymbol{w},\ (AB - BA)\boldsymbol{w} = (\lambda - \mu)\boldsymbol{v}$$

だからどんな $m$ に対しても $(T_A)^m(B) \neq 0$ である．

**問 4.32** $\sigma_1, \dots, \sigma_n$ を変数 $t_1, \dots, t_n$ の基本対称式，$s_k(\sigma_1, \dots, \sigma_n)$ を Newton 多項式，つまり

$$t_1^k + \cdots + t_n^k = s_k(\sigma_1, \dots, \sigma_n)$$

をみたすものとする．このとき $s_k = k\sigma_k + g_k(\sigma_1, \ldots, \sigma_{k-1})$ となる有理数係数の多項式 $g_k$ がある（例 A 13）．$\alpha_1, \ldots, \alpha_n$ を $f$ の固有根とすると

$$\operatorname{tr} f^k = \alpha_1^k + \cdots + \alpha_n^k = s_k$$

である．すべての $k$ につき $s_k = 0$ なら帰納的に

$$\sigma_k = \sigma_k(\alpha_1, \ldots, \alpha_n) = 0$$

が成り立つ．従って根と係数の関係からすべての $i$ に対し $\alpha_i = 0$ である．従って $f$ はベキ零である．

# 第5章

## 5-1

**問 5.1** $\boldsymbol{a}_1, \ldots, \boldsymbol{a}_n$ を列ベクトルとする行列を $A$ とする．$B = ({}^t A)^{-1}$ の列ベクトルを $\boldsymbol{b}_1, \ldots, \boldsymbol{b}_n$ とすればよい．

**問 5.2** 略

## 5-2

**問 5.3** 線形独立は略．正規直交系は ${}^t(1, 0, 0)$, ${}^t(0, 3/5, 4/5)$, ${}^t(0, 4/5, -3/5)$

**問 5.4** 略

**問 5.5** 略

**問 5.6** ベクトルの和については

$$\begin{aligned}||f(\boldsymbol{x}+\boldsymbol{y}) - f(\boldsymbol{x}) - f(\boldsymbol{y})||^2 &= ||f(\boldsymbol{x}+\boldsymbol{y})||^2 + ||f(\boldsymbol{x})||^2 + ||f(\boldsymbol{y})||^2 \\ &\quad -2f(\boldsymbol{x}+\boldsymbol{y})\cdot f(\boldsymbol{x}) - 2f(\boldsymbol{x}+\boldsymbol{y})\cdot f(\boldsymbol{y}) + 2f(\boldsymbol{x})\cdot f(\boldsymbol{y}) \\ &= ||\boldsymbol{x}+\boldsymbol{y}||^2 + ||\boldsymbol{x}||^2 + ||\boldsymbol{y}||^2 - 2(\boldsymbol{x}+\boldsymbol{y})\cdot\boldsymbol{x} - 2(\boldsymbol{x}+\boldsymbol{y})\cdot\boldsymbol{y} + 2\boldsymbol{x}\cdot\boldsymbol{y} = 0\end{aligned}$$

だから $f(\boldsymbol{x}+\boldsymbol{y}) = f(\boldsymbol{x}) + f(\boldsymbol{y})$．スカラー倍も同様．

**問 5.7** 略

**問 5.8** 略

## 5-3

**問 5.9** 「$\lambda$ が $A$ の固有値」 $\Leftrightarrow$ 「$\det(\lambda E - A) = 0$」$\Leftrightarrow$ 「$\det(\bar{\lambda} E - A^*) = 0$」 $\Leftrightarrow$ 「$\bar{\lambda}$ が $A^*$ の固有値」

**問 5.10** 例えば $\begin{pmatrix} 1 & 2 \\ 0 & 0 \end{pmatrix}$．

**問 5.11** 作用素 $(\prod_{j\neq i}(A-\lambda_j E))/(\prod_{j\neq i}(\lambda_i-\lambda_j))$ を $Q_i$ と表わそう．$\boldsymbol{v}$ が固有値 $\lambda_j,\ (j\neq i)$ の固有ベクトルのとき $Q_i(\boldsymbol{v})=\boldsymbol{o}$ であり，$\boldsymbol{w}$ が固有値 $\lambda_i$ の固有ベクトルのとき $Q_i(\boldsymbol{w})=\boldsymbol{w}$ である．$A$ は正規だから，$\boldsymbol{C}^n$ は固有ベクトル空間の直交する直和だから，$Q_i$ は固有ベクトル空間 $W_{\lambda_i}$ への直交射影である．

**問 5.12** $A=\frac{1}{2}(X+X^*)$, $\quad B=\frac{1}{2\sqrt{-1}}(X-X^*)$ と置けばよい．一意性は

$$X=A+\sqrt{-1}B=A'+\sqrt{-1}B'$$

とすると，$A-A'=\sqrt{-1}(B'-B)$，従って

$$A-A'=(A-A')^*=(\sqrt{-1}(B'-B))^*=-\sqrt{-1}(B'-B)=-(A-A')$$

従って $A=A', B=B'$ である．また

$$XX^*=A^2+B^2+\sqrt{-1}(BA-AB),\quad X^*X=A^2+B^2-\sqrt{-1}(BA-AB)$$

より $XX^*=X^*X \Leftrightarrow AB=BA=0$ である．

**問 5.13** 対角化して考えればよい．

## 5-4

**問 5.14** $(2,1)$

**問 5.15** 二次形式 $A[\boldsymbol{x}]$ が正定値とする．$A$ の固有値 $\lambda$ の固有ベクトルを $\boldsymbol{v}$ とすると $0<\boldsymbol{v}\cdot A\boldsymbol{v}=\lambda\boldsymbol{v}\cdot\boldsymbol{v}$ だから $\lambda>0$．逆に固有値がすべて正であれば，主軸変換して考えれば明らか．

**問 5.16** 略

# 第 5 章の章末問題

**問 5.1** ${}^t(1,0,0)$, ${}^t(0,1/\sqrt{2},1/\sqrt{2})$, ${}^t(0,1/\sqrt{2},-1/\sqrt{2})$

**問 5.2** 略

**問 5.3** $V$ が $\boldsymbol{C}^n$ の場合と仮定してもよい．このとき $\boldsymbol{v}_1,\ldots,\boldsymbol{v}_n$ を列ベクトルとする行列を $B$ とすると $A=B^*B$ である．このとき $A$ が正則であることと，$B$ が正則であることは同値である．

**問 5.4** 条件より $A$ は正規行列だから, 適当なユニタリー行列 $U$ により $U^{-1}AU=D$ が対角行列となる．このとき $D^*=U^{-1}A^*U=U^{-1}A^2U=D^2$ だから対角成分 $\alpha_i$ は $\overline{\alpha_i}=(\alpha_i)^2$ をみたす．このような複素数は 0 か 1 の 3 乗根である．

**問 5.5** $U^{-1}AU=D$ が対角行列となるユニタリー行列 $U$ を取っておく．$\boldsymbol{w}=U^{-1}\boldsymbol{v}$ とすると，$A^m\boldsymbol{v}=A^mU\boldsymbol{w}=UD^m\boldsymbol{w}$ だから $A^m\boldsymbol{v}=\boldsymbol{o}$ なら $D^m\boldsymbol{w}=\boldsymbol{o}$ であるが，$D$ は対角行列だから明らかに $D\boldsymbol{w}=\boldsymbol{o}$，従って $A\boldsymbol{v}=\boldsymbol{o}$ である．

**問 5.6** 仮定より適当な直交行列 $U$ により $U^{-1}AU = D$ は対角行列にできる．このとき $U^{-1}AU$ と $U^{-1}BU$ は交換可能であるが，$U^{-1}AU$ の対角成分はすべて異なるので，$U^{-1}BU$ も対角行列（2 章章末問 2.17）だから，$B$ は対称行列である．

**問 5.7** $\lambda$ を $A$ の固有値，$\boldsymbol{x}$ を固有値 $\lambda$ の固有ベクトルとすると，$A[\boldsymbol{x}] = \boldsymbol{x} \cdot A\boldsymbol{x} = \lambda\boldsymbol{x} \cdot \boldsymbol{x}$ である．一方 $A = B^*B$ のとき

$$A[\boldsymbol{x}] = \boldsymbol{x} \cdot (B^*B)\boldsymbol{x} = B\boldsymbol{x} \cdot B\boldsymbol{x} \geq 0$$

だから $\lambda \geq 0$ である．

逆は $U^*AU = D$ が対角行列となるようにユニタリー行列 $U$ を取ると，仮定より実対角行列 $\sqrt{D}$ が取れて $(\sqrt{D})^2 = D$ となる．従って $B = U\sqrt{D}U^*$ とおけば $B^* = B$ であり，$A = B^2 = B^*B$ である．

**問 5.8** (1) 歪 Hermite 行列の固有値は純虚数である（5 章問 5.13）．$E - X$ が正則でないことは，1 が $A$ の固有値であることと同値である．

(2) $Y = (E - X)^{-1}$ と置くと，$Y(E - X) = E$ である．従って $(E - X)^*Y^* = E$ だから $Y^* = (E - X^*)^{-1} = (E + X)^{-1}$ である．

$$((E + X)(E - X)^{-1})^* = (E - X^*)^{-1}(E + X^*) = (E + X)^{-1}(E - X)$$

だから $(E + X)(E - X)^{-1}$ はユニタリー行列である．

(3) $Z = (E + X)(E - X)^{-1}$ と置けばよい．

**問 5.9** $A[\boldsymbol{x}] = \boldsymbol{x} \cdot A\boldsymbol{x}$ を考える．$U^*AU$ が対角行列となるユニタリー行列 $U$ を取り，$\boldsymbol{x} = U\boldsymbol{y}$ と変数変換すると $A[\boldsymbol{x}] = \alpha_1|y_1|^2 + \cdots + \alpha_n|y_n|^2$．従って $||\boldsymbol{x}|| = ||\boldsymbol{y}|| = 1$ のとき，

$$\beta(|y_1|^2 + \cdots + |y_n|^2) \leq A[\boldsymbol{x}] \leq \alpha(|y_1|^2 + \cdots + |y_n|^2)$$

である．$a_{ii} = \boldsymbol{e}_i \cdot A\boldsymbol{e}_i = A[\boldsymbol{e}_i]$ より求める不等式を得る．

**問 5.10** $A$ は Hermite 行列だから固有値は実数，また $A^3 = E$ より固有値は 1 の 3 乗根であるから，1 である．従って $A = E$.

**問 5.11** 定理 5.3.7 より $\boldsymbol{R}^n = \mathrm{Ker}(A) \oplus \mathrm{Im}({}^tA)$ である．従って $\mathrm{Im}(A) = \mathrm{Im}(A\,{}^tA)$ が成り立つ．実際，$\mathrm{Im}(A) \supset \mathrm{Im}(A\,{}^tA)$ は自明だから逆をいえばよいが，

$$\boldsymbol{R}^n \ni \boldsymbol{v} = \boldsymbol{u} + {}^tA\boldsymbol{w},\ \boldsymbol{u} \in \mathrm{Ker}(A)$$

と表わせるから $A\boldsymbol{v} = A\,{}^tA\boldsymbol{w}$ である．

**問 5.12** $A$ が Hermite 行列なら $A^2$ は半正定値，つまり任意の $\boldsymbol{x}$ に対し $A^2[\boldsymbol{x}] = \boldsymbol{x} \cdot A^2\boldsymbol{x} = A\boldsymbol{x} \cdot A\boldsymbol{x} \geq 0$ である．仮定より任意のベクトル $\boldsymbol{x}$ に対し

$$0 = (A_1^2 + A_2^2 + \cdots + A_m^2)[\boldsymbol{x}] = A_1^2[\boldsymbol{x}] + \cdots + A_m^2[\boldsymbol{x}]$$

より $A_i^2[\boldsymbol{x}]=0, \forall\boldsymbol{x}$ である．従って明らかに任意の $i$ に対し $A_i=0$.

**問 5.13**　$a=0,\ b=c=1/\sqrt{2},\ d=-1/\sqrt{2},\ e=-1,\ f=0$

**問 5.14**　5 章の問 5.15 より，$A[\boldsymbol{x}]$ が正定値であることと，固有値がすべて正であることは同値である．$\alpha_1,\ldots\alpha_n$ を $A$ の固有値とすると，固有多項式の係数は $a_k=\sigma_k(\alpha_1,\ldots\alpha_n)$ が成り立つ．問 A 23 より，$a_i>0,\ \forall i$ と $\alpha_i>0,\ \forall i$ は同値である．

**問 5.15**　$A$ が交代行列とすると，

$$\boldsymbol{x}\cdot A\boldsymbol{x}={}^tA\boldsymbol{x}\cdot\boldsymbol{x}=-A\boldsymbol{x}\cdot\boldsymbol{x}=-\boldsymbol{x}\cdot A\boldsymbol{x}$$

より，$\boldsymbol{x}\cdot A\boldsymbol{x}=0$. 逆に任意の $\boldsymbol{x}$ に対し $\boldsymbol{x}\cdot A\boldsymbol{x}=0$ とする．$\boldsymbol{e}_i, \boldsymbol{e}_j$ を基本ベクトルとすると，$a_{ij}=\boldsymbol{e}_i\cdot A\boldsymbol{e}_j$ である．$0=(\boldsymbol{e}_i+\boldsymbol{e}_j)\cdot A(\boldsymbol{e}_i+\boldsymbol{e}_j)$ だから $\boldsymbol{e}_i\cdot A\boldsymbol{e}_j=-\boldsymbol{e}_j\cdot A\boldsymbol{e}_i$ であり，従って $a_{ij}=-a_{ji}$ である．

**問 5.16**　適当な直交行列 $U$ によって $U^{-1}AU=D$ は対角行列にできる．$D$ の対角成分 $\alpha_1,\ldots,\alpha_n$ は $A$ の固有根である．変数変換 $\boldsymbol{y}=U^{-1}\boldsymbol{x}$ により

$$\begin{aligned}A[\boldsymbol{x}]&=\alpha_1|y_1|^2+\cdots+\alpha_n|y_n|^2\\&\leq\lambda_{Max}(|y_1|^2+\cdots+|y_n|^2)=\lambda_{Max}||\boldsymbol{y}||^2=\lambda_{Max}||\boldsymbol{x}||^2\end{aligned}$$

より (1) が示される．

(2)　等号が成り立つためには，$\alpha_i\neq\lambda_{Max}$ である $i$ に対し，$y_i=0$ であることが必要十分である．このとき $\boldsymbol{x}=U\boldsymbol{y}$ は固有値 $\lambda_{Max}$ の固有ベクトルである．

**問 5.17**　二次形式を定める行列 $A=\begin{pmatrix}2&m&0\\m&1&m\\0&m&0\end{pmatrix}$ の固有値は 1 と $1\pm\sqrt{2m^2+1}$ である．従って上の問より最大値は $1+\sqrt{2m^2+1}$ であり，$m=\pm 2$ である．

**問 5.18**　(1) 標準形は $2x^2-y^2-z^2=1$ で，二葉双曲面　(2) 楕円柱

# 第 6 章

## 6-1

**問 6.1**　略

**問 6.2**　仮定より $\boldsymbol{x}(t)\cdot\boldsymbol{x}(t)=c$ である．これを微分すればよい．

**問 6.3**　仮定より，適当な行と列からなる $A(t)$ の $r$ 次小行列式は点 $p$ で $0$ でない．行列式は成分の連続関数だから，点 $p$ の周りでも $0$ でない．

**問 6.4**　略

**問 6.5**　$A$ の行ベクトルを $\tilde{\boldsymbol{a}}_1, \ldots, \tilde{\boldsymbol{a}}_m$，$B$ の列ベクトルを $\boldsymbol{b}_1, \ldots, \boldsymbol{b}_l$ とすると，$AB$ の $(i,j)$-成分は内積 $\tilde{\boldsymbol{a}}_i \cdot \boldsymbol{b}_j$ である．従って Schwarz の不等式より

$$\sum(\tilde{\boldsymbol{a}}_i \cdot \boldsymbol{b}_j)^2 \leq \sum ||\tilde{\boldsymbol{a}}_i||^2||\boldsymbol{b}_j||^2 = (\sum ||\tilde{\boldsymbol{a}}_i||^2)(\sum ||\boldsymbol{b}_j||^2)$$

**問 6.6**　$A$ を複素正方行列と考え，ノルムも複素正方行列のノルム $\sqrt{\sum |a_{ij}|^2}$ として示せばよい．複素数ベクトル $\boldsymbol{v}$ に対し $||A\boldsymbol{v}|| \leq ||A||\,||\boldsymbol{v}||$ である．$A$ がベキ零でなければ，$0$ でない固有値 $\lambda$ とその固有ベクトル $\boldsymbol{v}$ で長さ $1$ のものが存在する．

$$||A^p\boldsymbol{v}|| = ||\lambda^p\boldsymbol{v}|| = |\lambda|^p \leq ||A^p||$$

だから $|\lambda| \leq (||A^p||)^{1/p}$ であるが，これは仮定に反する．

## 6-2

**問 6.7**　(1) $a = \frac{e+e^{-1}}{2}, b = \frac{e-e^{-1}}{2}$ と置けば $\exp\begin{pmatrix}0 & 1\\1 & 0\end{pmatrix} = \begin{pmatrix}a & b\\b & a\end{pmatrix}$

(2) $\exp\begin{pmatrix}1 & 1\\0 & 1\end{pmatrix} = \begin{pmatrix}e & e\\0 & e\end{pmatrix}$

# 付録

## A-1

**問 A.1**　$2^n$ 個．元の個数が $k$ であるような部分集合は ${}_nC_k = \frac{n!}{k!(n-k)!}$ 個．

**問 A.2**　(1)「$\exists n \in \boldsymbol{N}, \forall m \in \boldsymbol{N}; n \geq m$」，どんな自然数 $m$ に対しても $n \geq m$ となる自然数 $n$ が存在する．

(2)「$\forall m \in \boldsymbol{N}, \exists n \in \boldsymbol{N}; n \geq m$」，どんな自然数 $n$ に対しても $n \geq m$ となる自然数 $m$ が存在する．

**問 A.3**　写像全体は $4^3$ 個．単射は 24 個．

## A-2

**問 A.4**　前半は省略．3 点 $P, Q, R$ が同一直線上になければ $Q = P+\boldsymbol{v}$，$R = P+\boldsymbol{w}$ となるベクトル $\boldsymbol{v}$，$\boldsymbol{w}$ は線形独立である．従って $\{P + r\boldsymbol{v} + s\boldsymbol{w}\}$ は平面で，3 点 $P, Q, R$ を通る．逆に $H$ が $P, Q, R$ を通る平面とすると，部分ベクトル空間 $V_H$ は

上のベクトル $\boldsymbol{v}$, $\boldsymbol{w}$ を含むから $V_H = < \boldsymbol{v}, \boldsymbol{w} >$, これは $H$ が最初の平面と一致することを意味する.

**問 A.5** 「1 点で交わる」の否定は, 直線が平面に含まれるか, まったく交点を持たないかである. これは条件 $\boldsymbol{u} \in < \boldsymbol{v}, \boldsymbol{w} >$ と同じ. 従って「1 点で交わる」$\Leftrightarrow$ $\boldsymbol{u}$, $\boldsymbol{v}$, $\boldsymbol{w}$ が線形独立.

**問 A.6** $\{P + t\vec{PQ} \mid t \in [0, 1]\}$

**問 A.7** $y - z = 0$.

**問 A.8** 特殊解として $P = {}^t(0, 1, -1)$ が取れる. ${}^t(1, 2, -3)$ に直交するベクトルとして $\boldsymbol{v} = {}^t(2, -1, 0)$, $\boldsymbol{w} = {}^t(3, 0, -1)$ とすれば $H = \{P + r\boldsymbol{v} + s\boldsymbol{w}\}$

# A-3

**問 A.9** $a, b$ がいずれかは 0 でない有理数のとき, $a^2 - 2b^2 \neq 0$ である. 従って逆元は

$$(a + b\sqrt{2})^{-1} = \frac{a - b\sqrt{2}}{a^2 - 2b^2}$$

で与えられる. 他は略.

# A-4

**問 A.10** $z = p + qi$ とする. ここで $p, q$ は実数で $q \neq 0$. このとき $i = \frac{1}{q}z - \frac{p}{q}$ だから $i$ が求める形で表わせる. 従って一般の複素数もそうである. 一意性は, 異なる表わし方 $az + b = a'z + b'$ があれば $z$ は実数となり仮定に反する.

**問 A.11** 原点を中心とし, 1 を一つの頂点とする正 $n$ 角形の頂点. 原始 $n$ 乗根の例は, 頂点 1 に隣接する頂点.

**問 A.12** $w$ は, $z$ の $x$ 軸に関して対称な点と原点を結ぶ直線上で, 原点からの距離が $|z|^{-1}$ の点

# A-5

**問 A.13** $x - 1$

# A-6

**問 A.14** 略

**問 A.15** 略

**問 A.16** (1) $(1, 5)(2, 4)$, (2) $(1, 2)(2, 3)(4, 5)$

## 付録の章末問題

**問 A.1**　すべての写像たちの個数は $m^n$．単射については，1 の行先から順次決めるとすると，1 の行先の可能性は $m$ 個，2 の行先は $m-1$ 個等であるから，単射たちの個数は $m(m-1)\cdots(m-n+1)$

**問 A.2**　(1) は同値関係でない．$4\sim 6$, $6\sim 9$ であるが 4 と 9 は同値でない．(2) は同値関係．

**問 A.3**　(1) $f(a)=f(b)$ とすると $C(na)=C(nb)$ つまり $na-nb=n(a-b)$ が 100 で割り切れる．従って仮定より $a-b$ が 100 で割り切れ，$0\le a, b<100$ だから $a=b$ である．

(2) 部屋割り論法より，$f: S\to S$ は全射である．つまり $C(nx)=f(x)=1$ となる $x$ が存在する．

**問 A.4**　0 でない実数 $k$, $k'$ があって，$ka=k'a'$, $kb=k'b'$, $kc=k'c'$ をみたすこと．

**問 A.5**　三つのベクトル $\boldsymbol{p}_2-\boldsymbol{p}_1$, $\boldsymbol{v}_1$, $\boldsymbol{v}_2$ が線形独立．

**問 A.6**　例えば　${}^t(-1,1,1)+t(1,-2,-1)$

**問 A.7**　$\boldsymbol{v}$ と直交し線形独立なベクトル $\boldsymbol{v}_1$, $\boldsymbol{v}_2$ を取ればベクトル表示は $\boldsymbol{a}+s\boldsymbol{v}_1+t\boldsymbol{v}_2$.

**問 A.8**　$a(x-x_0)+b(y-y_0)+c(z-z_0)=0$.

**問 A.9**　$t=-(2ax_0+2by_0+2cz_0)/(a^2+b^2+c^2)$ とするとき，$\begin{pmatrix} x_0+ta \\ y_0+tb \\ z_0+tc \end{pmatrix}$

**問 A.10**　方程式 $x^2+y^2+z^2=l^2+m^2+n^2$ が定める球面の点 $(l, m, n)$ における接平面（その点で球面に接している平面）．

**問 A.11**　$1/2(1+\sqrt{3}i)=\cos\frac{\pi}{3}+i\sin\frac{\pi}{3}$ だから $n=3k$ のとき $(-2)^{3k}$, $n=3k+1$ のとき $(-2)^{3k}(1+\sqrt{3}i)$, $n=3k+2$ のとき $(-2)^{3k}(-2+2\sqrt{3}i)$.

**問 A.12**　$(-i)^{1/2}=\frac{1-i}{\sqrt{2}}$, $\frac{-1+i}{\sqrt{2}}$,

**問 A.13**　$u=a+bi$, $v=c+di$ とすると，垂直であるための条件は $ac+bd=0$. 一方

$$u\bar{v}+\bar{u}v=(a+bi)(c-di)+(a-bi)(c+di)=2(ac+bd)=0$$

だからこれらは同値である．

**問 A.14**　$w=f(z)=\frac{z+1}{z-1}$ とすると $w\overline{w}=1$ だから $w$ は単位円周上にある．上式を $z$ について解くと $z=g(w)=\frac{w+1}{w-1}$ であり，$w\neq 1$ のとき定義され，$f(z)$ の逆関数である．

**問 A.15**　問題の対称点を $p$ とすると，$x$ 軸に関し $p$ と対称な点は複素共役 $\bar{p}$ であり，一方，$z$ から見れば $-120$ 度の回転である．つまり $\bar{p}=\omega^2 z$ だから，$p=\omega\bar{z}$.

**問 A.16**　$a$ あるいは $b$ が 0 でないとき

$$(a+b\omega)(a+b\omega^2)=a^2+b^2+ab(\omega+\omega^2)=a^2+b^2-ab\neq 0$$

だから $a+b\omega$ の逆元は次で与えられる．

$$(a+b\omega)^{-1}=\frac{1}{a^2+b^2-ab}(a+b\omega^2)$$

**問 A.17**　$z_1=\alpha-\beta,\ z_2=\beta-\gamma,\ z_3=\gamma-\alpha$ と置く．

$$z_1z_2+z_2z_3+z_3z_1=\alpha\beta+\beta\gamma+\gamma\alpha-\alpha^2-\beta^2-\gamma^2$$

だから条件の式が成立することと，

$$z_1+z_2+z_3=z_1z_2+z_2z_3+z_3z_1=0$$

が成り立つことは同値である．また $z_1z_2z_3=q$ と置くと，この条件は $z_1,\ z_2,\ z_3$ が方程式

$$t^3-q=0$$

の解であることと同値であり，また $z_2=\omega z_1,\ z_3=\omega^2 z_1$ となることと同値である．ただし $\omega$ は 1 の虚立法根．よって $\alpha,\beta,\gamma$ が正三角形の三つの頂点となることは明らか．

**問 A.18**　集合 $H$ が行列の和で閉じていることは明らか．積については

$$\begin{pmatrix} u & -v \\ \bar{v} & \bar{u} \end{pmatrix}\begin{pmatrix} p & -q \\ \bar{q} & \bar{p} \end{pmatrix}=\begin{pmatrix} up-v\bar{q} & -uq-v\bar{p} \\ \bar{v}p+\bar{u}\bar{q} & -\bar{v}q+\bar{u}\bar{p} \end{pmatrix}=\begin{pmatrix} up-v\bar{q} & -uq-v\bar{p} \\ \overline{uq+v\bar{p}} & \overline{up-v\bar{q}} \end{pmatrix}$$

また $(u,\ v)\neq(0,\ 0)$ のとき $\begin{pmatrix} u & -v \\ \bar{v} & \bar{u} \end{pmatrix}$ の逆元は $\frac{1}{|u|^2+|v|^2}\begin{pmatrix} \bar{u} & v \\ -\bar{v} & u \end{pmatrix}$ で与えられる．

**問 A.19**　根と係数の関係から $u+v=-q, uv=-p^3$ である．

$$(\sqrt[3]{u}+\sqrt[3]{v})^3=u+v+3\sqrt[3]{u}\sqrt[3]{v}(\sqrt[3]{u}+\sqrt[3]{v})=-q-3p(\sqrt[3]{u}+\sqrt[3]{v})$$

だから $\sqrt[3]{u}+\sqrt[3]{v}$ は元の三次方程式の解である．

**問 A.20**　略

**問 A.21**　$F(x)=(x-a_0)(x-a_1)\cdots(x-a_n)$，$f_i(x)=F(x)/(x-a_i)$ と置く．$f_i(a_i)\neq 0$ および $i\neq j$ のとき $f_i(a_j)=0$ である．

$$f(x) = \sum \frac{p_i}{f_i(a_i)} f_i(x)$$

とすればよい．$f(x)$，$g(x)$ がこのような多項式とすると $f(x) - g(x) = 0$ は相異なる $n+1$ 個の解を持つから $f(x) = g(x)$ である．

**問 A.22** $\sigma_1^2\sigma_2^2 - 4\sigma_1^3\sigma_3 + 18\sigma_1\sigma_2\sigma_3 - 4\sigma_2^3 - 27\sigma_3^2$

**問 A.23** $p_i > 0$ $(\forall i)$ なら $\sigma_i(p_1, \ldots, p_n) > 0$ $(\forall i)$ は明らか．逆は一般に実多項式

$$f(x) = x^n - c_1 x^{n-1} + \cdots + (-1)^n c_n,\ (c_i > 0)$$

は負の実根を持たないことに注意すればよい．

**問 A.24** 代数学の基本定理を仮定すれば，因数定理より $f(x) = (x - \alpha_1) \cdots (x - \alpha_n)$ と一次式の積に分解される．$f(x)$ は実数を係数とするとするから，虚数解があればその複素共役も解である．従って実数解がなければ多項式の次数は偶数である．

# 索　引

西田 吾郎（にしだ ごろう）

1943 年 大阪府生まれ.
京都大学名誉教授, 理学博士.
京都大学大学院理学研究科修士課程修了.
京都大学理学部・大学院理学研究科教授, 同大学副学長を歴任.
専攻 位相幾何学
主著 『ホモトピー論』（共立出版, 1985 年）など.

線形代数学

2009 年 6 月 22 日 初版第一刷発行

著 者 西 田 吾 郎
発行者 加 藤 重 樹
発行所 京都大学学術出版会
京都市左京区吉田河原町 15-9
京 大 会 館 内（606-8305）
電 話 075-761-6182
FAX 075-761-6190
振 替 01000-8-64677
http://www.kyoto-up.or.jp/

印刷・製本 ㈱クイックス東京

ISBN978-4-87698-757-3
Printed in Japan